河南省"十四五"普通高等教育规划教材

Java 程序设计

主　编　马世霞

副主编　孙　冬　王崇科　戴　冬　李敬伟　郭　丽

参　编　张　皓　赖玉峰　庞笑笑　刘　丹

机械工业出版社

本书是以 Java SE 技术为背景的 Java 应用开发技术基础教程,按照由浅入深,通俗易懂的原则介绍了 Java 编程语言,可让读者迅速上手。

本书共 13 章,内容包括 Java 概论、Java 基本语法、面向对象编程、异常处理、常用类、图形用户界面、输入与输出、多线程、集合、数据库、网络编程、多媒体及实验。

本书强调基本概念、技术和方法的阐述,注重理论联系实际。书中列举了许多实例,每章都有练习题,利于读者提高解决实际问题的能力。

本书以高校学生为主要对象,可以作为计算机类专业的教材及职业培训教材,也可以作为其他专业的选学教材,还可供 Java 编程人员参考。

图书在版编目(CIP)数据

Java 程序设计 / 马世霞主编 . —北京:机械工业出版社,2022.6(2023.8重印)
河南省"十四五"普通高等教育规划教材
ISBN 978-7-111-70526-0

Ⅰ. ①J… Ⅱ. ①马… Ⅲ. ①JAVA 语言 – 程序设计 – 高等学校 – 教材 Ⅳ. ① TP312.8

中国版本图书馆 CIP 数据核字(2022)第 058927 号

机械工业出版社(北京市百万庄大街 22 号 邮政编码 100037)
策划编辑:王玉鑫 责任编辑:王玉鑫
责任校对:史静怡 王 延 封面设计:张 静
责任印制:张 博
北京雁林吉兆印刷有限公司印刷
2023 年 8 月第 1 版第 3 次印刷
184mm×260mm·19 印张·508 千字
标准书号:ISBN 978-7-111-70526-0
定价:55.00 元

电话服务 网络服务
客服电话:010-88361066 机 工 官 网:www.cmpbook.com
010-88379833 机 工 官 博:weibo.com/cmp1952
010-68326294 金 书 网:www.golden-book.com
封底无防伪标均为盗版 机工教育服务网:www.cmpedu.com

前　言

计算机网络正在以前所未有的速度迅猛发展，在网络程序设计应用领域，从电子商务、远程教学到网络游戏等都在纷纷使用 Java 技术。另外，Java 手机编程和基于 Java 技术的各种芯片的应用等在日常生活中也随处可见。目前 Java 语言已成为最具吸引力且功能强大的程序设计语言。Java 语言是完全面向对象的，并且具有容易学习、功能强大、程序的可读性好等优点，是其他程序设计语言无可比拟的。因此，Java 语言的编程技术正逐步成为计算机网络程序设计的主流。

Java 语言不仅可以用来开发大型的应用程序，而且在 Internet 上有着重要而广泛的应用。Java 具备"一次撰写，到处运行"的特点，尤其是 Java Swing 推出之后，Java 的功能更加强大。

教材是体现教学内容和教学方法的知识载体，是进行教学的基本工具，也是深化教育教学改革，全面推进素质教育，培养创新人才的重要保证。本书在内容编排上做了精心的设置与选取，在编写中增加拓展思维模块，创新思维元素，优化教学方法。全书思路清晰，结构严谨，叙述由浅入深，循序渐进，用语规范，全面准确地讲述基本语法和面向对象技术等理论内容，完整地介绍 Java SE 面向对象程序设计的要点和难点。尤其在结构上，本书特别注重前后内容的连贯性，做到了抓住关键、突出重点、分解难点，体现了"理论性、实用性、技术性"三者相结合的编写特色。同时，本书将实用性强的应用程序穿插在理论叙述中，以实例体现和巩固理论基础知识，并结合新技术的发展趋势，介绍了网络通信机制等。

本书是一本实用教程，内容比较详尽，实例丰富，注重培养读者解决问题的能力。每章都附加了大量有针对性的习题和编程实验题，便于教师教学和检验学生的学习效果。

本书由马世霞任主编，孙冬、王崇科、戴冬、李敬伟、郭丽任副主编，参加本书编写的还有张皓、赖玉峰、庞笑笑、刘丹。此外，本书的成稿还得益于很多同行学者的辛勤劳动成果，在此一并表示衷心感谢。

由于作者水平有限，书中疏漏与不当之处在所难免，恳请广大读者批评指正，以使本书在教学实践中不断得以提高与完善。

特别说明：本书中所有例程源代码之前的序号均是为了方便程序分析而另外加的，读者书写源程序时请务必将序号删除。

编　者

目　　录

前　言

第 1 章　Java 概论 ································ 1

1.1　Java 简介 ······························· 1

1.1.1　Java 产生的背景 ················ 1

1.1.2　Java 平台简介 ···················· 2

1.1.3　Java 平台和虚拟机 ············· 2

1.2　运行环境安装与测试 ·············· 3

1.2.1　Java 开发包安装 ················ 3

1.2.2　环境变量设置 ····················· 4

1.2.3　环境测试 ···························· 5

1.3　项目案例——初识两类 Java 程序 ·· 5

1.3.1　Java 应用程序 ···················· 6

1.3.2　Java 小程序 ······················· 8

1.3.3　Java 编程规范 ···················· 9

1.4　寻根求源 ······························· 9

1.5　拓展思维 ····························· 11

知识测试 ·· 12

第 2 章　Java 基本语法 ··················· 15

2.1　简单数据类型 ······················ 15

2.1.1　标识符 ····························· 16

2.1.2　关键字和保留字 ··············· 16

2.1.3　注释 ································· 16

2.1.4　常量 ································· 17

2.1.5　变量 ································· 18

2.1.6　数据类型 ·························· 18

2.1.7　运算符与表达式 ··············· 21

2.2　流程控制语句 ······················ 24

2.2.1　简单 if 条件语句 ··············· 24

2.2.2　简单 if-else 条件语句 ········· 25

2.2.3　if 语句的嵌套 ·················· 25

2.2.4　switch 语句 ······················ 26

2.2.5　循环语句 ·························· 27

2.2.6　跳转语句 ·························· 30

2.3　数组 ···································· 32

2.3.1　一维数组 ·························· 32

2.3.2　二维数组 ·························· 33

2.3.3　增强 for 循环 ··················· 35

2.4　项目案例——天天向上 ········· 35

2.5　寻根求源 ····························· 37

2.6　拓展思维 ····························· 38

知识测试 ·· 39

第 3 章　面向对象编程 ··················· 42

3.1　面向对象的思想 ··················· 42

3.1.1　面向对象的基本概念 ········· 42

3.1.2　面向对象的特点 ··············· 43

3.2　类 ······································· 43

3.2.1　类的定义 ·························· 44

3.2.2　类的使用 ·························· 44

3.3　对象 ···································· 46

3.3.1　对象的定义 ······················ 46

3.3.2　对象的使用 ······················ 47

3.3.3　构造方法 ·························· 48

3.3.4　this 关键字 ······················ 50

3.3.5　static 关键字 ···················· 53

3.3.6　实训——上机错误分析 ······ 54

3.4　封装 ···································· 56

3.4.1　封装方法 ·························· 56

3.4.2　实训——上机错误分析 ······ 58

3.5　继承性 ································· 59

3.5.1　继承性概述 ······················ 59

3.5.2　this 与 super 的区别 ··········· 61

3.6　多态性 ································· 62

3.6.1　方法重载 ·························· 62

3.6.2　方法重写 ·························· 62

3.6.3　instanceof 运算符 ·············· 65

3.6.4　final 关键字 ····················· 66

3.7　抽象类和接口 ······················ 67

3.7.1　抽象类 ····························· 67

3.7.2　接口 ································· 68

3.8　内部类和匿名类 ·························· 71
　　3.8.1　内部类 ···························· 71
　　3.8.2　匿名类 ···························· 72
　　3.8.3　Lambda 表达式 ·················· 73
3.9　包 ······································ 74
　　3.9.1　包的定义 ························· 75
　　3.9.2　包的引入 ························· 75
　　3.9.3　访问级别 ························· 76
3.10　项目案例——输出学生类型的信息 ······· 79
　　3.10.1　项目要求 ························ 79
　　3.10.2　项目分析 ························ 79
　　3.10.3　项目实现 ························ 80
3.11　寻根求源 ····························· 81
3.12　拓展思维 ····························· 83
知识测试 ···································· 83

第4章　异常处理 ······························ 88
4.1　异常处理概述 ···························· 88
4.2　异常类 ································· 90
　　4.2.1　异常类的层次结构 ················ 90
　　4.2.2　Exception 类及其子类 ············ 90
　　4.2.3　Error 类及其子类 ················ 91
4.3　异常处理简介 ·························· 91
　　4.3.1　异常处理 ························· 91
　　4.3.2　抛出异常 ························· 93
4.4　创建自己的异常类 ······················ 95
4.5　项目案例——学生管理功能 ·············· 97
4.6　寻根求源 ······························ 99
4.7　拓展思维 ····························· 100
知识测试 ··································· 101

第5章　常用类 ······························· 107
5.1　Math 类 ······························· 107
　　5.1.1　常量、幂与指数函数 ············· 108
　　5.1.2　基本数值计算方法 ················ 109
5.2　System 类 ····························· 110
5.3　时间类 ································ 113
　　5.3.1　Date 类的使用 ·················· 114
　　5.3.2　Calendar 类的使用 ·············· 115
5.4　包装类 ································ 116
5.5　Scanner 类 ···························· 118
　　5.5.1　Scanner 类的构造方法 ··········· 118
　　5.5.2　Scanner 类的常用方法 ··········· 119
5.6　Format 类及其子类 ····················· 120
　　5.6.1　DateFormat ······················ 120

5.6.2　NumberFormat ······················ 122
5.7　项目案例——学生成绩管理 ·············· 124
5.8　寻根求源 ······························ 129
5.9　拓展思维 ····························· 131
知识测试 ··································· 134

第6章　图形用户界面 ························· 137
6.1　Java GUI 概述 ························· 137
　　6.1.1　AWT 简介 ······················ 137
　　6.1.2　Swing 类 ······················ 138
6.2　Java 常用容器与组件 ·················· 138
　　6.2.1　Java 常用容器 ·················· 138
　　6.2.2　Java 常用组件 ·················· 140
6.3　事件处理概述 ·························· 143
　　6.3.1　AWT 事件及其相应的监听器接口 ··· 144
　　6.3.2　Swing 事件及其相应的监听器接口 ·· 146
　　6.3.3　ActionEvent 事件 ··············· 147
　　6.3.4　鼠标、键盘事件 ················· 149
6.4　布局管理器 ··························· 152
6.5　复杂组件与事件处理 ··················· 158
　　6.5.1　选择事件与列表、列表框 ········· 158
　　6.5.2　复选框、单选按钮与滚动面板 ····· 161
6.6　菜单组件 ····························· 165
6.7　项目案例——菜单综合案例 ·············· 166
6.8　寻根求源 ····························· 167
6.9　拓展思维 ····························· 168
知识测试 ··································· 171

第7章　输入与输出 ··························· 174
7.1　输入 / 输出流概述 ····················· 174
7.2　File 类与文件信息 ····················· 176
7.3　字节流 ································ 177
　　7.3.1　文件字节流 ····················· 179
　　7.3.2　字节缓冲流 ····················· 181
　　7.3.3　数据流 ························· 183
7.4　字符流 ································ 185
　　7.4.1　文件字符流 ····················· 185
　　7.4.2　字符缓冲流 ····················· 187
　　7.4.3　交换流 ························· 188
7.5　项目案例——复制与读写学生
　　信息文件 ····························· 190
7.6　寻根求源 ····························· 192
7.7　拓展思维 ····························· 192
知识测试 ··································· 194

第 8 章　多线程 ·············· 197
8.1　线程概述 ·············· 197
8.1.1　进程与线程 ·············· 197
8.1.2　Thread 类 ·············· 198
8.2　线程的实现 ·············· 199
8.3　线程生命周期 ·············· 202
8.3.1　线程的状态 ·············· 202
8.3.2　线程的常用方法 ·············· 203
8.4　线程同步 ·············· 205
8.5　项目案例——龟兔赛跑 ·············· 209
8.6　寻根求源 ·············· 210
8.7　拓展思维 ·············· 211
知识测试 ·············· 214

第 9 章　集合 ·············· 217
9.1　集合概述 ·············· 217
9.2　Collection 接口 ·············· 218
9.2.1　常用方法 ·············· 218
9.2.2　迭代器 ·············· 220
9.3　List 接口 ·············· 221
9.3.1　常用方法 ·············· 221
9.3.2　实现原理 ·············· 222
9.4　Set 接口 ·············· 223
9.4.1　常用方法 ·············· 223
9.4.2　实现原理 ·············· 224
9.5　Map 接口 ·············· 225
9.5.1　常用方法 ·············· 225
9.5.2　实现原理 ·············· 227
9.6　项目案例——随机抽出 N 个学生
背诵唐诗 ·············· 228
9.7　寻根求源 ·············· 229
9.8　拓展思维 ·············· 229
知识测试 ·············· 232

第 10 章　数据库 ·············· 234
10.1　概述 ·············· 234
10.2　JDBC API ·············· 235
10.2.1　数据库连接流程 ·············· 236
10.2.2　数据库连接代码 ·············· 236
10.3　配置 JDBC 数据库数据源 ·············· 237
10.3.1　安装 MySQL ·············· 237
10.3.2　使用 MySQL ·············· 242
10.3.3　建立和查看数据库 ·············· 243

10.4　项目案例——输出志愿者信息
（数据库实例） ·············· 245
10.5　寻根求源 ·············· 247
10.6　拓展思维 ·············· 247
知识测试 ·············· 248

第 11 章　网络编程 ·············· 250
11.1　网络编程概述 ·············· 250
11.1.1　IP 地址和端口号 ·············· 250
11.1.2　InetAddress ·············· 251
11.1.3　UDP 与 TCP ·············· 252
11.2　UDP 通信 ·············· 253
11.2.1　UDP 通信简介 ·············· 253
11.2.2　UDP 网络程序 ·············· 255
11.3　TCP 通信 ·············· 257
11.3.1　简单的 TCP 网络程序 ·············· 258
11.3.2　多线程的 TCP 网络程序 ·············· 261
11.4　项目案例——上传文件 ·············· 263
11.5　寻根求源 ·············· 266
11.6　拓展思维 ·············· 267
知识测试 ·············· 268

第 12 章　多媒体 ·············· 270
12.1　图像显示 ·············· 270
12.2　声音 ·············· 272
12.3　动画的生成 ·············· 274
12.4　项目案例——花开中国 ·············· 276
12.5　寻根求源 ·············· 278
12.6　拓展思维 ·············· 279
知识测试 ·············· 279

第 13 章　实验 ·············· 281
实验 1　熟悉 Java 编程环境和 Java 程序结构 ··· 281
实验 2　Java 基本语法 ·············· 283
实验 3　面向对象基础 ·············· 284
实验 4　异常处理 ·············· 285
实验 5　常用类 ·············· 286
实验 6　图形用户界面 ·············· 288
实验 7　输入 / 输出 ·············· 289
实验 8　多线程 ·············· 290
实验 9　集合 ·············· 291
实验 10　数据库 ·············· 293
实验 11　网络编程 ·············· 294
实验 12　多媒体 ·············· 295

参考文献 ·············· 298

Chapter

第 1 章

Java 概论

学习目标

1. 了解：Java 的发展简史。
2. 理解：Java 的基本概念、特点。
3. 掌握：Java 的安装、配置方法。

重点

1. 理解：Java 虚拟机的概念。
2. 掌握：Java 运行环境设置和开发工具的使用。

难点

1. 两类 Java 程序编写、调试、运行的区别。
2. JDK 工具包的使用。

Java 是一种面向对象的程序设计语言，不仅吸收了 C++ 语言的各种优点，还摒弃了 C++ 语言里难以理解的多继承、指针等概念，具有安全、跨平台、可移植、分布式应用等显著特点，因此得到了广泛的应用。同时，由于 Java 与 Internet 紧密结合，已经成为当今主要的网络应用开发工具。

1.1 Java 简介

1.1.1 Java 产生的背景

1990 年，美国 Sun 公司启动了一个名为 Green 的项目，其最初的目的是为家用消费电子产品开发一个分布式代码系统，以便把信息发给电冰箱、烤面包机、微波炉、电视机等家用电器，对它们进行控制，和它们进行信息交流。

当时最流行的编程语言是 C 和 C++ 语言，Sun 公司的研究人员就考虑是否可以采用 C++ 语言来编写程序。但是研究表明，由于家电价格较低，而 C++ 语言过于复杂和庞大，安全性又差，且 C 和 C++ 语言的缺点是只能对特定的 CPU 芯片进行编程，一旦家电设备更换芯片，就需要重新对芯片进行编译，因此运行语言所需芯片的花费已超过家电本身的成本。为了解决此问题，人们基于 C++ 语言开发了一种新的语言 Oak（橡树），Oak 是一种用于网络的精巧而安全的语言。但后来发现 Oak 已是 Sun 公司另一个语言的注册商标，因此将其改名为 Java。Java 的取名也有一段趣闻，有一天，几位项目组的成员正在讨论给这个新的语言取什么名字，当时他们正在咖啡馆喝着 Java 咖啡（太平洋岛屿爪哇盛产的一种味道非常美妙的咖啡），有一个人灵机一动说就叫 Java 怎样，希望 Java 语言就像端到编程人员面前的热腾腾的咖啡一样，让人感觉很舒服，这个建议得到了其他人的赞赏。于是，Java 这个名字就这样传开了。1995年 5 月，Sun 公司对外正式发布了 Java 语言；1996 年 1 月，Sun 公司发布了 Java 的第一个开发工具包（JDK 1.0）；2009 年，Oracle 公司宣布收购 Sun 公司；2014 年，Oracle 公司发布了 Java 8（JDK 8.0）；2018 年 9 月，Oracle 公司官方宣布 Java 11 正式发布。

1.1.2 Java 平台简介

1999 年 6 月，Sun 公司推出以 Java 2 平台为核心的 J2SE（Java 2 Standard Edition）、J2EE（Java 2 Enterprise Edition）和 J2ME（Java 2 Micro Edition）三大平台。

1）J2SE：Java 的标准版，用于小型程序。

2）J2EE：Java 的企业版，用于大型程序。

3）J2ME：Java 的微型版，用于手机、智能卡等程序。

J2SE、J2EE、J2ME 语言都是相同的，只是捆绑的类库 API 不同。J2SE 是基础；J2EE 包含 J2SE 中的类，并且还包含用于开发企业级应用的类。J2ME 包含了 J2SE 的核心类，但新添加了一些专有类应用场合。

2005 年 6 月，Sun 公司发布了 Java SE 6。此时，Java 的各种版本已经更名，已取消其中的数字 2，如 J2EE 更名为 JavaEE，J2SE 更名为 JavaSE，J2ME 更名为 JavaME。

JRE（Java Runtime Environment，Java 运行环境）是一个运行环境，JDK（Java Development Kit，Java 开发包或 Java 开发工具）是一个开发环境。因此，写 Java 程序时需要 JDK，而运行 Java 程序时就需要 JRE。

1.1.3 Java 平台和虚拟机

平台是支持程序运行的软硬件环境。Java 平台是指在 Windows、Linux 等操作系统平台支持下的一种 Java 程序开发平台，主要由 Java 虚拟机（Java Virtual Machine，JVM）和 Java 应用程序接口（Java Application Program Interface，Java API）两部分组成。Java 虚拟机易于移植到不同硬件的平台上，是 Java 平台的基础；Java 应用程序接口由大量已做好的 Java 组件（组件是一种类）构成，该接口提供了丰富的 Java 资源，使 Java 程序的开发效率与其他语言相比大大提高。

Java 破解各机器使用不同的机器语言的策略就是它定义出自己的一套虚拟机，即 Java 虚拟机。Java 虚拟机是分布在不同平台上的解释器，其工作原理如图 1-1 所示。

为了实现与平台无关的软件编写形式，Java 编程人员在编写完软件后，首先通过 Java 编译器将 Java 源程序编译为 Java 虚拟机的字节码（Byte Code），并以 ".class" 为扩展名；同时，在 Java 虚拟机上有一个 Java 解释器用来解释 Java 字节码。字

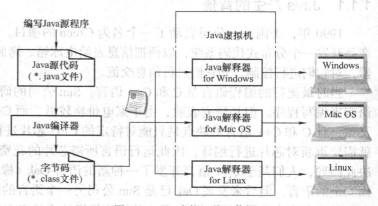

图 1-1　Java 虚拟机的工作原理

节码是中介语言（一种共通语言），任何一台机器只要配备了 Java 解释器，都可读懂它并运行该程序。

编译器：对源代码进行半编译，生成与平台无关的字节码文件。

解释器：分布在网络中不同的操作系统平台上，用于对字节码文件半解释执行。

解释就是取出一条指令，执行一条，与口译类似；而编译与笔译类似，是在全部翻译以后才去执行。经过 Java 解释器的解释，平台就可以执行各种各样的 Java 程序。正因为如此，Java 程序才具有"一次编写，到处运行"的特点，即 Java 的平台无关性。

1.2　运行环境安装与测试

Java 开发环境的基本要求非常低，只需一个 JDK 再加上一个纯文本编辑器即可，如记事本、UltraEdit 等。对于熟练的开发人员，为了进一步提高开发效率，还可以使用具有可视化功能的 Java 专用开发工具，如 Jbuilder、J++、NetBeans。本书程序以记事本为编辑工具。

1.2.1　Java 开发包安装

JDK 是一个编写 Java 的 Applet 小程序和应用程序的程序开发环境。JDK 是整个 Java 的核心，包括 JRE、一些 Java 工具和 Java 的核心类库（Java API）。

不同的操作系统（如 Windows、UNIX/Linux、Mac OS）有相应的 Java 开发包安装程序，读者可以到官网（地址：https://www.oracle.com/technetwork/java/javase/downloads/index.html）获取 Java 开发包安装程序。本书使用 Windows 操作系统环境下的 Java 开发包，书中的示例程序均在 JDK 1.8 环境下调试通过。

1. JDK 的内容

在 JDK 根目录下，有 bin、jre、lib、include 等子目录和一些文件，其功能如下。

（1）bin 子目录　该目录中存放一些用于开发 Java 程序的工具，如编译工具（javac.exe）、运行工具（java.exe）、打包工具（jar.exe）等。

（2）jre 子目录　运行环境位于 jre 子目录中，是 Java SE 运行时环境的实现。该运行环境包含 Java 虚拟机、类库以及其他文件，可支持执行以 Java 编程语言编写的程序。

（3）lib 子目录　附加库位于 lib 子目录中，是开发工具需要的附加类库和支持文件。

（4）include 子目录　c 头文件位于 include 子目录中，用于支持 Java 程序设计。

（5）src.zip 子目录　源代码位于 src.zip 子目录中，包含源代码，仅用于提供信息，以便帮助开发者学习和使用 Java 编程语言。

2. JDK 的基本命令

JDK 包含用于开发和测试以 Java 编程语言编写并在 Java 平台上运行的程序的工具，这些工具被设计为从命令行使用。除了 appletviewer 以外，这些工具不提供图形用户界面。JDK 的基本命令包括 javac、java、jdb、javap、javadoc 和 appletviewer。

1）javac：Java 编译器，用来将 Java 程序编译成字节码。命令格式：

javac [选项] 源程序名

2）java：Java 解释器，执行已经转换成字节码的 Java 应用程序。命令格式：

java [选项] 类名 [参数]

3）jdb：Java 调试器，用来调试 Java 程序。启动 jdb 的方法有两种，第一种方法的格式与

Java 解释器类似；第二种是把 jdb 附加到一个已运行的 Java 解释器上，该解释器必须带 –debug 项启动。

4）javap：反编译，将类文件还原回方法和变量。命令格式：

javap [选项] 类名

5）javadoc：文档生成器，创建 HTML（Hyper Text Markup Language，超文本标记语言）文件。命令格式：

javadoc [选项] 源文件名

6）appletviewer：小应用程序 Applet 浏览工具，用于测试并运行 Applet。命令格式：

appletviewer [选项] URL

其中，URL（Uniform Resource Locator，统一资源定位符）是 HTML 文件的路径，如果是相对路径只需写出文件名。

3. Java 的安装与配置

双击 Java 开发包（jdk-8u201-windows-x64.exe）安装程序，进入安装界面，单击【运行】按钮，继续安装；单击【下一步】→【更改】按钮，将安装路径修改为 D:\Java \jdk1.8.0；单击【下一步】按钮，进入图 1-2 所示的更改 JDK 路径的安装目录界面；单击【下一步】按钮，进入图 1-3 所示的自定义安装功能和路径界面。

图 1-2　更改 JDK 路径的安装目录界面

图 1-3　自定义安装功能和路径界面

在图 1-3 所示界面中有 3 个功能模块，开发人员可以根据自己的需求进行安装。3 个功能模块说明如下。

1）开发工具：JDK 中的核心功能模块，包含一系列可执行程序，如 javac.exe、java.exe 等，还包含一个专用的 JRE 环境。

2）源代码：Java 提供公共 API 类的源代码。

3）公共 JRE：Java 程序的运行环境。由于开发工具中已经包含了一个 JRE，因此没有必要再安装公共的 JRE 环境，此项可以不作选择。

这里需要说明的是，JDK 包含 JRE，打个比方，JDK 就是厨房，包含各种工具；而 JRE 是运行环境，就是锅。

1.2.2　环境变量设置

在 bin 子目录下有两个重要的文件：javac.exe、java.exe，分别是编译程序和 Java 虚拟机。

在使用这两个文件前，最好先设置变量 Path，这样无论在哪个目录下都能编译和执行 Java 文件。

　　Path 称为路径环境变量，用来指定 Java 开发包中的一些可执行程序（Java.exe、Javac.exe 等）所在的位置。

　　在 Windows 7 操作系统下设置 Path 变量的步骤如下：右击【我的电脑】，在弹出的快捷菜单中选择【属性】命令，弹出【系统属性】对话框，选择【高级】选项卡，单击【环境变量】按钮，弹出【环境变量】对话框，如图 1-4 所示。

　　找到变量 Path，双击该行即可编辑该环境变量的值。在该变量已有的值后再添加"；D:\Java\jdk1.8.0\bin"（注意：不包括引号，分号"；"不能缺少），单击【确定】按钮保存，如图 1-5 所示。

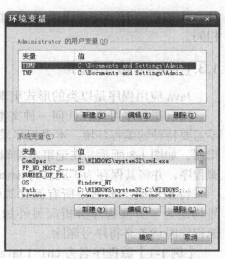

图 1-4 【环境变量】对话框

　　Classpath 称为类路径环境变量。不同的操作系统中，设置环境变量的方法是不同的。JDK 6 以后的版本都不用再配置 Classpath，而且也不建议配置。

图 1-5 设置 Path 环境变量

1.2.3 环境测试

　　检验 jdk 是否配置成功：单击【开始】→运行 cmd，输入 java -version（java 和 -version 之间有空格）或 javac-version。

1. 版本测试

　　输入 javac-version，结果显示 Java 版本，如图 1-6 所示；如不显示，则需要重新安装 Java。

2. 环境测试

　　输入 javac，结果如图 1-7 所示，说明 Path 设置成功；否则说明 Path 设置有问题，需要修改系统变量 Path 的值。

图 1-6 version 命令显示窗口

图 1-7 环境测试

1.3 项目案例——初识两类 Java 程序

　　按照运行环境的不同，可将普遍使用的 Java 程序分为两种：Java 应用程序（Java Application）和 Java 小程序（Java Applet）。Java 应用程序在本机上由 Java 解释程序来激活

Java 虚拟机，而 Java 小程序则通过浏览器来激活 Java 虚拟机。此外，它们的程序结构也不相同。

1.3.1　Java 应用程序

　　Java 应用程序是以类的形式出现的，程序中可以包含一个类，也可以包含多个类。

　　Java 源程序可以在任何一种文本编辑器上编辑，如记事本编辑器、UltraEdit 编辑器等，其不需要特种的编程环境。本书程序采用了记事本编辑器，如图 1-8 所示。在记事本编辑器中书写 Java 源程序，并将其保存为扩展名为 .java 的文件。

　　特别说明：本书中所有例程源代码之前的序号均是为了方便程序分析而另外加的，读者书写源程序时请务必将序号删除。

　　【例 1-1】源程序名为 ch1_1.java，在屏幕上输出"美丽中国！"，参看视频。

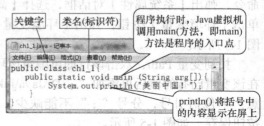

图 1-8　记事本编辑器

```
1    public class ch1_1{
2      public static void main (String arg[]){
3            System.out.println(" 美丽中国！ ");
4      }
5    }
```

视频例 1-1

1. 创建应用程序源文件

1）打开【附件】中的记事本，在文本编辑界面中输入程序清单。

2）选择【文件】→【保存】命令，将文件命名为 ch1_1.java，保存到 D:\java> 目录下。注意：文件名必须和清单所声明的类名即 T ch1_1.class 保持一致，而且 Java 区分大小写，且扩展名必须是 .java。

2. 编译

文件保存成功之后，从【命令提示符】窗口中进入 D:\Java> 目录，在此目录下进行测试。

1）输入编译程序 javac 命令：

javac TestHello.java

2）输入显示文件目录命令：

dir

这时会发现目录下多了一个 testHello.class 文件，这是 Javac 编译器将源代码编译成字节代码生成类文件的结果。再由 Java 解释，执行 testHello.class 类文件。

3）JDK 1.5 版本后的编译器不再向下兼容，如果在编译源文件时没有特别约定，JDK 1.8 编译生成的字节码只能在安装 JDK 1.8 的平台环境中运行，但可用 –source 参数约定字节码适合的 Java 平台，例如：

Java -source1.5 文件名 .java

在编译源文件时应当用 –source 参数，其可取的值有 1.2、1.3、1.4、1.5、1.6、1.7、1.8。

3. 运行

输入运行程序命令：

java TestHello

运行结果如图 1-9 所示。

4. 程序分析

输出的"美丽中国！"是 Java 编译器直接执行 Java
应用程序字节码的结果。

第 1 句：类的声明，声明为 ch1_1 的类（class）。
下面对每个单词进行分析。

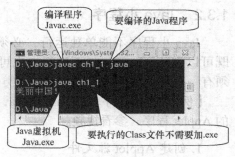

图 1-9 例 1-1 运行结果

public：说明类的属性为公共类。

class：声明一个类，代表以下的内容都是该类的内容。

第 1、5 句：大括号是成对出现的，大括号括起来
的程序区域隶属于 ch1_1 类，"{"表示类 ch1_1 从这里开始，结束是在"}"处。

第 2 句：Java 程序的一个特殊方法，又称 main() 方法。下面对每个单词进行分析。

public ：访问控制符，表示 main() 方法为公共的，不能省略。

static：将 main() 方法声明为静态的，在这里该关键字也不能省略。

String arg[]：用来接收命令行传入的参数，String 用于声明 arg[ ] 可存储字符串数组。本程
序中没用到该参数，但该参数不能省略，否则会出错。

第 2、4 句：大括号必须成对出现。

第 3 句：将 println() 小括号中的内容"美丽中国！"显示到屏幕上。注意，语句后面的分
号";"不能省略，分号代表单一程序语句完成。

System.out.println() ：System 是 Java 中 的 System 类，out 是 System 类 中 的 一 个 变 量，
println() 是 out 变量的一个方法。

讲到这里，很多读者会有疑问，为什么 main() 前面加这么多修饰词？

public static void main (String arg[])

这是因为 main() 方法要被外部的 Java 虚拟机程序调用，所以修饰符必须设为 public ；当
对象还没有产生时，main() 方法就已被 Java 虚拟机调用，所以必须为 static 方法（类方法）；建
立 main() 方法主要是执行程序，所以没必要有返回值，因此设为 void。main() 方法的参数类
型是 String 数组，arg[] 是变量名称，可任取，执行时允许输入多个文字当作参数值。main() 方
法中字符串参数数组的作用是接收命令行输入参数，命令行的参数之间用空格隔开。例如：

java 类名 参数

```
public class TestMain {
    public static void main(String arg[]){
        System.out.println(" 输出 main() 方法中的输入参数：");
        for(int i=0;i<args.length;i++){
            System.out.println(arg[i]);
        }
    }
}
D:\ >javac TestMain.java
D:\ >java  TestMain  1 2 3
输出 main() 方法中的输入参数：
1
2
3
```

1.3.2 Java 小程序

Java 小程序不能单独运行，必须通过 HTML 调入后方能执行实现其功能。Java 小程序既可以在 Appletviewer 下运行，也可以在支持 Java 的 Web 浏览器中运行。Applet 程序中必须有一个类是 Applet 类或 JApplet 类的子类，也是 Applet 的主类。

【例 1-2】源程序名为 ch1_2.java，为 Applet 小程序示例，即显示"你好 Java!"的 Applet 程序，参看视频。

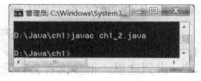

视频例 1-2

1. 创建 Applet 源文件

```
1  import java.applet. Applet;               // 导入 applet 包的 Applet 类
2  import java.awt.Graphics;                 // 导入 awt 包的 Graphics 类
3  public class ch1_2 extends Applet{        // Applet 的初始化事件
4    public void paint(Graphics f) {
5        f.drawString(" 你好 Java!", 10, 50);1  // 显示 "你好 Java!"
6    }
7  }
```

1）打开【附件】中的记事本，在文本编辑界面中输入程序。

2）选择【文件】→【保存】命令，将文件命名为 ch1_2.java, 保存到 D:\java> 目录下。

2. 编译 Applet 小程序

Applet 小程序 ch1_2.java 编写完成后，需对其进行编译，自动产生字节码文件 ch1_2.class，其编译方法与 Java 应用程序相同。打开 DOS 窗口，输入 javac ch1_2.java 命令，编译生成 ch1_2.class 文件，如图 1-10 所示。

图 1-10 ch1_2.java 的编译窗口

3. 编写 HTML 代码

由于 Applet 小程序的字节码程序 ch1_2.class 必须嵌入 HTML 代码中才可以完成小程序的功能，因此还必须为 ch1_2.class 编写一个 HTML 代码文件，将字节码程序引入其中。下面是嵌入 ch1_2.class 代码的 HTML 程序示例，文件名为 ch1_2.html。

```
1  <HTML>
2    <HEAD>
3     <TITLE>Applet Program</TITLE>
4    </HEAD>
5   <BODY>
6    <APPLET CODE="ch1_2.class" width=400 height=150>
7    </APPLET>
8   </BODY>
9   </HTML>
```

4. 运行 HTML 代码程序

完成 ch1_2.html 的编写后，Applet 小程序的运行有两种方式：一种是使用 Internet Explorer 浏览器（简称 IE）解释运行，另一种是使用 appletviewer 命令运行。

打开 DOS 窗口，输入 appletviewer ch1_2.html 命令，即使用 Applet 阅读器（JDK 的 appletViewer）执行 Applet 小应用程序，运行结果如图 1-11 所示。

5. 程序分析

（1）Applet 源文件分析
第 1、2 句：import 语句，
指出本 Applet 程序所需要的
Applet 类和 Graphics 类。编
写 Applet 程序时通常都要导
入 Applet 类。

图 1-11 例 1-2 运行结果

第 3 句：由关键字 class 引入类的定义，其中 ch1_2 为类名，关键字 extends 说明该类继承 Applet 类，即定义的 ch1_2 类是 Applet 类的子类，该类是 public 类。与 Java 应用程序一样，当把一个 public 类存入文件时，定义的类名必须是文件名。将编写好的程序存入 ch1_2.java 文件中。

第 3、7 句：大括号要成对出现，其所括起来的范围称为该程序的区域。

第 4 句：表示程序中只有一个方法，其中参数 f 为 Graphics 类，表示当前作用的上下文。

第 4、6 句：括号要成对出现，其所括起来的范围称为该方法的区域。

第 5 句：在该方法中，f 调用方法 drawString()，在坐标（10，50）处输出字符串"你好 Java!"，其中坐标以像素为单位。

（2）HTML 文件分析　HTML 标记都是成对出现的，如 <HTML> 与 </HTML> 成对出现，它们表示 HTML 标记的起始和结束。而 <APPLET CODE="ch1_2.class" width=400 height=150> 语句是 Applet 的特殊 HTML 标记，用来告诉浏览器需要加载哪个 Applet，并设置显示窗口的宽度 400 和长度 150（以像素为单位）。

1.3.3 Java 编程规范

由于软件开发是一个集体协作的过程，程序员之间的代码经常要进行交换阅读，因此 Java 源程序有一些约定成俗的命名规定，主要目的是提高 Java 程序的可读性。

如果在源程序中包含公共类的定义，则源文件名必须与公共类的名字完全一致，字母的大小写都必须一样。这是 Java 语言的一个严格的规定。源文件的命名规则如下。

1）包名：全小写的名词，中间可以用点分隔开，如 java.awt.event。

2）类名：首字母大写，通常由多个单词合成一个类名，要求每个单词的首字母也大写，如 class HelloWorld。

3）接口名：命名规则与类名相同，如 interface Collection。

4）方法名：往往由多个单词合成，第一个单词通常为动词，首字母小写，中间的每个单词的首字母大写，如 balanceAccount、isButtonPress。

5）变量名：全小写，一般为名词，如 length。

6）常量名：基本数据类型的常量名为全大写，如果由多个单词构成，可以用下画线隔开，如 int YEAR、int WEEK_OF_MONTH。

注意：编写程序时一定要采用缩进格式，并加上注释。

1.4　寻根求源

从现在开始，我们已经进入 Java 世界。面对程序中出现的错误不能视而不见，而是要分析原因，找出错误的根源，避免下次再犯同样的错误，也为以后的程序调试积累经验。环境搭

建常见的错误如下。

图 1-12   javac 不是内部命令

1. javac 不是内部命令

如图 1-12 所示，错误为 javac 不是内部命令。

分析原因：检查环境是否配置成功。而设置 Path 变量是为了让操作系统找到指定的工具程序（以 Windows 来说就是找到 .exe 文件），设置 Classpath 的目的就是让 Java 执行环境找到指定的 Java 程序（即 .class 文件）。

解决方法：重新配置 Java 运行环境，设计 Path 路径（参看 1.2.2 小节环境变量设置）。也可设置 Classpath=.。注意，Classpath 后面只有一个英文的点。

2. Java 源文件存在，但找不到文件

如图 1-13 所示，Java 源文件存在，但运行时提示没有找到源文件，如图 1-14 所示。

分析原因：检查源文件是否以 .java 为扩展名。

解决方法：查看文件名的扩展名。以 Windows7 为例，打开任一文件夹，选择【组织】中的【文件夹和搜索选项】，在【查看】设置一栏中将"隐藏已知文件类型的扩展名"选项前面的钩"√"取消，单击【确定】按钮，如图 1-15 所示。文件显示出扩展名 .txt，将 TestHello.java.txt 重命名为 HelloWorld.java 即可。

图 1-13   Java 源文件存在

图 1-14   没有找到源文件

3. 代码出错

运行以下程序：

```
public class ch1_1{
    Public static void main (String arg[]) {
                System.out.println("Java 欢迎你！");
    }
}
```

运行结果如图 1-16 所示。

分析原因：Java 程序严格区别大小写，因此在 Java 编程时要注意区分大小写，且符号为英文状态下的半角符号。另外，中文的双引号和分号与英文不同。

解决方法：

1）Public 应改为 public。

2）将中文双引号和分号改为英文状态下的双引号和分号。

图 1-15 取消选中"隐藏已知文件类型的扩展名"复选框　　　　图 1-16 运行结果

1.5 拓展思维

1. 平台

平台是 CPU 和操作系统的总称。对计算机编程中的平台而言，就是不同的操作系统上运行的程序或系统。例如，假设经常使用的是 Linux/UNIX 操作系统，则计算机编程中的平台就是 Linux/UNIX。

2. Java 虚拟机

Java 虚拟机是运行程序的平台。Java 虚拟机是一个想象中的机器，在实际的计算机上通过软件模拟来实现。Java 虚拟机是执行字节码文件（.class）的虚拟机进程。

3. Java 被称为平台无关的编程语言的原因

与平台相关的例子：VC 编译出来的 C 语言可执行文件 .exe 能够在 Windows 操作系统上运行，不能直接在 Linux 操作系统上运行。

Java 虚拟机屏蔽了与具体操作系统平台相关的信息，使得 Java 程序只需生成在 Java 虚拟机上运行的目标代码（字节码），就可以在多种平台上不加修改地运行。

Java 源程序（.java）被编译器编译成字节码文件（.class），字节码文件将由 Java 虚拟机解释成机器码（不同平台的机器码不同），利用机器码操作硬件和操作系统。因为不同的平台装有不同的 Java 虚拟机，所以能够将相同的 .class 文件解释成不同平台所需要的机器码。正是因为有 Java 虚拟机的存在，Java 才被称为平台无关的编程语言。

平台无关，并不是指源程序（.java）和平台无关，能运行在各个不同的平台，而是指源程序编译后的 .class 文件能在不同的平台上运行（只要不同的平台装有不同的 Java 虚拟机）。也就是说，Java 源程序不是直接编译成机器码，而是二次编译的，即第一次 Java 源程序被 javac 编译成 .class 文件（该文件和平台无关）。第二次 .class 文件被 Java 虚拟机中的解释器编译，解释执行为不同平台所需要的机器码。

4. 编写程序

参看例 1-1 输出的"美丽中国!",编写程序。

（1）代码

```java
public class test{
    public static void main (String arg[]){
        System.out.println("                          ");
        System.out.println("                          ");
        System.out.println("                          ");
        System.out.println("                          ");
        System.out.println("                          ");
        System.out.println("                          ");
        System.out.println("                          ");
        System.out.println("                          ");
    }
}
```

（2）运行结果　运行结果如图 1-17 所示。

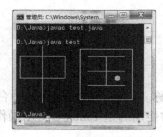

图 1-17　运行结果

（3）要求　拓展思维训练，要求读者发挥想象力，编程输出不同的作品，不能重复，人物、文字、图案都可以。

提示：可输出各种图案，如解放军、平行四边形等，如图 1-18 所示。

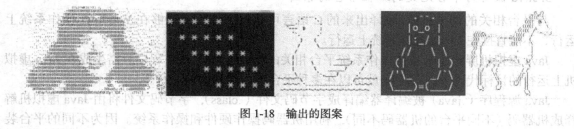

图 1-18　输出的图案

知识测试

一、判断题

1. System.out.println() 方法只在命令窗口中显示（或输出）一行文字。　　　　（　　）
2. 声明变量时必须指定一个类型。　　　　　　　　　　　　　　　　　　　　（　　）
3. 注释的作用是使程序在执行时在屏幕上显示 // 之后的内容。　　　　　　　（　　）

4. Java 认为变量 number 与 NuMbEr 是相同的。（　　）

5. Java 应用程序从 main() 方法开始执行。（　　）

6. 当运行 javac 命令对一个 Java 源程序进行编译时，必须写出该源程序文件的完整文件名，包括扩展名 .java。（　　）

7. Java 语言中不用区分字母的大小写。（　　）

8. System.out.println("Hello java!") 中 out 是 System 类的一个成员变量。（　　）

9. Java 语言具有较好的安全性、可移植性及平台无关性等特性。（　　）

10. Java 语言不仅是编译型的，同时也是解释型的语言。（　　）

二、单项选择题

1. 下列选项中，Java 对类 Javaword 进行定义正确的是（　　　　）。

A. public class JAVAWORD
B. public class JavaWord
C. public class java word
D. public class Javaword

2. 对 main() 方法的第 1 行定义正确的是（　　　　）。

A. public main(String arg [ ])
B. 0public void main(String arg [ ])
C. public static void main(string arg [ ])
D. public static void main(String args [ ])

3. 下列这些标识符中错误的是（　　　）。

A. MyGame　　　B. _isHers　　　C. JavaProgram　　　D. +$abc

4. 下列中（　　　）是 JDK 提供的编译器。

A. java.exe　　　B. javac.exe　　　C. javap.exe　　　D. javadoc.exe

5. 下列说法不正确的是（　　　）。

A. Java 源程序文件名与应用程序类名可以不相同

B. Java 程序中，public 类最多只能有一个

C. Java 程序中，package 语句可以有 0 个或 1 个，并在源文件之首

D. Java 程序对字母大小写敏感

6. Class 类的对象由（　　　）自动生成，隐藏在 .class 文件中，它在运行时为用户提供信息。

A. Java 编译器
B. Java 解释器
C. Java new 关键字
D. Java 类分解器

7. 为使 Java 程序独立于平台，Java 虚拟机把字节码与各个操作系统及硬件（　　　）。

A. 分开
B. 结合
C. 联系
D. 融合

8. 下列描述中，错误的是（　　　）。

A. Java 要求编程者管理内存
B. Java 的安全性体现在多个层次上
C. Applet 要求在支持 Java 的浏览器上运行
D. Java 有多线程机制

9. Java 为移动设备提供的平台是（　　　）。

A. J2ME
B. J2SE
C. J2EE
D. JDK 5.0

10. JDK 中提供的文档生成器是（　　　）。

A. jav.exe
B. java.exe
C. javado.exe
D. javapro.exe

三、填空题

1. _____环境变量用来存储 Java 的编译和运行工具所在的路径，而_____环境变量

则用来保存 Java 虚拟机要运行的 .class 文件路径。

2. Java 源程序文件和字节码文件的扩展名分别为_____、_____。

3. Java 的三大体系分别是_____、_____、_____。

4. Java 程序的运行环境简称为_____。

5. javac.exe 和 java.exe 两个可执行程序存放在 JDK 安装目录的_____目录下。

6. JDK 下解释执行 Java 的程序是_____。

7. Java Application 至少有一个主类，该类中包含一个名为_____的方法。

8. Java 语言是一种完全_____程序设计语言。

9. Java 主要由_____和 Java 应用程序接口两部分组成。

10. Java 解释器用来_____Java 字节码。

四、简答题

1. 简述 Java 的运行机制。

2. Java 平台分为几类？各自的适用范围是什么？

3. 简述 Java 的特点。

4. 简述 JRE 与 JDK 的区别。

5. 简述 Java 编程规范。

五、综合应用

1. 阅读程序，写运行结果

```
public class Demo{
        public static void main(String[] args){
            System.out.println("Good Luck!");
            System.out.println("Good Luck!");
        }
}
```

2. 分析下面的程序，找出错误并修改调试运行，写出错误的原因

```
public class Ex{
        public static main(string[] args){
                system.out.print("Good")
        }
}
```

3. 编程题

（1）使用记事本编写一个 HelloWorld 程序，在 DOS 命令行窗口中编译运行。请按照题目要求编写程序并给出运行结果。

（2）根据创新思维训练，完成创新思维题目。

第2章

Java 基本语法

学习目标

1. 理解：Java 标识符、变量和常量的概念。
2. 掌握：Java 的基本数据类型及运算符和表达式的使用。
3. 掌握：流程控制语句、数组的使用方法。

重点

1. 理解：熟记 Java 的语法规范。
2. 掌握：整型、浮点型、字符型等常用的数据类型的定义、表示和引用。
3. 掌握：三种常用的流程控制语句及一维数组。

难点

掌握：多维数组的使用。

Java 语言和其他高级语言一样，虽然有其自己的语法结构和书写规范，但是与 C、C++ 语言却非常相似，读者如果已经对 C 及 C++ 语言有所了解，那么学习 Java 语言会感到比较轻松。本章将从 Java 的关键字、变量、数据类型、语句、表达式、运算符和修饰符等基础知识入手进行简单介绍。

2.1 简单数据类型

为什么开发计算机语言的人要考虑数据类型呢？

例如住房，要买大房子就需要很多钱，但不是每人都很有钱。为满足不同人的需求，市场出售有多种类型结构的房屋，如四室二厅（100 多平方米）、两室一厅（60 多平方米），还有公寓（10 多平方米）等。同样，在计算机中内存也不是无限大的，如计算 1+2=3 用整型运算即可，不需要开辟太大的适合小数运算的内存空间。于是计算机的设计者就考虑可以对数据类型进行分类，如整型、实型、字符型等。

数据类型是指程序中能够表示和处理类型的数据。Java 将数据类型分为两大类：一类是基本数据类型，如整数类型、字符类型等；另一类是引用数据类型，如类和接口等。

2.1.1　标识符

在程序设计语言中，每个元素（如变量、常量、方法、类和包等）都需要有一个名字以标识它的存在和唯一性，这个名字就是标识符（Identifier）。标识符的命名规则如下。

1）标识符必须以字母、下划线（_）或美元符号（$）开头，后面可以是字母、下划线、美元符号、数字（0 ～ 9），所有 A ～ Z 的大写字母和 a ～ z 的小写字母，以及所有在十六进制 0xc0 之前的 ASCII 码。

2）标识符不能包含运算符，如 +、- 等。

3）标识符不能是关键字。关键字是已被 Java 占用的标识符，如 main、public、class、import 等。

4）标识符不能是 true、false 和 null。

5）标识符可有任意长度。

6）标识符区分大小写，如 Mybook 与 mybook 是完全不同的两个标识符。

例 如，userName、User_Name、_sys_val、$change 为 合 法 标 识 符，3mail room#、class、d+4、%asd、xyz.wcx 为非法标识符。

非法标识符不符合命名规则，Java 编译器检查非法标识符并报告语法错误。

注意：描述性的标识符可使程序的可读性提高。例如，最大值用 max 表示。

2.1.2　关键字和保留字

关键字具有专门的意义和用途，不能当作一般的标识符使用。保留字是指已经定义过的字，使用者不能再将这些字作为变量名或过程名使用。Java 语言中的关键字均用小写字母表示，其主要可以分为如下几类。

1）访问控制：private、protected、public。

2）类、方法和变量修饰符：abstract、class、extends、final、implements、interface、native、new、static、strictfp、synchronized、transient、volatile。

3）流程控制语句：break、continue、return、do、while、if、else、for、instanceof、switch、case、default。

4）错误处理：catch、finally、throw、throws、try。

5）包相关：import、package。

6）基本类型：boolean、byte、char、double、float、int、long、short。

7）变量引用：super、this、void。

8）语法保留字：null、true、false。

注意：关键字 goto 和 const 是 C++ 语言保留的关键字，在 Java 语言中不能使用；sizeof、String、大写的 NULL 也不是关键字。

2.1.3　注释

为增加程序的可读性，便于日后维护及修改，需要为程序添加注释。Java 的注释符有三种：一是行注释符，二是块注释符，三是文档注释符。

1）行注释符是 "//"。以 "//" 开头到本行末的所有字符都为注释内容。

2）块注释符是 "/*" 和 "*/"，其中 "/*" 标志注释的开始，"*/" 标志注释的结束。"/*" 和 "*/" 之间所有字符都是注释内容，注释内容可跨越多行。

3）文档注释符是"/**"和"*/"，其中"/**"标志文档注释的开始，"*/"标志文档注释的结束。文档注释将被 Java 自动文档生成器生成 HTML 代码文档。

2.1.4 常量

常量是在程序运行过程中其值始终保持不变的量。常量有整型、浮点型、字符型、布尔型和字符串常量等。例如，圆周率是一个常量，在程序设计过程中如果反复使用它，频繁地输入 3.14159，就会非常麻烦。此时，就需要为圆周率定义一个常量。Java 中用关键字 final 来定义常量。

1. 常量定义

final 数据类型 常量名 = 值；

例如：

final int a=12;

（1）整型常量

1）十进制整数，如 123、-456、0。

2）八进制整数，以 0 开头，如 0123 表示十进制数 83，-011 表示十进制数 -9。

3）十六进制整数，以 0x 或 0X 开头，如 0x123 表示十进制数 291，-0X12 表示十进制数 -18。

（2）浮点型常量

1）十进制数形式，由数字和小数点组成，且必须有小数点，如 0.123、.123、123.、123.0。

2）科学计数法形式，如 123e3 或 123E3，其中 e 或 E 之前必须有数字，且 e 或 E 后面的指数必须为整数。

（3）字符型常量 字符型常量用于表示单个字符。表示字符型常量时，要求用单引号把字符括起来，如 'A'、'a'、'2'。

（4）布尔型常量 布尔型常量只有真（true）和假（false）两种值。

（5）字符串常量 字符串常量是用双引号（""）括起来的由 0 个或多个字符组成的序列，如 "student name" "What？"。

2. 转义字符

转义字符代表一些特殊字符，如回车、换行等。转义字符主要通过在字符前加一个反斜杠 "\" 来实现。常用的转义字符如表 2-1 所示。

表 2-1 转义字符

转义字符	含义	转义字符	含义
'\b'	退格	'\a'	响铃
'\t'	水平制表符 Tab	'\"'	双引号
'\v'	垂直制表符	'\''	单引号
'\n'	换行	'\\'	反斜线
'\f'	换页	'\ddd'	用 3 位 8 进制数表示字符
'\r'	回车	'\uxxxx'	用 4 位 16 进制数表示字符

2.1.5　变量

变量是在程序运行过程中其值可以被改变的量，通常用来记录运算中间结果或保存数据。变量包括变量名和变量值两部分，变量名就是用户自己为变量定义的标识符，变量值则是存储在变量名中的数据。修改变量的值仅仅是改变存储单元中存储的数据，而不是改变存储数据的位置，即存储数据的位置没有改变。例如，将 a=10 改为 a=5，等号左边的标识符 a 是变量名，标识 10 的存储位置，改变的只是 a 的存储的内容，即由 10 变为 5。

变量必须先声明后使用。变量声明是要告诉编译器根据数据类型为变量分配合适的存储空间。变量声明包括为变量命名和指定变量的数据类型，如果需要还可以为变量指定初始数值。声明变量的格式如下：

数据类型　变量名 1[, 变量名 2，…];

或：

数据类型　变量名 1　[= 初值][, 变量名 2[= 初值],…];

下面是几个变量声明的例子：

```
int   k;                          // 声明一个存放整型且名为 k 的变量
float  x, y;                       // 声明浮点型变量 x、y
char  studentname = 'WangXin';    // 声明字符变量 studentname, 其初值为 WangXin
double a=1.0, b=2.0;              // 声明变量 a、b 并分别赋值 1.0、2.0
```

【例 2-1】源程序名为 ch2_1.java，计算半径为 10 的圆的面积，并输出结果，参看视频。

```
1  public class ch2_1{
2  public static void main(String[] args) {
3    final double PI=3.14159;
4    double area;
5    area=PI*10*10;
6    System.out.println("The area for the circle of 10 is"+area);
7    }
8  }
```

视频例 2-1

【运行结果】

运行结果如图 2-1 所示。

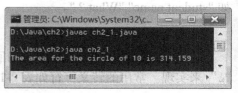

图 2-1　例 2-1 运行结果

【程序分析】

第 3 句：常量在使用前予以声明和初始化。常量 PI 的值不能改变。

第 4 句：变量的使用，定义变量 area 是双精度类型。变量 area 在计算过程中可以随半径的改变而改变。

第 5 句：在程序运行时为变量 area 赋值。

2.1.6　数据类型

每个数据类型都有一个值域，或者称为范围。编译器根据变量或常量的数据类型对其分配存储空间。Java 为数值、字符和布尔数据提供了几种基本数据类型，如图 2-2 所示。

1. 数值数据类型

Java 有 6 种数值类型，包括 4 种整型和 2 种浮点型，如表 2-2 所示。1 字节为 8 位，每位是 1 或 0，共有 2^8 种变化，但要分成正负，1 个位用于符号位，其余 7 位表示为 2^7，负数为 $-2^7 \sim -1$，正数为 $0 \sim 2^7-1$（因为 0 占一个数）。

说明：整型常量默认为 int 类型，占用 32 位内存，如 123、–123、027。如果在整型常量末尾添加一个大写字母 L 或小写字母 l，则为长整型常量（long 类型），占用 64 位内存，如 123L、–123L、027L。

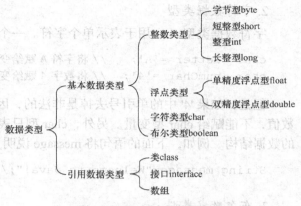

图 2-2　Java 语言的数据类型

表 2-2　数值数据类型

数据类型	所占位数	数的取值范围
byte	8	$-2^7 \sim 2^7-1$
short	16	$-2^{15} \sim 2^{15}-1$
int	32	$-2^{31} \sim 2^{31}-1$
long	64	$-2^{63} \sim 2^{63}-1$
float	32	$-3.4 \times 10^{38} \sim 3.4 \times 10^{38}$（精度为 6～7 位有效数字）
double	64	$-1.7 \times 10^{308} \sim 1.7 \times 10^{308}$（精度为 14～15 位有效数字）

浮点常量分为单精度浮点常量（float）和双精度浮点常量（double）两种。单精度浮点常量也称为一般浮点常量，占用 32 位内存；双精度浮点常量占用 64 位内存。为了区分两种浮点常量，用 F 或 f 表示单精度浮点常量，用 D 或 d 表示双精度浮点常量，如 0.123F、123F、12.3f、–123.0f、–12.3f 都是单精度浮点常量，0.123D、123D、–12.3d 都是双精度浮点常量。如果数值后没有标识精度的字母，则默认为双精度浮点常量，如 0.123、–12.3。

【例 2-2】源程序名为 ch2_2.java，为数值数据类型的最大值示例，参看视频。

```
1  public class ch2_2 {
2      public static void main(String args[]){
3          byte  largestByte = Byte.MAX_VALUE; //定义一个 byte
                                                  //类型的变量
4          short largestShort = Short.MAX_VALUE;  //定义一个 short 类型的变量
5                                                 //在屏幕上输出对应类型的最大值
6          System.out.println("最大的 byte 值是: "+largestByte);
7          System.out.println("最大的 short 值是: "+largestShort);
8      }
9  }
```

视频例 2-2

【运行结果】

运行结果如图 2-3 所示。

【程序分析】

第 3 ～ 7 句：Java 中每种数据类型都封装为一个类，通过类型类的 MAX_VALUE 方法找到各种数值数据类型的最大值。

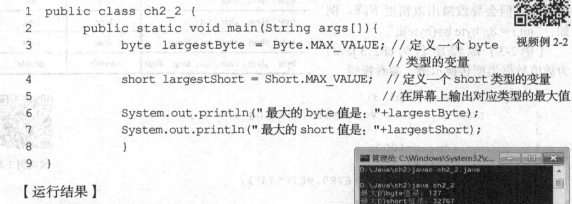

图 2-3　例 2-2 运行结果

2. 字符数据类型

字符数据类型 char 用于表示单个字符。一个字符的值由单引号括起来，例如：

```
char  letter ='A';    // 将字符 A 赋给变量 letter
char  numChar ='4';   // 将数字 4 赋给变量 numChar
```

但是，如果 '4' 中的单引号去掉是非法的，因为在语句 "char numChar=4；" 中的 4 是一个数值，不能赋给 char 型变量。另外，char 型只表示一个字母，表示一串字符则要用称为 String 的数据结构。例如，下面的语句将 message 说明为 String 型，其初值为 "Welcome to Java!"。

```
String message="Welcome to Java!";// 字符串必须用双引号括起来
```

3. 布尔数据类型

布尔数据类型的值域包括两个值：真（true）和假（false）。例如，下面一行代码是给变量 doorOpen 赋值为 true：

```
Boolean doorOpen=true;
```

4. 数值类型转换

当两个类型不同的运算对象进行二元运算时有以下两种转换。

（1）自动转型　自动转型用于将范围小的数据类型转换为范围大的数据类型。运算中，不同类型的数据先转化为同一类型，然后进行运算。

低 ━━━━━━━━━━▶ 高

byte, short→int→long→float→double

例如，操作数 1（byte 型）+ 操作数 2（int 型）

转换类型如下：操作数 1（int 型）+ 操作数 2（int 型）。

常用数值类型转换如表 2-3 所示。

（2）强迫转型　强迫转型用于将较大范围的数据类型转换为较小范围的数据类型，但会导致溢出或精度下降。例如，"int i = 8; byte b=(byte)i;"。

【例 2-3】源程序名为 ch2_3.java，为数值数据类型转换示例，参看视频。

表 2-3　常用数值类型转换

操作数 1 类型	操作数 2 类型	转换后的类型
byte、short、char	int	int
byte、short、char、int	long	long
byte、short、char、int、long	float	float
byte、short、char、int、long、float	double	double

```
1   public class ch2_3{
2       public static void main (String args[ ]) {
3           int c;
4           long d=6000;
5           float f;
6           double g=123456789.987654321;
7           c=(int)d;
8           f=(float)g;     // 导致精度损失
9           System.out.println("c=   "+c);
10          System.out.println("d=   "+d);
11          System.out.println("f=   "+f);
```

视频例 2-3

```
12          System.out.println("g= "+g);
13      }
14  }
```

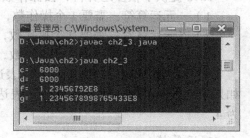

【运行结果】

运行结果如图 2-4 所示。

【程序分析】

第 7 句：将 long 类型数据强制转换为 int 类型，有些情况可能导致数据溢出。

图 2-4　例 2-3 运行结果

第 8 句：将 double 类型数据强制转换为 float 类型，将导致精度损失，通过运行结果可以看出。

所以，进行数据类型的强制转换时一定要慎重。

【例 2-4】源程序名为 ch2_4.java，为调用 Java API 函数完成数值运算示例，参看视频。

```
1   public class ch2_4 {
2     public static void main(String[] args) {
3       System.out.println("abs(-5) = " + Math.abs(-5));
4       System.out.println("max(6.75,3.14)="+Math.max(6.75, 3.14));
5       System.out.println("min(100, 200)="+Math.min(100, 200));
6       System.out.println("round(3.5)="+Math.round(3.5));
7       System.out.println("round(-6.5) = " + Math.round(-6.5));
8       System.out.println("sqrt(2) = " + Math.sqrt(2));
9       System.out.println("pow(2, 5) = " + Math.pow(2, 5));
10      System.out.println("exp(2) = " + Math.exp(2));
11      System.out.println("log(2) = " + Math.log(2));
12      System.out.println("ceil(6.75) = " + (int) Math.ceil(6.75));
13      System.out.println("floor(6.75) = " + (int) Math.floor(6.75));
14      System.out.println("Pi = " + Math.PI);
15      System.out.println("sin(Pi / 4) = " + Math.sin(Math.PI / 4));
16      System.out.println("cos(1) = " + Math.cos(1));
17    }
18  }
```

视频例 2-4

【运行结果】

运行结果如图 2-5 所示。

【程序分析】

第 3～5 句：演示求绝对值和求最大、最小值函数的用法。

第 6 和 7 句：演示四舍五入函数的用法。

第 8 和 9 句：演示求平方根和求幂函数的用法。

第 10 和 11 句：演示指数与对数函数的用法。

第 12 和 13 句：演示向上取整与向下取整函数的用法。

第 15 和 16 句：演示三角函数的用法。

图 2-5　例 2-4 运行结果

2.1.7　运算符与表达式

运算符是表明进行何种运算的符号。操作数是被运算的数据。表达式是由操作数和运算符组成的式子。表达式的运算结果称为表达式的值。

Java 提供了很多运算符，按操作数的数目来划分，可有：

1）一元运算符：需要 1 个操作数，如 ++i、--i、+i、-i。

2）二元运算符：需要 2 个操作数，如 a+b、a-b、a>b。

3）三元运算符：需要 3 个操作数，如表达式 1 ? 表达式 2 : 表达式 3。

三目表达式的运算规则是：如果表达式 1 的值为 true，则整个表达式的值取表达式 2 的值；如果表达式 1 的值为 false，则整个表达式的值取表达式 3 的值。例如，4>3 ? 4:3 表达式的值为 4。

1. 运算符

按功能划分，基本的运算符有以下几类。

（1）算术运算符　数值类型的标准算术运算符包括加号（+）、减号（-）、乘号（*）、除号（/）和求余号（%）。例如：

```
byte   i1=20%6;          //i1 的结果是 2
short  i2=100-36;        //i2 的结果是 64
int    i3=21*3;          //i3 的结果是 63
double i4=1.0/2.0;       //i4 的结果是 0.5
int    i5=1/2;           //i5 的结果是 0
```

注意：++ 和 -- 有前置和后置两种写法。在表达式中，前置（++x，--x）和后置（x++，x--）是不同的。若运算符前置于变量，则变量先加 1 或减 1，再参与表达式中的运算；若运算符后置于变量，则变量先参与表达式的运算，再加 1 或减 1。

例如：

```
int i=10;
int n;
n=10*i++;
```

先计算 10*i，即 10*10=100；再计算 i++，i=11，n =100。

在此例中，i++ 是在计算整个表达式（10*i++）后计算的；若将 i++ 换为 ++i，则 ++i 在整个表达式 (10*(++i)) 计算之前进行计算，即先计算 i++，再计算 10*i，即 n=10*11=110。

再如：

```
double x=1.0;
double y=5.0;
double z=x-- +(++y);
```

3 行都执行完后，y 变为 6.0，z 变为 7.0，而 x 变为 0.0。

注意：使用简捷赋值运算符虽然可以使表达式变短，但也会使其更加复杂难懂，因此应尽量避免使用简捷赋值运算符。

（2）关系运算符　关系运算又称比较运算，用来比较两个同类型数据的大小。关系运算符都是双目运算符。关系运算的结果是布尔值，即 true（真）或 false（假）。Java 提供的关系运算符如表 2-4 所示。

（3）逻辑运算符　逻辑运算又称布尔运算，是对布尔值进行运算，其运算结果仍为布尔值。常用的逻辑运算符如表 2-5 所示。

表 2-4　关系运算符

运算符	名称	示例	结果	运算符	名称	示例	结果
<	小于	1<3	true	>=	大于等于	1>=2	false
==	等于	1==2	false	<=	小于等于	1<=3	true
>	大于	1>2	false				

表 2-5　逻辑运算符

运算符	名称	举例	运算规则
!	非	!x	对 x 进行取反运算。例如，若 x 为 true，则结果为 false
&&	与	x&&y	只有 x 和 y 都为 true，结果才为 true
||	或	x||y	只有 x 和 y 都为 false，结果才为 false
^	异或	x^y	假设变量 x=1 和 y=2，则 (x>1)^(y==2) 的结果为 true

（4）位运算符　位运算符用于对二进制位（bit）进行运算。位运算符的操作数和结果都是整数。常见的位运算符如表 2-6 所示。

（5）赋值运算符　赋值运算符用于给变量或对象赋值。赋值运算符分为基本赋值运算符和复合赋值运算符两类。

表 2-6　位运算符

运算符	名称	举例	运算规则
~	按位取反	~x	对 x 每个二进制位取反
&	按位与	x&y	对 x、y 每个对应的二进制位进行与运算
|	按位或	x|y	对 x、y 每个对应的二进制位进行或运算
^	按位异或	x^y	对 x、y 每个对应的二进制位进行异或运算
<<	按位左移	x<<a	将 x 各二进制位左移 a 位
>>	按位右移	x>>a	将 x 各二进制位右移 a 位
>>>	不带符号的按位右移	x>>>a	将 x 各二进制位右移 a 位，左面的空位要补 0

1）基本赋值运算符。基本赋值运算符 "=" 的使用格式如下：

变量或对象 = 表达式

基本赋值运算符 "=" 的作用是把右边表达式的值赋给左边的变量或对象。例如，j=k=i+2 的运算顺序是先将 i+2 的值赋给 k，再把 k 的值赋给 j。

2）复合赋值运算符。复合赋值运算符是在基本赋值运算符前面加上其他运算符后构成的赋值运算符。Java 提供的各种复合赋值运算符如表 2-7 所示。

表 2-7　复合赋值运算符

运算符	名称	举例	功能	运算符	名称	举例	功能
+=	加赋值运算符	a+=b	a=a+b	&=	位与赋值运算符	a&=b	a=a&b
-=	减赋值运算符	a-=b	a=a-b	|=	位或赋值运算符	a|=b	a=a|b
*=	乘赋值运算符	a*=b	a=a*b	^=	位异或赋值运算符	a^=b	a=a^b
/=	除赋值运算符	a/=b	a=a/b	<<=	算术左移赋值运算符	a<<=b	a=a<<b
%=	取余赋值运算符	a%=b	a=a%b	>>=	算术右移赋值运算符	a>>=b	a=a>>b

2. 表达式

表达式是由操作数和运算符按一定的语法形式组成的符号序列。最简单的表达式是一个常量或一个变量，如 x、3.14、num1+num2；当表达式中含有两个或两个以上的运算符时，就称为复杂表达式，如 a*(b+c)+d、x<=(y+z)、x&&y||z。

在复杂表达式中，运算按照运算符的优先顺序从高到低进行，同级运算符从左到右进行。例如，算术运算符的优先级高于关系运算符，对于表达式 2+3>5-4，要先计算加法和减法，然后进行比较计算。运算符的结合性决定了优先级相同运算符的运算顺序。例如，对于表达式 a+b-c，因为 + 和 - 的优先级相同且具有左结合性，所以其等价于 (a+b)-c。表 2-8 列出了 Java 中所有运算符的优先级。

表 2-8　运算符的优先级

优先级	运算符
最高优先级	
	++、--
	!（非）
	*、/（取商）、%（求余）
	+、-
	<、<=、>、>=
	==、!=
	^
	&&
	||
最低优先级	=、+=、-=、*=、/=、%=

例如，a>b&&c<d||e==f 的运算次序为 ((a>b)&&(c<d))||(e==f)。

2.2　流程控制语句

流程控制语句用于控制程序中各语句的执行顺序。Java 提供的流程控制语句有选择语句、循环语句、跳移语句等。

2.2.1　简单 if 条件语句

简单 if 条件语句只在条件为真时执行，if 条件语句流程如图 2-6 所示，其语法如下：

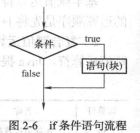

图 2-6　if 条件语句流程

```
if（条件）{
    语句（块）；
}
```

若布尔表达式的值为真，则执行块内语句。

```
if (score>=60)
    system.out.println("你及格了 ");
if (score<60)
```

```
system.out.println(" 你没有及格 ");
```

注意：

1）在 if 子句末不能加分号（;）。

2）在 if 语句中，布尔表达式总应该用括号括起来。

3）如果块中只有一条语句，则花括号可以省略。但建议使用花括号，以避免编程错误。

2.2.2　简单 if-else 条件语句

当指定条件为真时，简单 if 条件语句执行一个操作；当指定条件为假时，则什么也不做。那么，如果需要在条件为假时选择一个操作，则可以使用 if-else 条件语句来指定不同的操作。if-else 条件语句流程如图 2-7 所示其语法如下：

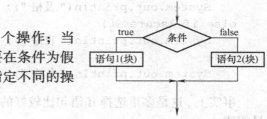

图 2-7　if-else 条件语句流程

```
if（布尔表达式）{
    布尔表达式为真时执行语句 1（块）;
}
else{
    布尔表达式为假时执行语句 2（块）;
}
```

若布尔表达式计算为真，则执行语句 1（块）（true 时执行）；否则，执行语句 2（块）（false 时执行）。

```
if(score>=60){
        System.out.println(" 你及格了 ");
}
else{
        System.out.println(" 你没有及格 ");
}
```

2.2.3　if 语句的嵌套

if 或 if-else 语句中的语句可以是任意合法的 Java 语句，包括其他 if 或 if-else 语句。if 语句可以嵌套，内层 if 语句又可以包含另一个 if 语句，事实上，嵌套的深度没有限制。

```
if(Score<60)
    System.out.println(" 不及格 ");
else
    if(Score<80)
        System.out.println(" 及格 ");
    else
        if(Score<90)
            System.out.println(" 良好 ");
        else
            System.out.println(" 优秀 :);
```

上述 if 语句的执行过程如下：测试第一个条件 (Score<60)，若真，输出 "不及格"；若假，测试第二个条件（Score<80），若第二个条件为真，输出 "及格"；若假，继续测试第三个条

件（Score<90），若第三个条件为真，输出"良好"，否则输出"优秀"。注意，只有在前面的所有条件都为假时才会测试下一个条件。

上述 if 语句与下述语句等价：

```
if(score<60)
    System.out.println("不及格");
else if (score<80)
    System.out.println("及格");
else if (score<90)
    System.out.println("良好");
else
    System.out.println("优秀");
```

事实上，这是多重选择 if 语句比较好的书写风格。该风格可以避免深层缩进，并使程序容易阅读。

注意：else 子句与同一块中离得最近的 if 子句相匹配。

2.2.4　switch 语句

switch 语句根据表达式的结果来执行多个可能操作中的一个，其语法如下：

```
switch（表达式）{
    case 常量 1:语句块 1;[break;]
    case 常量 2:语句块 2;[break;]
    …
    case 常量 n:语句块 n;[break;]
    [default:默认处理语句;break;]
}
```

switch 语句中的每个"case 常量："称为一个 case 子句，代表一个 case 分支的入口。switch 语句流程如图 2-8 所示。

在编程过程中经常会遇到需要测试指定的变量是否等于某一个值的现象，如果不匹配，则对其他的值进行匹配，这一点很像 if-else-if-else 的形式。但是，当值很多时，用这种形式将变得非常麻烦，而且会使程序变得很难懂。例如，当分别判断 5 分制成绩时，用 if-else-if-else 的形式会是以下的情况：

```
if(Score=5)
    System.out.println("优秀");
else if(Score=4)
    System.out.println("优良");
else if(Score=3)
    System.out.println("良好");
else if(Score=2)
    System.out.println("及格");
else
    System.out.println("不及格");
```

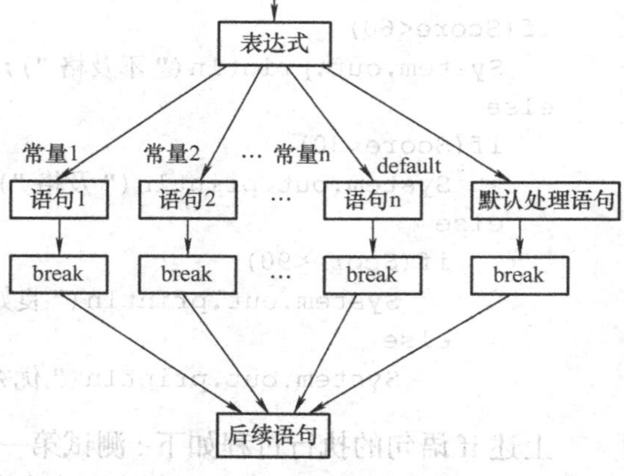

图 2-8　switch 语句流程

上述代码很不简练，如果有块语句时或者条

件不是 5 个而是 10 个甚至更多时，代码会更加不清晰。在 Java 中，可以用 switch 语句对操作进行分组，如图 2-9 所示。

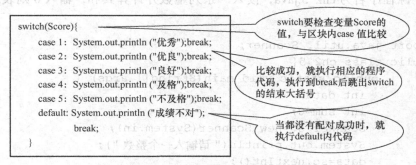

图 2-9　用 switch 语句对操作进行分组

switch 语句遵从下述规则。

1）switch 表达式必须能计算出一个 char、byte、short 或 int 型值，并且用括号括起来。

2）value1…valueN 必须与 switch 表达式的值具有相同的数据类型。当表达式的值与 case 语句的值相匹配时，执行该 case 语句中的语句。

3）关键字 break 是可选的。break 语句终止整个 switch 语句。若 break 语句不存在，下一个 case 语句将被执行。

4）默认情况（default）是可选的，其用来执行指定情况都不为真时的操作。默认情况总是出现在 switch 语句块的最后。

2.2.5　循环语句

循环就是重复做同样的事，直到达到目的，如演出节目前不断地排练，直到演出结束。Java 有 3 种循环语句，分别为 while、do 和 for 循环语句。

1. while 循环语句

While 循环语句流程如图 2-10 所示，其语法如下：

```
while( 条件 ){
    循环体
}
```

说明：循环条件是一个布尔表达式，必须放在括号中。在循环体执行前先计算循环条件，若条件为真，则执行循环体；若条件为假，则整个循环中断并且程序控制转移到 while 循环后的语句。例如，用 while 循环输出"Welcome！"100 次。

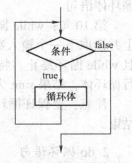

图 2-10　while 循环语句流程

```
int i=0;
while (i<100){
    System.out.println("Welcome!");
    i++;
}
```

上述代码中，i 的初值为 0，循环检查 i<100 是否为真，若真，则执行循环体，输出

"Welcome！"并使 i 加 1。重复执行，直到 i=100 为止。若 i<100 为假，则循环中断并执行循环体之后的第一条语句。

【例 2-5】源程序名为 ch2_5.java，读入一系列整数并计算其和，输入 0 则表示输入结束，参看视频。

```
1    import java.util. Scanner;
2    public class ch2_5{
3        public static void main(String[] args) {
4            int data;
5            int sum=0;
6            Scanner sc=new Scanner(System.in);
7            System.out.println(" 请输入一个整数 ");
8            data=sc.nextInt();
9            while(data!=0){
10               sum+=data;
11               System.out.println(" 请输入一个整数，输入 0 结束 ");
12               data=sc.nextInt();
13           }
14           System.out.println(" 结果 ="+sum);
15       }
16   }
```

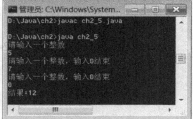

视频例 2-5

【运行结果】

运行结果如图 2-11 所示。

【程序分析】

第 6 句：new Scanner(System.in) 通过 Scanner 类来获取用户的输入。

第 8 句：执行 sc.nextInt() 时，计算机开始等待键盘输入整数，如果数据类型不匹配，会出现异常，直到按 Enter 键为止。

第 9 ～ 13 句：while 语句的应用，其中第 10 ～ 12 句是循环体语句。

第 10 句：while 循环中，若 data 非 0，则将其加到总和上并读取下一个输入数据；若 data 为 0，则不执行循环体并且 while 循环终止。特别地，若第一个输入值为 0，则不执行循环体，结果 sum 为 0。

注意：要保证循环条件最终可以变为假，以便程序能够结束。

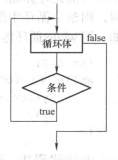

图 2-11　例 2-5 运行结果

2. do 循环语句

do 循环其实就是 while 循环的变体。do 循环语句流程如图 2-12 所示，其语法如下：

```
do{
        // 循环体;
}while（条件）;
```

注意：在 do 循环中 while 条件判断之后需要添加一个分号。

图 2-12　do 循环语句流程

do-while 循环流程和 while 循环不一样，两者的主要差别在于循环条件和循环体的计算顺序不同。例如，可将例 2-5 改写如下：

```java
public class TestDo{
  public static void main(String[] args){
    int data;
    int sum=0;
    Scanner sc=new Scanner(System.in);
    do {
        data=sc.nextInt();// 直接进入区块内执行
        sum+=data;
    } while (data!=0);// 先执行第一次后，才会进行条件判断
    System.out.println("The sum is"+sum);
  }
}
```

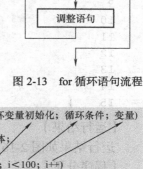

3. for 循环语句

for 循环语句流程如图 2-13 所示，一般地，其语法如图 2-14 所示。

图 2-14 所示代码中，运行结果为循环输出"Welcome！"100 次。for 循环语句以关键字 for 开始，然后是由括号括住的 3 个控制元素，循环体括在大括号内。控制元素由分号分开，控制循环体的执行次数和终止条件。

第一个控制元素为 i=0，初始化循环变量。

第二个控制元素为 i<100，是布尔表达式，用作循环条件。

第三个控制元素是调整控制变量的语句，循环变量的值最终必须使循环条件变为假。

另外，循环变量也可以在 for 循环中进行说明和初始化。上例还可写为

图 2-13　for 循环语句流程

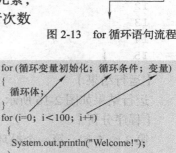

图 2-14　for 循环语句语法

```java
for (int i=0; i<100; i++){
    System.out.println("Welcome!");
}
```

【例 2-6】源程序名为 ch2_6.java，使用 for 循环计算从 1 ～ 100 的数列的和，参看视频。

视频例 2-6

```java
1  public class ch2_6 {
2      public static void main(String[] args) {
3      int sum=0;
4      for (int i=1;i<=100;i++){
5              sum+=i;
6      }
7      System.out.println("The sum is "+sum);
8      }
9  }
```

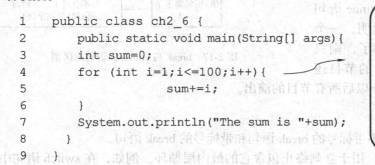

① 一开始变量 i=1，<=100 条件为真，执行 for 循环体。

② 执行到第 7 句大括号时返回第 5 句，i 递增后与 100 比较，如满足条件，继续执行 for 循环体内的程序。

③ 变量 i 递增到 101 时终止循环。

【运行结果】

运行结果如图 2-15 所示。

图 2-15　例 2-6 运行结果

【程序分析】

第 5 ～ 8 句：for 循环，变量 i 从 1 开始，每次增加 1，当 i 大于 100 时循环终止。

【例 2-7】源程序名为 ch2_7.java，使用嵌套的 for 循环输出九九乘法表，参看视频。

视频例 2-7

```
1    public class ch2_7{
2        public static void main(String[] args) {
3            for (int j = 1; j <= 9; j++) {
4                System.out.print("\t" + j);
5            }
6            System.out.println();
7            for (int i = 1; i <= 9; i++) {
8                System.out.print(i);
9                for (int j = 1; j <= i; j++) {
10                   System.out.print("\t" + i * j);
11               }
12               System.out.println();
13           }
14       }
15   }
```

【运行结果】

运行结果如图 2-16 所示。

【程序分析】

第 3 ～ 5 句：第一个循环，输出 1 ～ 9。

第 7 ～ 14 句：一个嵌套的 for 循环，对每个外循环的循环变量 i，内循环的循环变量 j 都要逐个取 1,2,…,9，并输出 i*j 的值。

图 2-16　例 2-7 运行结果

2.2.6　跳转语句

break 和 continue 语句用于分支语句和循环语句中，可使程序员更方便地控制程序执行流程。break 和 continue 语句的区别可用图 2-17 来形象地说明，一个人要表演 5 场节目，如果生病了，则只有一场不能演出，病好后以后的节目还可演出；但如果脚崴了，则终止以后所有节目的演出。

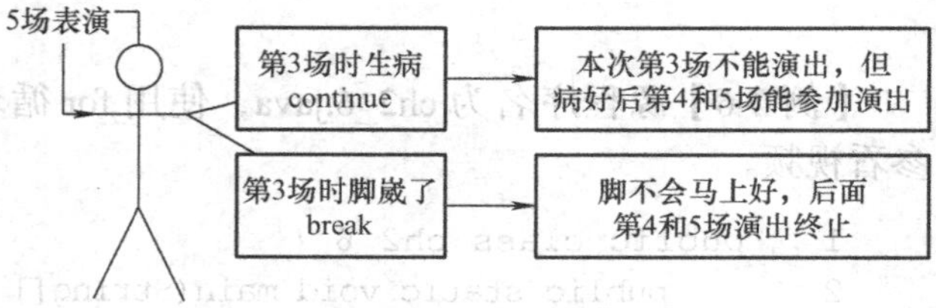

图 2-17　break 与 continue 语句的区别

1. break 语句

break 语句有两种形式，即不带标号的 break 语句和带标号的 break 语句。

1）不带标号的 break 语句：用于立刻终止包含它的最内层循环。例如，在 switch 语句中，break 语句用来终止 switch 语句的执行。

2）带标号的 break 语句：用于多重循环中，跳出它所指定的块（在 Java 中，每个代码块可以加一个括号和语句标号），并从紧跟该块的第一条语句处执行。

例如，下面的 break 语句中断内层循环并把控制立即转移到外层循环后的语句。

```
outer: for ( int i=1; i<10; i++){
    inner:for ( int j=1; j<10;j++){
        if ( i*j>50)
            break outer;
        System.out.println(i*j);
    }
}
```

如果把上述语句中的 break outer 换成 break，则 break 语句会终止内层循环，仍然留在外层循环中。如果想退出外循环，就要使用带标号的 break 语句。

【例 2-8】源程序名为 ch2_8.java，测试 break 语句对程序结果的影响，参看视频。

```
1    public class ch2_8{
2        public static void main(String[] args) {
3            int i=0;
4            while(i<5) {
5                i++;
6                if(i>=2) break;
7                System.out.println("i= "+i);
8            }
9        }
10   }
```

视频例 2-8

【运行结果】
运行结果如图 2-18 所示。
【程序分析】
第 4 ～ 8 句：while 循环中，如果不用 if 语句，则本程序计算从 1 ～ 5 的和，用了 if 语句，则总和大于等于 6 时循环终止。

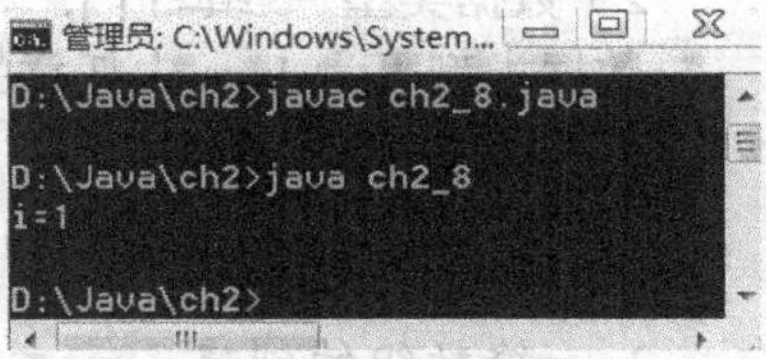

图 2-18　例 2-8 运行结果

2. continue 语句

continue 语句用来结束本次循环，跳过循环体中下面尚未执行的语句，接着进行终止条件的判断，以决定是否继续循环。

【例 2-9】源程序名为 ch2_9.java，测试 continue 语句，参看视频。

```
1    public class ch2_9{
2        public static void main(String[] args) {
3            int i=0;
4            while (i<5){
5                i++;
6                if(i= =2) continue;
7                System.out.println("i= "+i);
8            }
9        }
10   }
```

视频例 2-9

【运行结果】

运行结果如图 2-19 所示。

【程序分析】

第 4 ～ 8 句：while 循环中 ,continue 语句终止当前迭代，当 i 变为 2 时不再执行循环体的剩余语句，即不输出 2。

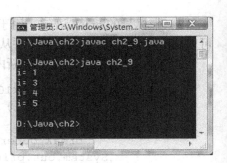

图 2-19　例 2-9 运行结果

2.3　数组

一个班有 50 名学生，要管理这个班学生信息时，编程需要声明 50 个变量，非常麻烦。Java 语言中，数组能解决大量数据问题。数组可以用一个统一的数组名和下标来唯一地确定数组中的元素，下标用 [] 封装，数组的元素数目称为数组长度，如 student[50]。数组有一维数组和多维数组。单一变量定义是将单一值存储在内存中，一个数组的定义是向系统要求一个区域至少存储一列数据，而非只存储单一值。

2.3.1　一维数组

数组的定义和创建是有区别的，定义只需声明数组类型，没有数组长度的要求；而创建是给数组分配空间，可用 new 运算符，也可用枚举初始化来创建。

1. 一维数组的定义

1）数据类型 [ ] 数组名 ;

2）数据类型　数组名 [];

数据类型可为 Java 中任意的数据类型，例如：

```
int[] intArray;
date[] dateArray;
```

2. 一维数组的创建

当一个数组被定义以后，就可以用 new 操作符进行创建，其语法如下：

数组名 =new 数据类型 [数组大小];

另外，定义和创建数组可以被合并在一个语句里，如下所示：

1）数据类型 [] 数组名 =new 数据类型 [数组大小];

2）数据类型　数组名 []=new 数据类型 [数组大小];

例如：

```
int[] myArray = new  int[10];
```

这条语句能够创建一个由 10 个 int 型元素构成的数组。为了指定数组中能够储存多少元素，给数组分配内存空间时必须事先给定数组的大小。当一个数组创建完毕后，其大小不能再改变。

3. 一维数组的初始化

（1）静态初始化

```
int[]  intArray = {1,2,3,4};
String  stringArray[] = {"abc", "How", "you"};
```

（2）动态初始化

1）简单类型的数组：

```
int intArray[];
intArray = new int[5];
```

2）复合类型的数组：

```
String stringArray[ ];
String stringArray = new String[3];    // 为数组中的每个元素开辟引用空间（32 位）
stringArray[0]= new String("How");     // 为第 1 个数组元素开辟空间
stringArray[1]= new String("are");     // 为第 2 个数组元素开辟空间
stringArray[2]= new String("you");     // 为第 3 个数组元素开辟空间
```

4. 一维数组元素的引用

一维数组元素的引用方式如下：

数组名 [下标]

数组下标可以为整型常数或表达式，下标从 0 开始。每个数组都有一个属性 length，用于指明它的长度，数组下标的范围为 0 ～ length−1。例如，intArray.length 指明数组 intArray 的长度，数组元素分别是 intArray[0]、intArray[1]、…、intArray[intArray.length−1]。

【例 2-10】源程序名为 ch2_10.java，创建一个整型数组，参看视频。

```
1     class ch2_10 {
2         public static void main(String[] args) {
3             int[] anArray;              // 声明一个整型数组
4             anArray = new int[3];       // 分配存储空间
5             anArray[0] = 100;           // 初始化第 1 个元素
6             anArray[1] = 200;           // 初始化第 2 个元素
7             anArray[2] = 300;           // 初始化第 3 个元素
8             System.out.println("Element at index 0: " + anArray[0]);
9             System.out.println("Element at index 1: " + anArray[1]);
10            System.out.println("Element at index 2: " + anArray[2]);
11        }
12    }
```

视频例 2-10

【运行结果】

运行结果如图 2-20 所示。

【程序分析】

第 3 ～ 10 句：首先创建一个整型数组，然后输出其中元素的值。

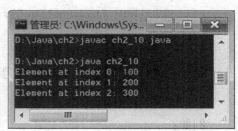

图 2-20　例 2-10 运行结果

2.3.2　二维数组

Java 语言中，二维数组被看作数组的数组。

1. 二维数组的定义

1）数组类型 数组名 [ ][ ]；

2）数组类型 [ ][ ] 数组名；

2. 二维数组的初始化

（1）静态初始化

Int Array[ ][ ]={{1,2},{2,3},{3,4,5}};

Java 语言中，由于把二维数组看作数组的数组，数组空间不是连续分配的，因此不要求二维数组中每一维数组的大小相同。

（2）动态初始化

1）直接为每一维数组分配空间，语法如下：

```
arrayName = new type[arrayLength1][arrayLength2];
int a [ ][ ] = new int[2][3];
```

2）从最高维数组开始，分别为每一维数组分配空间，语法如下：

```
arrayName = new type[arrayLength1][ ];
arrayName[0] = new type[arrayLength20];
arrayName[1] = new type[arrayLength21];
…
arrayName[arrayLength1-1] = new type[arrayLength2n];
```

例如，二维简单数据类型数组的动态初始化如下：

```
int a [ ][ ] = new int[2][ ];
a[0] = new int[3];
a[1] = new int[5];
```

对二维复合数据类型的数组，必须首先为最高维数组分配引用空间，然后顺次为低维数组分配空间。另外，必须为每个数组元素单独分配空间。例如：

```
String s [ ][ ] = new String[2][ ];
s[0]= new String[2];         // 为最高维数组分配引用空间
s[1]= new String[2];         // 为最高维数组分配引用空间
s[0][0]= new String("Good");// 为每个数组元素单独分配空间
s[0][1]= new String("Luck");// 为每个数组元素单独分配空间
s[1][0]= new String("to");   // 为每个数组元素单独分配空间
s[1][1]= new String("You"); // 为每个数组元素单独分配空间
```

3. 二维数组元素的引用

对于二维数组中的每个元素，其引用方式如下：

```
arrayName[index1][index2]
```

例如：

```
num[1][0];
```

视频例 2-11

【例 2-11】源程序名为 ch2_11.java，是一个二维数组的示例，参看视频。

```
1    class ch2_11 {
2      public static void main(String[] args) {
3           String[][]names={{"Mr.","Mrs.","Ms."},{"Smith","Jones"}};
4           System.out.println(names[0][0]+names[1][0]); //Mr. Smith
```

```
5        System.out.println(names[0][2]+names[1][1]); //Ms. Jones
6      }
7    }
```

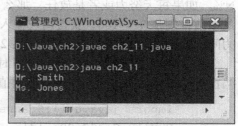

【运行结果】

运行结果如图 2-21 所示。

【程序分析】

图 2-21　例 2-11 运行结果

本程序通过一个简单的示例描述了二维数组的定义、初始化及其应用方法。需要注意的是，数组中的下标是从 0 开始的。

2.3.3　增强 for 循环

在 JDK 1.5 中增加了增强 for 循环，其专门用来遍历数组和集合。

增强 for 循环的语法如下：

```
for（数据类型　变量名：遍历数组（集合））
{ 语句 }
```

注意：普通 for 循环可以没有遍历的数组（集合），而增强 for 循环必须要有遍历的数组（集合）。

【例 2-12】源程序名为 ch2_12.java，为增强 for 循环示例，参看视频。

```
1    public class ch2-12{
2      public static void main(String[] args) {
3          String[] names = {"Wang","Zhang","Sun"};
4          for(int i=0;1<=2;i++)
5              System.out.println(names[i]);
6      }
7    }
```

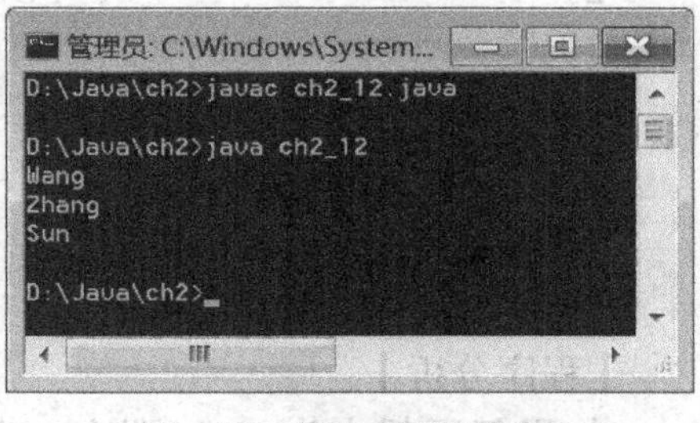

视频例 2-12

【运行结果】

运行结果如图 2-22 所示。

【程序分析】

使用 for 语句，可将上述程序改写如下：

```
1    public class ch2_12x{
2      public static void main(String[] args){
3      String[] names = {"Wang","Zhang","Sun"};
4          for(String option:names)
5              System.out.println(option);
6      }
7    }
8  }
```

图 2-22　例 2-12 运行结果

2.4　项目案例——天天向上

【例 2-13】源程序名为 ch2_13.java，以第 1 天 day 的努力能力值为基数，记为 day=1.0。

当学生每天好好学习时，能力值相比前一天提高 N%；当没有学习时，能力值相比前一天下降 N%。如果每天努力或者是放任，那么一个学期（100 天）结束后能力值会相差多少？其中，N 的取值范围是 0 ～ 100，获得用户输入的 N，计算每天努力和每天放任 100 天后的能力值及能力间比值，其中能力值保留小数点后 2 位，能力间比值输出整数，参看视频。

项目分析：当每天努力好好学习时，能力值相比前一天提高 1%，计算公式为 $(1+1\%)^{100}$；当没有学习时，由于遗忘等原因能力值相比前一天下降 1%，计算公式为 $(1-1\%)^{100}$。

视频例 2-13

```
1    import java.util.Scanner;
2    public class ch2_13{
3        public static void main(String[] args) {
4            double day;// 努力值
5            double dayup=1.0;
6            int m;     //1 为努力，0 为不努力
7            int t=1;   // 结束标志
8            while(t!=0){
9                Scanner sc=new Scanner(System.in);
10               System.out.print(" 请输入努力为1，不努力为 -1:");
11               m=sc.nextInt();
12               System.out.print("\n 请输入努力值:");
13               day=sc.nextDouble();
14               for(int i=0;i<=100;i++)
15                   if(m==1)
16                       dayup*=1+day;
17                   else
18                       dayup*=1-day;
19               System.out.printf(" 天天向上力量是 :%.2f\n",dayup);
20               System.out.println(" 结束输入 0，输入非 0 数字继续： ");
21               t=sc.nextInt();
22           }
23       }
24   }
```

【运行结果】

运行结果如图 2-23 所示。

【程序分析】

如果每天努力为 1%，那么一个学期，即 100 天后，天天向上的力量为基础的 2.73 倍；如果不努力，则为基础的 0.99 倍。如果每天努力为 5%，则天天向上的力量为基础的 136.69 倍；如果不努力，则天天向上的力量就变为基础的 0.77 倍。

第 6 句：设置 m，用来表示努力为 1，不努力为 0。

第 8 句：控制程序计算，结束为 0。

第 9 句：控制输出 2 位小数。

图 2-23　例 2-13 运行结果

【例 2-14】源程序名为 ch2_14.java，使用数组输出唐诗，参看视频。

```
public class ch2_14 { // 新建类
    public static void main(String[] args) {          // 主方法
        // 定义二维数组，4 行
```

视频例 2-14

```
char arr[][] = new char[4][];
// 定义要输出的内容，放在一维数组的各元素中
arr[0] = new char[] { '春', '眠', '不', '觉', '晓', '，' };
arr[1] = new char[] { '处', '处', '闻', '啼', '鸟', '。' };
arr[2] = new char[] { '夜', '来', '风', '雨', '声', '，' };
arr[3] = new char[] { '花', '落', '知', '多', '少', '。' };
System.out.println("┌─────── 横版 ───────┐");
for (int i = 0; i < arr.length; i++) {          // 控制行数，为 4 行
    System.out.print("|" + "\t");
    for (int j = 0;j < arr[i].length; j++){// 控制列数，为 5 列
        System.out.print(arr[i][j]);            // 输出每个元素的值
    }
    System.out.println("\t" + "|");
}
System.out.println("├─────── 竖版 ───────┤");
for (int a = 0; a < arr[0].length; a++) {       // 控制行数，为 5 行
    System.out.print("|" + "\t");
    for(int b = 3; b >= 0; b--){                // 控制列数，为 4 列，且倒序输出
        System.out.print(arr[b][a]);            // 输出各元素的值
    }
    System.out.println("\t" + "\t" + "|");      // 输出标点符号
}
System.out.println("└───────────────┘");
    }
}
```

2.5　寻根求源

1. 上机常见问题

```
1   public class ch2_1 {
2   public static void main(String[] args){
3       int x = 2;
4       {
5           byte y = 64;
6           System.out.println("x is " + x);
7           System.out.println("y is " + y);
8           y = x;
9       }
10              System.out.println("x is " + x);
11   }
12   }
```

运行结果如图 2-24 所示。

分析原因：y 定义为 byte，byte 不可以自动
转换成 int。

图 2-24　运行结果

解决方法：将第 5 句 "byte y = 64;" 改为 "int y = 64;"。

2. 语句错误的原因

```
1    public class ch2_2 {
2    public static void main(String[] args){
3        int a=5;              // 正确
4        int b = 5.3;          // 错误
5        double c = 5;         // 正确
6        c = a;                // 正确
7        int d = c;            // 错误
8        }
9    }
```

分析原因：第 4 句，b 为 int，只能赋值整数不能带小数。第 7 句，c 与 a 不同数据类型，从 double 转换到 int 可能会有损失。

解决方法：int b = 6; double d=c;

2.6 拓展思维

1. ++i、--i 与 i++、i-- 的区别

若为 ++i 或 --i，则变量先加 1 或减 1，再用于表达式运算；若为 i++ 或 i--，则变量先参与表达式运算，再加 1 或减 1。

2. 3 种循环语句（while 循环、do 循环和 for 循环）的区别

while 循环先检查循环条件，若条件为 true，则执行循环体；若条件为 false，则循环结束。do 循环与 while 循环类似，只是 do 循环先执行循环体，后检查循环条件，以确定继续还是终止。由于 while 循环和 do 循环包含依赖循环体的循环条件，因此重复的次数由循环体决定。因此，while 循环和 do 循环常用于不确定循环次数的情况。for 循环一般用于预知执行次数的循环，执行次数不是由循环体确定的。循环控制由带初始值的控制变量、循环条件和调整语句组成。

3. 编程实现用 "*" 组成的各种图案如图 2-25 所示

揭示：参考例 2-7 的 9*9 乘法表，可以将数字换成 "*"。

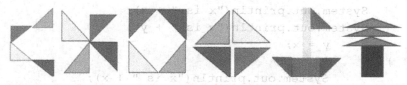

图 2-25　各种星形图案

4. 修改每天的努力值

根据例 2-13，修改每天的努力值，将 1% 变为 5%，结果是几十倍的差别。计算每周学习工作 5 天休息 2 天，休息日下降 1%，计算工作日的努力参数是多少才能与每天努力 1% 一样。

提示：A 同学，每天进步 1%，100 天不停歇。B 同学，每周工作 5 天，休息 2 天，休息日退步 1%，B 要努力到什么程度才能赶上 A？

知识测试

一、判断题

1. continue 语句只结束当前迭代，将程序控制转移到循环的下一次迭代。　　　（　　）

2. while 循环和 do 循环常用于不确定循环次数的情况。　　　　　　　　　（　　）

3. 整数类型可分为 byte 型、short 型、int 型、long 型与 char 型。　　　（　　）

4. 在程序中使用数组，需要先声明数组并能够存储数组中元素的类型。　　（　　）

5. 在所有运算符中，赋值运算符是最低优先级别的运算符。　　　　　　　（　　）

6. Java 语言规定所有的变量在使用前都必须进行初始化。　　　　　　　（　　）

7. Java 语言中，语句 "double a=-5%3;" 在编译时会出现错误。　　　　（　　）

8. 多分支语句 switch（…）括号中表达式的返回值类型可以是全部整型，外加 char 类型。　　　　　　　　　　　　　　　　　　　　　　　　　　　　　（　　）

二、单项选择题

1. 下列是非法标识符的是（　　　）。

A. true　　　　　　　B. area　　　　　　　C. _123　　　　　　　D. $main

2. 下列符合表达式中的运算优先级顺序的一组是（　　　）。

A. +、-、()　　　　　B. *、+、&　　　　　C. &、&&、|　　　　　D. +、*、()

3. 下列数据类型所占的字节数相同的一组是（　　　）。

A. 布尔类型和字符类型　　　　　　　　B. 整数类型和浮点数类型

C. 字符类型和短整数类型　　　　　　　D. 整数类型和双精度类型

4. 以下（　　　）是 Java 的保留字。

A. class　　　　　　　B. Java　　　　　　　C. welcome　　　　　D. CLASS

5. （　　　）可以被用来中止循环语句的执行。

A. break　　　　　　　B. continue　　　　　C. switch　　　　　　D. jump

6. 下列数组声明中合法的是（　　　）。

A. int a= new int(10);　　　　　　　　B. double a[] = new double[10];

C. int a[] = (3, 4, 3, 2);　　　　　　　D. float a[] = {2.3, 4.5, 5.6};

7. 下列运算符中，优先级最高的选项是（　　　）。

A. +=　　　　　　　　B. ==　　　　　　　C. &&　　　　　　　D. ++

8. 下列运算结果为 1 的是（　　　）。

A. 8>>1　　　　　　　B. 4>>>2　　　　　　C. 8=10　　　　　　　D. flag=false

9. Java 中的基本数据类型 int 在不同操作系统平台的字长是（　　　）。

A. 不同的　　　　　　B. 32 位　　　　　　C. 64 位　　　　　　D. 16 位

10. 对于 int a[]=new int[3], 下列叙述中错误的是（　　　）。

A. a.length 的值是 3　　　　　　　　　B. a[1] 的值是 1

C. a[0] 的值是 0　　　　　　　　　　　D. a[a.length−1] 的值等于 a[2] 的值

三、填空题

1. Java 中的程序代码都必须在一个类中定义，类使用_____关键字来定义。

2. 若 "int []a={12,45,34,46,23};"，则 a[2]=_____。

3. Java 中的变量可分为两种数据类型，分别是_____和_____。

4. 在 Java 中，byte 类型数据占_____字节，short 类型数据占_____字节，int 类型数据占_____字节，long 类型数据占_____字节。

5. 若 x = 2，则表达式 (x ++)/3 的值是_____。

6. Java 中存在一种基本的数据类型，该类型定义的变量不能与其他类型转换，定义该类型用_____。

7. 语句如下：

```
Int[] c1=int[10];
Int[] c2={1,2,3,4,5,6,7,8,9,0};
```

数组 c1 中的元素有_____个，c2 中的元素有_____个，已初始化赋值的是_____（c1,c2）。

8. Java 中的常用注释标记有_____和_____。

9. Java 语言中有 4 种基本的整数类型，写出所占的内存空间最小的数据类型的关键字：_____。

10. Java 语言中有 4 种基本的整数类型，写出所占的内存空间最大的数据类型的关键字：_____。

四、简答题

1. 对下列变量进行声明。

（1）初始值为 1 的 int 变量。

（2）初始值为 1.0 的 float 变量。

（3）初始值为 12.34 的 double 变量。

（4）初始值为 true 的 boolean 变量。

（5）初始值为 0 的 char 变量。

2. 列举 Java 语言中的 8 种基本数据类型，并说明每种数据类型所占的内存空间大小。

3. 设 x 的值为 1,写出下述表达式的结果。

（1）(x>1)&&(x++>1)

（2）(x>0)||(x<0)

（3）!(x>0)&&(x>0)

（4）(x!=0)||(x= =0)

4. 写出满足下列要求的布尔表达式。

（1）当数是正数或负数时其值为 true。

（2）当数是 1 ~ 100 时其值为 true。

5. 执行下列语句后,y 的值分别是多少？

（1）

```
x=0;
y=(x>0)?1:-1;
```

（2）

```
int y=0;
for (int x=0;x<10;++x) {
        y+=x;
}
```

（3）

```
x=3;
switch (x+3) {
        case 6:y=1;
        default:y+=1;
}
```

五、综合应用

1. 分析下面错误程序，修改后并调试运行，写出运算结果。

```
public class Test01 {
    public static void main(String[] args) {
        byte b = 3;
        b = b + 4;
        System.out.println("b=" + b);
    }
}
```

2. 写出程序的运行结果。

```
public class ArrayTest {
  public static void main(String[] args){
    char[][] arr=new char[4][7];
    String s=" 朝辞白帝彩云间千里江陵一日还两岸猿声啼不住轻舟已过万重山 ";
    for(int i=0;i<arr.length;i++){
      for(int j=0;j<arr[i].length;j++){
          arr[i][j]=s.charAt(i*7+j);
      }
    }
    for(int i=0;i<arr[0].length;i++){
      for(int j=0;j<arr.length;j++){
              System.out.print(arr[arr.length-j-1][i]+" ");
      }
      System.out.println();
    }
  }
}
```

3. 编程题。

（1）使用 while 循环改写下列 for 循环。

```
int y=0;
for(int x=1;y<10000;x++)
    y=y+x;
```

（2）判断某一年份是否是闰年（如果该年份能被 4 整除，但不能被 100 整除；或者，如果该年能被 4 整除，又能被 400 整除。满足以上两个条件中的一个的年份就是闰年）。

（3）用循环语句编写一个程序，其输出结果如图 2-26 所示。

（4）银行活期存款利率为 0.35%，1 年期存款利率为 1.75%，2 年期存款利率为 2.25%，计算存款 10000 元，活期 1 年、活期 2 年、定期 1 年、定期 2 年后的本息分别是多少元？

Chapter

第 3 章

面向对象编程

学习目标

1. 掌握：创建和使用类对象、包的基本方法。
2. 理解：面向对象程序设计的基本思想和面向对象的概念。
3. 了解：类的多态、接口的声明及实现方法。

重点

1. 明确：各种修饰符的作用。
2. 理解：面向对象的封装、继承、多态概念。
3. 学会：Java 类的定义和对象的创建。

难点

1. 掌握：扩展类编程。
2. 学会：类多态的实现。

面向对象程序设计（Object Oriented Programming，OOP）是一种新兴的程序设计方法，其基本思想是使用对象、类、继承、封装、消息等基本概念来进行程序设计。类是 Java 程序中的最基本构件，即 Java 程序是很多类的集合。

3.1　面向对象的思想

在面向过程的设计中，程序员只限于使用语句构建软件，即把语句集合起来组成方法（后面称之为函数或过程）。例如，新建房屋时，如果只限于使用木、水、土等原材料搭建房屋，则工作多且效率低。另外，在房屋需重新翻盖时，所有的原材料将不再有用。但如果将水、土先烧成砖，木先制成门、窗等，盖房时使用砖、门、窗成形的原料，则只需考虑不同型号的门、窗放的位置即可。即使已建成的房屋需要重新翻盖，也不需要从零开始，因为砖、门、窗等原材料都可重复再用，可提高工作效率，降低成本。这一类工程设计就类似于面向对象的程序开发。

3.1.1　面向对象的基本概念

对象是具有某种特性和某种功能的东西。将同一种类型的对象归为一个类，以类的形式描述对象的状态和功能。例如，汽车是一类，其中如小轿车、中型面包车、大货车等可认为是对象。类是对象的抽象，对象是类的实例。判定某一对象是否是汽车，要看它是否具有某些属性，如自行车不是汽车，因为它不具有发动机属性。

在面向对象的程序设计中，将类的特征和行为分别命名为属性和方法。例如，定义电视机这样一个类，如图 3-1 所示，电视机的属性和方法如图 3-2 所示。一个类中定义的方法可以被该类的对象调用，对象方法的每一次调用被称为发送一个消息（message）给对象。对象间相互独立，通过发送消息相互影响。

类(class)
class TV
将类实例化产生对象
将对象抽象成类
电视机

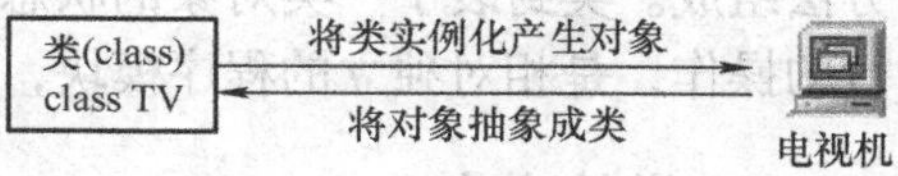

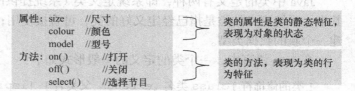

图 3-1　对象与类的关系

属性：size //尺寸
colour //颜色
model //型号
方法：on() //打开
off() //关闭
select() //选择节目
类的属性是类的静态特征，表现为对象的状态
类的方法，表现为类的行为特征

图 3-2　电视机的属性和方法

3.1.2　面向对象的特点

1. 封装性

封装性就是把对象的属性和方法组合成一个独立的相同单位，并尽可能隐蔽对象的内部细节，对外形成一个边界（或者说形成一道屏障），只保留有限的对外接口使之与外部发生联系。封装的原则在软件上的反映是要求使对象以外的部分不能随意存取对象的内部数据（属性），从而有效地避免了外部错误对它的“交叉感染”，使软件错误能够局部化，大大减少查错和排错的难度。

2. 继承性

特殊类的对象拥有其一般类的全部属性与方法，称为特殊类对一般类的继承。一个类可以从多个一般类中继承属性与方法，称为多继承。在 Java 语言中，称一般类为父类（superclass，超类），特殊类为子类 (subclass)。

3. 多态性

对象的多态性是指在一般类中定义的属性或方法被特殊类继承之后，可以具有不同的数据类型或表现出不同的行为。这使得同一个属性或方法在一般类及其各个特殊类中具有不同的语义。例如，“几何图形”的“绘图”方法，“椭圆”和“多边形”都是“几何图形”的子类，其“绘图”方法功能不同。

3.2　类

用面向对象来解决问题，就是不断地创建对象、使用对象，调用对象功能做事情。程序设计的过程，就是管理和维护对象之间的关系。例如，“把大象放进冰箱”如何用面向对象设计思想实现呢？一共有 3 步：第 1 步把冰箱门打开，第 2 步把大象放进去，第 3 步把冰箱门关上。

用面向对象设计思想进行程序设计，首先进行实体抽象，找出具有相同属性的类，再根据类生成具体对象，本例中共可抽象出两个实体分别为“大象”和“冰箱”，在 Java 中，抽象出的实体使用“类”进行描述，具体描述如下所示。

类名：大象　　　　类名：冰箱
属性：高、重量　　方法：开门、关门、装载大象

　　Java 程序由类组成，编写 Java 程序实质上就是定义类和使用类的过程。类由数据成员和方法组成。类封装了一类对象的状态和方法，方法定义了一类对象的行为或动作，即对象可执行的操作，是相对独立的程序模块，相当于程序、函数概念。

3.2.1　类的定义

　　Java 中类的定义有两种，即系统定义类（系统提供的类）和用户定义类（用户自己定义）。其中，系统定义的类是指已经定义好的类，可直接使用；用户定义类是指创建一个新类，即创建一个新的数据类型。

　　在 Java 语言中，一个类的定义的一般形式如下：

```
[ 类的修饰符 ]class 类名 [extends 父类名 ] [implements [，接口名 ]]        → 类声明
{
    成员变量；
    成员方法；（简称方法 ）                                                  类体
}
```

　　其中，成员变量用于存储数据，表示一类对象的特性和状态；成员方法也称为成员函数，用于实现类的功能和操作。

　　关于创建类的格式有如下说明：

　　1）[ ] 中的内容是可选项，根据需要选择或省略。

　　2）class、extends、implements 都是 Java 关键字。其中，class 表明定义类；extends 表明目前定义的类是由父类继承而来的子类，该父类必须存在；implements 表明类要实现某个接口，各接口名之间用逗号"," 分隔。

　　3）[修饰符] 用于说明类的特征和访问权限，如表 3-1 所示。

表 3-1　类的特征和访问权限

修饰符	含义
public	公共类，可被任何对象访问。一个程序的主类必须是 public 类
abstract	抽象类，不能用它实例化对象，只能被继承使用
final	最终类，其他类不能继承此类。final 与 abstract 不能复合使用
friendly	友元类，默认的修饰符，只有在相同包中的对象才能使用这样的类

3.2.2　类的使用

1. 学生类 Student 的定义

　　若要实现对学生基本信息的管理，即学生的基本信息主要包括学生的学号和姓名的管理，以及对学生的学习行为进行管理。因此将学生类 Student 定义如下：

```
class Student{
    int number;// 属性
    String name; // 属性
    void study(){
            System.Out.println(" 学习 "); // 方法
    }
}
```

2. 类的成员变量

（1）成员变量定义的一般形式

［修饰符］数据类型　成员变量［= 初值］；

（2）成员变量的修饰符

1）public：公共变量，允许任何程序包中的类访问，其作用域最广。

2）private：私有变量，只能被定义它的类中的方法访问。

3）protected：受保护变量，如学校信息可被校内学生共享，但不能为校外人使用。

4）static：静态变量，也称为类变量。无 static 声明的变量为实例变量。

5）final：最终变量，即常量，在程序中不能改变其值。例如，"final int aFinalVar = 0;"。

6）transient：定义暂时性变量，用于对象存档。

7）volatile：定义变量，用于并发线程的共享。

8）默认修饰符：也称隐含修饰符，如果一个变量没有显式地设置访问权限，即使用了默认修饰符。默认修饰符允许类自身以及在同一个包中的所有类的变量访问。

3. 类的成员方法

在 Java 语言中，加、减运算，接收和显示信息等逻辑处理称为方法。

（1）成员方法定义的一般形式

```
［方法修饰符］<方法返回值类型> <方法名>（[<参数列表>]）{
        //方法体
}
```

（2）成员方法修饰符

成员方法修饰符主要有 public、private、protected、final、static、abstract 和 synchronized7 种，其中前 3 种的访问权限、说明形式和含义与成员变量一致。下面详细讲解后 4 种方法修饰符。

1）final：最终方法，指该方法不能在其所在类的子类中被重写，即在子类中只能继承该方法，不能自己重写一个同名的方法来代替它。

2）static：静态方法，也称为类方法。在使用该方法时不需要初始化该方法所在的类。static 方法也不能被它的子类重写。

注意：在一个 static 方法中，只能访问被定义为 static 的类变量和类方法。一个 private 类型的方法最好定义为 final 方法，以避免被它的子类错误地重写。

3）abstract：抽象方法，该方法只有方法说明，没有方法体，方法体由该抽象方法所在类的子类中被具体实现。抽象方法所在的类被称为抽象类。

4）synchronized：同步方法，主要用于多线程程序设计，用于保证在同一时刻只有一个线程访问该方法，以实现线程之间的同步。同步方法是实现资源之间协商共享的保证方式。就像一个停车场内有多部车辆，但只有一把共享钥匙，如果几个驾驶员（thread）要使用车辆，就只有一个人可以进去使用，而其余人必须等候，该驾驶员返回并归还钥匙后，下一位驾驶员才能进去使用。

成员方法修饰符如表 3-2 所示。

（3）方法返回值类型　在成员方法声明中必须指明方法返回值的类型。如果一个成员方法不需要返回值，则其返回值类型为 void；如果有返回值，可用 return 语句来实现，return 语句中返回的数据类型必须与方法声明中的方法返回值类型一致。返回值类型可为任何数据类型。

表 3-2 成员方法修饰符

成员方法修饰符	含义
abstract（抽象）	修饰类和类的方法。不能用 new 运算符建立对象
static（静态）	修饰类成员。类的静态成员通过类名访问，无须通过对象名访问
final（最终）	最终类不能有子类。最终变量是常量，最终方法不能被更改
synchronized（同步）	修饰类的方法，适用于多线程编程

（4）参数列表 成员方法的参数列表由逗号分隔的类型及参数名组成，是可选项。

（5）方法体 方法体是一个方法定义的主要部分，包含所有实现方法功能的 Java 语言程序代码。在方法体中可以定义局部变量，其作用域仅在方法体内，当方法结束之后，该方法内部的所有局部变量即失效。方法体用 "{}" 括起来。

注意：局部变量不能与参数列表中的参数名同名。例如，如果一个方法带有名为 i 的参数实现，且方法内又定义一个名为 i 的局部变量，则会产生编译错误。

3.3 对象

在 Java 语言中，对象是类的一个实例，创建一个对象就是创建类的一个实例，如新建的窗口、对话框、按钮都是对象。对象即类的实例化。new 运算符用于创建一个类的实例并返回对象的引用。

3.3.1 对象的定义

为类创建对象后才能使用类。类只是抽象的数据模型，对象才是具体可操作的实体。通过对象调用类提供的方法。定义对象的语法如下：

＜类名＞ ＜对象名＞ = new ＜类名＞（参数 1，参数 2，…）；

或者：

＜类名＞ ＜对象名＞；
＜对象名＞ = new ＜类名＞（参数 1，参数 2，…）；

创建对象实际执行了 3 个操作：声明对象、实例化对象和初始化对象。

1）声明对象：给对象命名，也称定义一个实例变量。其一般语法如下：

＜类名＞ ＜对象名＞；
例如：Student stu; // 学生类

2）实例化对象：给对象分配存储空间，用来保存对象的数据和代码。new 运算符用来实现对象的实例化。其一般语法如下：

＜对象名＞ = new ＜类名＞（参数 1，参数 2，…）；
例如：stu=new Student();

3）初始化对象。

例如：Student stu=new Student ();

创建 Student 类的对象 stu 过程示意如图 3-3 所示。

```
Student stu;       // 用于声明一个 Student 类的变量 stu
new Student ()     // 用于创建 Student 类的一个实例对象
例如：Student stu=new Student (); // 指向地址
```

等号的作用是将变量 Student 对象在内存中的地址赋值给变量 stu。这样变量 stu 便持有了对象的引用。

Java 将内存分为两种，即栈内存和堆内存。其中栈内存用于存放基本类型的变量和对象的引用变量（如 Student stu），堆内存用于存放由 new 创建的对象和数组。从图 3-3 可以看出，在创建 Student 对象时，程序会占用两块内存区域，其中 Student 类的变量 stu 被存放在栈内存中，它是一个引用，会指向真正的对象；通过 new Student () 创建的对象则放在堆内存中，这才是真正的对象。

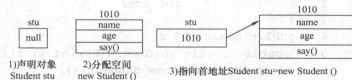

图 3-3　内存分析

3.3.2　对象的使用

通过使用 "." 运算符访问对象中的实例变量和实例方法，其实际上就是对象的引用，而对象引用就是操作对象实例。

1）引用对象的变量的一般语法如下：

< 对象名 >.< 变量名 >

2）引用对象的方法的一般语法如下：

< 对象名 >.< 方法名 >（[< 参数 1>,< 参数 2>,…]）;

注意：在进行对象方法的引用时，方法中参数的个数、参数的数据类型与原方法中定义的必须一致，否则编译器会出错。

【例 3-1】源程序名为 ch3_1.Java，创建一个学生类，参看视频。

```
1   class Student {           // 学生类
2       String name;          // 定义属性（姓名）
3       int age;              // 定义属性（年龄）
4       public void say(){
5           System.out.println(" 学习 ");
6       }
7   }
8   public class ch3_1{        // 测试类
9       public static void main(String[] args){
10          Student stu=new Student();
11          stu.say();
12      }
13  }
```

视频例 3-1

【运行结果】

运行结果如图 3-4 所示。

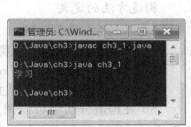

图 3-4　例 3-1 运行结果

【程序分析】

第 1 ～ 7 句：定义一个类 Student，包括成员变量 name、

age 及成员方法。

第 8 ~ 13 句：定义测试类 ch3_1。

第 10 句：实例化对象 stu。

第 11 句：调用对象的方法 say()，输出"学习"两个字。

【例 3-2】源程序名为 ch3_2.java，设计类 Student，测试对象间的赋值，参看视频。

```
1    class Student{
2                int age;
3    }
4    public class ch3_2{
5       public static void main(String [] a){
6          Student stu1=new Student ();
7          Student stu2=new Student ();
8          stu1.age=20;
9          stu2.age =18;
10         System.out.println("stu1.age="+stu1.age+"  "+"stu2.age="+ stu2.age);
11         stu1 = stu2;
12         System.out.println("stu1.age="+stu1.age+" "+"stu2.age="+stu2.age);
13         Stu2.age =6;
14         System.out.println("stu1.age="+stu1.age+" "+"stu2.age="+ stu2.age);
15       }
16    }
```

【运行结果】

运行结果如图 3-5 所示。

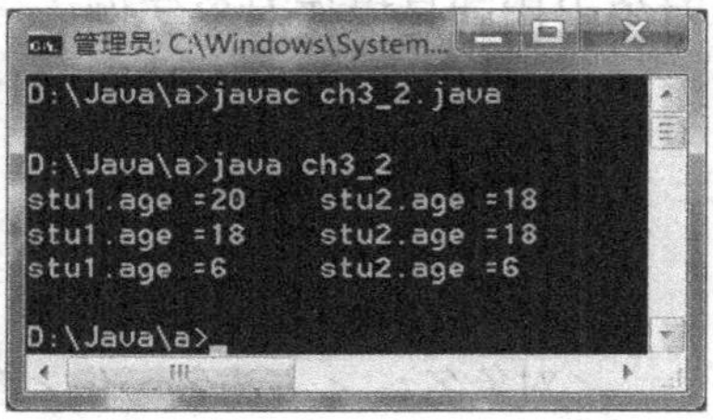

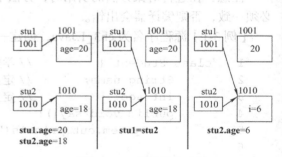

图 3-5 例 3-2 运行结果

【程序分析】

两个对象的 age 属性赋值过程如图 3-6 所示。

3.3.3 构造方法

现实中有的事情一开始就有初始值，如人一出生，就有性别。为描述这样的情况，Java 中需要在创建对象的同时就对该对象的属性赋值，这就需要用到构造方法。构造方法是一种特殊的方法，会在类创建对象时被自动调用。在一个 Java 类中，其方法可以分为成员方法和构造方法两种。使用构造方法还可以提高程序的阅读性，提高编程的效率，如表 3-3 所示。

图 3-6 age 属性赋值过程

构造方法的定义

1）其名称与类名相同。

2）构造方法没有返回值类型，没有 void。

3）在构造方法中不能用 return 语句返回一个值。

4）构造方法不能直接通过方法名引用，必须通过 new 运算符。

5）在构造方法中可以调用当前类和其父类的构造方法，但必须位于方法体的第一条语句。

表 3-3　未使用与使用构造方法对比

未使用构造方法	使用构造方法

Student Student1=new Student( );
Student.name=" 李平 ";
Student.sex=" 女 ";
Student.number="1002001";
Student Student2=new Student( );
Student.name=" 葛新 ";
Student.sex=" 女 ";
Student.number="1002002";
Student Student3=new Student( );
…
	Student (String name,String sex,int number){
	this.name=name;
	this.sex=sex;
	this.number=number;)
	}
	Student student1=new Student(" 李平 "," 女 ",1002001);
	Student student2=new Student(" 葛新 "," 女 ",1002001);

【例 3-3】源程序名为 ch3_3.Java，定义构造类，参看视频。

视频例 3-3

```
1    class Student {
2        String name;
3        int age;
4                                    // 定义两个参数的构造方法
5        public Student(String sName, int sAge) {
6            name = sName;          // 为 name 属性赋值
7            age = sAge;            // 为 age 属性赋值
8        }
9                                    // 定义一个参数的构造方法
10       public Student(String sName) {
11           name = sName;          // 为 name 属性赋值
12       }
13       public void speak() {
14                                  // 输出 name 和 age 的值
15           System.out.println(" 我叫 "+name+", 我今年 "+age+" 岁 !");
16       }
17                                  // 定义一个无参数的构造方法
18       public Student() {
19           System.out.println(" 我叫无参构造方法 ");
20       }
21   }
22   public class ch3_3{
23       public static void main(String[] args) {
24                                  // 分别创建 3 个对象, 即 stu0、stu1 和 stu2
25           Student stu0 = new Student();
26           Student stu1 = new Student(" 张明 ");
27           Student stu2 = new Student(" 赵军 ", 18);
28                                  // 通过对象 stu1 和 stu2 调用 speak() 方法
29           stu1.speak();
30           stu2.speak();
31       }
32   }
```

【运行结果】

运行结果如图 3-7 所示。

【程序分析】

第 5 ~ 8 句：定义一个 Student 的构造方法，包括 2 个参数，即 name 和 age。

第 10 ~ 12 句：定义一个 Student 的构造方法，包括 1 个参数，即 name。

第 13 ~ 16 句：定义一个方法 speak()。

第 18 ~ 20 句：定义一个 Student 的构造方法，无参数。

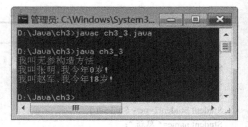

图 3-7　例 3-3 运行结果

从运行结果可以看出 Student 类中无参构造方法被调用了，这是因为第 25 行代码在实例化 Student 对象时会自动调用类的构造方法。

new Student() 的作用：一是实例化 Student 对象，二是调用构造方法 Student()。

3.3.4　this 关键字

先看下面的示例：

```
public class Student {
      String name;                           // 定义一个成员变量 name
      void SetName(String stuName){          // 定义一个参数（局部变量）stuName
            name= stuName;                   // 将局部变量的值传递给成员变量
      }
}
```

其中，stuName 表示名字，name 也表示名字，如果都用 name 表示名字，则又简单又容易理解，但会导致成员变量名与局部变量名冲突。为解决这个问题，Java 提供了 this 关键字。

将上述代码改为

```
public class Student {
      String name;                      // 定义一个成员变量 name
      void SetName(String name){        // 定义一个参数（局部变量）name
            this.name= name;            // 将局部变量的值传递给成员变量
      }
}
```

说明：this.name 代表对象中的成员变量，又称对象的属性，而后面的 name 则是方法的形式参数，代码 this.name=name 就是将形式参数的值传递给成员变量。this 关键字的含义就是对象名 Student，因此 this.name 就表示 Student.name。

如果出现 this 关键字，就表明现在引用的变量是成员变量或者成员方法，而不是局部变量，提高了代码的阅读性。

使用 this 关键字时的注意事项如下。

1）this 调用本类中的属性，代表类中的成员变量，解决成员变量和局部变量重名问题。

2）this 调用本类中的其他构造方法，调用时要放在构造方法的首行。

3）返回对象的值。

【例 3-4】源程序名为 ch3_4.Java，this 给成员变量赋值，参看视频。

视频例 3-4

```
1    class Student {
```

```
2            String name;                // 定义一个成员变量 name
3            void say(String name){      // 定义一个参数（局部变量）name
4                this. name= name;       // 将局部变量的值传递给成员变量
5                System.out.println(" 局部变量： "+name+"\n");
6            }
7            // 如果删除 this. name= name 语句，再调用 sp() 方法，则 "name=null;"
8            void sp(){
9                System.out.println(" 成员变量： "+name+"\n");
10           }
11       }
12   public   class ch3_4{
13       public static void main(String[] args ){
14           Student s=new Student();
15           s.say(" 张明 ");
16           s.sp();
17           }
18   }
```

【运行结果】

运行结果如图 3-8 和图 3-9 所示。

图 3-8　有 this. name= name 语句的运行结果

图 3-9　无 this. name= name 语句的运行结果

【程序分析】

第 1 ～ 6 句：换成如下程序，运行结果是一样的。

```
1   class Student {
2       String name; // 定义一个成员变量 name
3       void SetName(String stuName) { // 定义一个参数（局部变量） stuName
4           name= stuName; // 将局部变量的值传递给成员变量
5           }
6   }
```

【例 3-5】源程序名为 ch3_5.Java，利用 this 关键字来调用构造方法，必须在构造方法的第一句使用 this，参看视频。

```
1   class thisTest{ // 定义一个类，类的名字为 student
2       private int age;
3       private String name;
4       public thisTest(int age){// 定义一个方法，名字与类相同，故为     视频例 3-5
```

构造方法

```
5                                    this.age=age;
6                                    System.out.println(" 年龄 "+age);
7              }
8        public thisTest(String name,int age){// 定义一个带形式参数的构造方法
9                                    this(age);
10                                   System.out.println(" 姓名: "+name);
11             }
13       }
13   public class ch3_5{
14       public static void main(String[] args ){
15           thisTest s=new thisTest(" 张明 ",22);
16       }
17   }
```

【运行结果】

运行结果如图 3-10 所示。

【程序分析】

this 关键字除了可以调用成员变量之外，还可以调用构
造方法。例 3-5 中定义了两个构造方法，其中一个带参数，
另一个没有带参数。

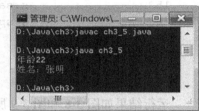

图 3-10　例 3-5 运行结果

第 9 句："this(age);"表示引用带参数的构造方法。

如果现在有 3 个构造方法，分别为不带参数、带一个参数和带两个参数，那么 Java 编译
器会根据所传递的参数数量的不同来判断应调用哪个构造方法。

this 关键字除了可以引用变量或者成员方法之外，还有一个重大的作用就是返回类的引用，如例 3-6 所示。

【例 3-6】源程序名为 ch3_6.Java，用 this 返回对象的值，参看视频。

```
1    class ThisTest3{
2    String name="";
3    public ThisTest3 student(String sName) {
4        name+=sName;
5        return this;
6    }
7    public void m() {
8            System.out.println(name);
9    }
10   }
11   public class ch3_6{
12       public static void main(String[] args) {
13           ThisTest3 n= new ThisTest3 ();
14           n.student("aa");
15           n.m();
16           n.student("bb");
17           n.student("cc");
18           n.m();
19       }
20   }
```

视频例 3-6

【运行结果】

运行结果如图 3-11 所示。

【程序分析】

第 5 句：使用 return this 来返回某个类的引用，此时该 this 关键字就代表类的名称，这里代表的含义就是 return ThisTest3。

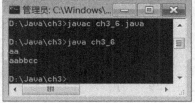

3.3.5　static 关键字

图 3-11　例 3-6 运行结果

在 Java 语言中，static 表示"静态"，使用 static 的目的就是即使没有创建对象，也能使用属性和调用方法。类体中包括成员变量与方法，而成员变量又分为实例变量和类变量。在声明成员变量时，被 static 修饰的成员变量称为静态变量，也称类变量，说明该变量是属于这个类的，而不属于对象。

1）实例变量：每次创建对象都会为每个对象分配成员变量内存空间。实例变量属于实例对象，在内存中创建几次对象，就有几份成员变量。

2）静态变量：由于其不属于任何实例对象，是属于类的，因此在内存中只会有一份。在类的加载过程中，Java 虚拟机为静态变量分配一次内存空间。

3）静态方法：用 static 修饰的方法称为类方法，也称静态方法；没有被 static 修饰的方法称为实例方法，也称非静态方法。静态方法不属于任何实例对象，在静态方法内部不能使用 this，因为 this 是随着对象的创建而存在的。

4）静态代码块：用 static 修饰的代码块称为静态代码块。静态代码块随着类的加载而执行，而且只执行一次。

【例 3-7】源程序名为 ch3_7.Java，用 static 实现静态代码块，参看视频。

```
1    class StaticDemo{
2        static int a=0;
3        int b=0;
4        // 静态代码块
5        static{
6            a++;
7            System.out.println(" 静态代码块被执行 "+a+" 次 ");
8        }
9        void show(){
10           a++;
11           b++;
12           System.out.println(" 方法被执行 "+a+" 次 ");
13           System.out.println(" 方法被执行 "+b+" 次 ");
14       }
15   }
16   public class ch3_7{
17       public static void main(String[] args){
18           StaticDemo s1=new StaticDemo();
19           s1.show();
20           System.out.println("-------------");
21           StaticDemo s2=new StaticDemo();
22           s2.show();
23           System.out.println("-------------");
```

视频例 3-7

```
24              StaticDemo s3=new StaticDemo();
25              s3.show();
26              System.out.println("— 不用 new，直接用类名 ——"+StaticDemo.a);
27              System.out.println("—用 new，对象名 ——"+s3.b);
28          }
29      }
```

图 3-12　例 3-7 运行结果

【运行结果】

运行结果如图 3-12 所示。

【程序分析】

第 2 句：只执行一次。

第 5 ～ 8 句：静态代码块执行一次。

第 18 ～ 25 句：产生 3 个对象，但随着类的加载而执行，而且只执行一次。

3.3.6　实训——上机错误分析

【例 3-8】分析下面 4 段代码，找出错误。

代码 1：源程序名为 ch3_8.java，构造一学生类，输出"学习"，分析程序出错的原因，参看视频。

```
1   class Student{
2       String name;      // 定义属性（姓名）
3       int age;          // 定义属性（年龄）
4       public void study(){
5           System.out.println（"学习"）;
6       }
7   public class ch3_8{
8       Public tatic void main(String[] args){
9           Student str=new Student();
10          stu.study();
11      }
12  }
```

视频例 3-8

运行结果如图 3-13 所示。

【程序分析】

1）非法字符：不能用中文符号。

2）需要 ';'：可能是少大括号或分号。

3）tatic：改为 static。

4）解析时已到达文件结尾：程序的尾部缺少大括号。

5）正确程序参照例 3-1。

代码 2：只能修改 1 ～ 11 句。

```
1   class H{
2       int age;
```

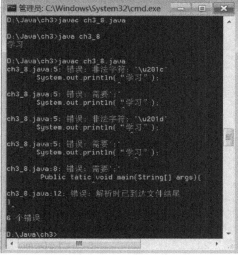

图 3-13　例 3-8 运行结果

```
3      String name;
4      H(int age,String name){
5          this.age=age;
6          this.name=name;
7      }
8      H(){
9          System.out.println("你好我叫 "+name+" 今年 "+age);
10     }
11   }
12   public class Test2x{
13       public static void main(String args[]) {
14           H s=new H(20,"aa");
15           s.H();
16       }
17   }
```

运行结果如图 3-14 所示。

【程序分析】

将第 8 句改为 " void H(){// 增添 void，H() 构造方法就变成了普通方法"。

图 3-14　代码 2 运行结果

代码 3：只能修改第 3 句。

```
1    class ThisTest3x{
2        String name="";
3        public student(String sName) {
4            name+=sName;
5            return this;
6        }
7        public void m() {
8                    System.out.println(name);
9        }
10       public static void main(String[] args) {
11           ThisTest3x n= new ThisTest3x();
12           n.student("aa");
13           n.m();
14       }
15   }
```

运行结果如图 3-15 所示。

将 第 3 句 改 为 " public ThisTest3x student (String sName) {"。

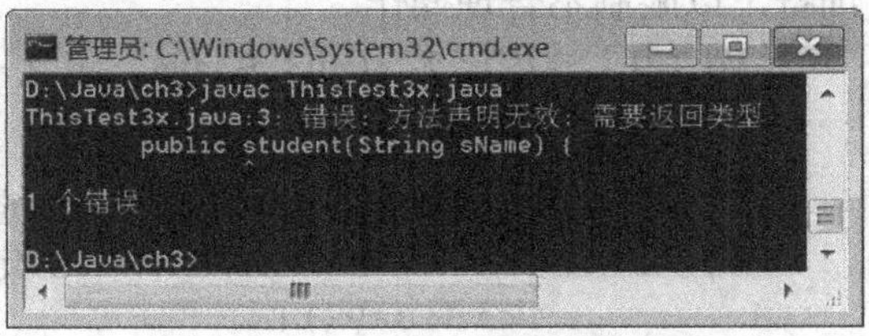

代码 4：

图 3-15　代码 3 运行结果

```
1    public class ThisTest4x{
2        static String name=" 常丽 ";
3        static void say(){
4            int age=20;
5            System.out.println(" 我是 "+name+"    今年 "+age);
```

```
6              }
7        public static void main(String[] args){
8                 say();
9              }
10   }
```

图 3-16　代码 4 修改前运行结果

运行结果如图 3-16 所示。

将第 2 和 3 句的 static 删除，结果如图 3-17 所示。

【程序分析】

静态方法是属于类的，即静态方法是随着类的加载而加载的，在加载类时，程序就会为静态方法分配内存，非静态方法是属于对象的，对象是在类加载之后创建的，静态方法先于对象存在。因此在对象未存在时非静态方法也不存在，而静态方法自然不能调用一个不存在的方法。

图 3-17　代码 4 修改后运行结果（一）

如果在第 4 句 " int age=20 ; " 添加 static，改为 "static int age=20;"，则结果如图 3-18 所示。

【程序分析】

static 不能修饰局部变量。

图 3-18　代码 4 修改后运行结果（二）

3.4　封装

从字面上来理解，封装就是包装，其实质是将类的信息隐藏在类的内部，不允许外部程序直接访问，只能通过该类提供的方法使之与外部发生联系。

3.4.1　封装方法

封装的好处在于隐藏类的实现细节。封装反映了事物的相对独立性，有效避免了外部错误对此对象的影响，让使用者只能通过程序员规定的方法来访问数据，可以方便加入存取控制修饰符，以限制不合理操作。

【例 3-9】源程序名为 ch3_9.java，定义一个类 Teacher，参看视频。

```
1    class Teacher{
2        String name;        // 定义属性（姓名）
3        int age;            // 定义属性（年龄）
4        void say(){
5            System.out.println(" 我叫 "+name+" 今年 "+age);
6        }
7    }
8    public class ch3_9{
9        public static void main(String[] args){
10           Teacher t=new Teacher();
```

视频例 3-9

```
11                t.name=" 李新 ";
12                t.age=28;
13                t.say();
14            }
15    }
```

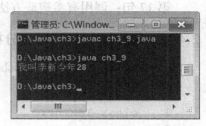

图 3-19　例 3-9 运行结果

【运行结果】

运行结果如图 3-19 所示。

【程序分析】

从例 3-9 的代码中可以发现，教师的名字、年龄可以任意赋值。如果不想让人修改个人信息，就必须对成员变量的访问加以限制。不允许外界访问，即需要对类进行封装，使用 private 关键字来修饰。

private 私有化的变量，只能在类中被访问，外界要访问私有属性则需要提供一些使用 public 修饰的公有方法。经常使用 getXx() 方法获取属性值，使用 setXx() 方法设置属性值。

【例 3-10】源程序名为 ch3_10.java，创建一个教师类，参看视频。

```
1     // 定义一个类 Teacher
2     class Teacher{
3         private String name; // 定义私有属性（姓名）
4         public void setName(String name){
5             this.name=name;
6         }
7         public String getName(){
8             return name;
9         }
10        public void say(){
11            System.out.println(" 我叫 "+this.name);
12        }
13    }
14    public class ch3_10{
15        public static void main(String[] args){
16            Teacher t=new Teacher();
17            t.setName(" 张新 ");
18            t.say();
19            System.out.println(" 调用 getName"+t.getName());
20        }
21    }
```

视频例 3-10

【运行结果】

运行结果如图 3-20 所示。

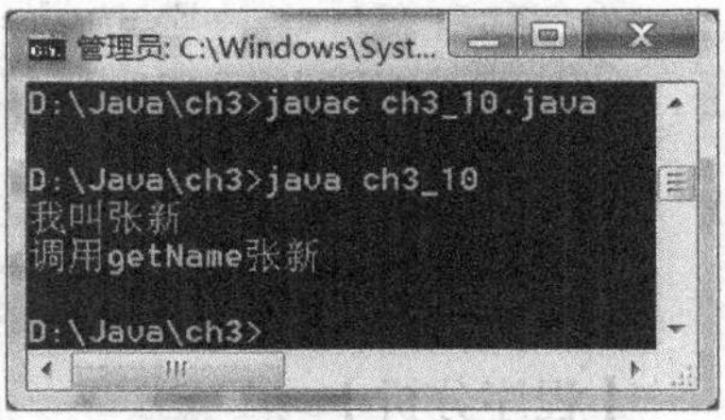

【程序分析】

第 2 ～ 21 句：定义一个类 Teacher，它包括成员变量 name、age 及两个构造方法和一个成员方法自我介绍。

第 4 ～ 9 句：是属性的 setName 和 getName 方法，一般为了安全把属性设成私有的，通过为属性添加设置和获取两个方法来对属性进行调用。

图 3-20　例 3-10 运行结果

第 14 ～ 21 句：定义测试类 ch3_10。

第 17 句：调用有参构造方法。

3.4.2 实训——上机错误分析

【例 3-11】定义一个类 Teacher，实现类的封装，参看视频。

代码 1：

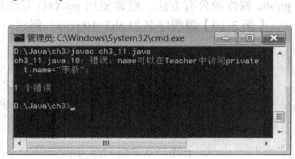

视频例 3-11

```
1    class Teacher
2    {
3      private String name;   // 定义属性（姓名）
4      int age;               // 定义属性（年龄）
5      void say(){System.out.println(" 我叫 "+name+" 今年 "+age);}
6    }
7    public class ch3_11{
8      public static void main(String[] args){
9      Teacher t=new Teacher();
10     t.name=" 李新 ";
11     t.age=28;
12     t.say();
13     }
14   }
```

【运行结果】

运行结果如图 3-21 所示。

【程序分析】

第 3 句 " private String name;" 将 name 定

图 3-21　例 3-11 代码 1 运行结果

义为私用变量和第 10 句 "t.name=" 李新 "" 对 name 进行访问赋值是错误的。

代码 2：源程序名为 testStaticX.java，用于说明类变量可以直接使用，而实例变量则不行。

```
1    class Example{
2        int i;                                      // 实例变量
3        static int j;                               // 静态变量
4        public static void main(String args[]){     //main() 方法
5            Example a=new Example ();               // 用 new 创建对象 a
6            a.j=3;                                   // 有效：通过实例访问静态变量
7            Example.j=2;                             // 有效：通过类访问静态变量
8            a.i=4;                                   // 有效：通过实例访问实例变量
9            Example.i=5;                             // 出错：i 不是静态变量
10       }
11   }
```

【运行结果】

运行结果如图 3-22 所示。

【程序分析】

第 9 句：错误，i 不是静态变量，不可

以通过类访问实例变量。

注意：静态变量被所有实例共享，可

使用 "类名 . 变量名" 的形式来访问。

图 3-22　例 3-11 代码 2 运行结果

3.5 继承性

类的继承和多态是面向对象的两个重要特征。继承就是以原有的类为基础来创建一个新类，从而可以通过继承实现代码复用；多态则是采用同名的方法获得不同的行为特性。在面向对象程序设计中采用多态可以简化程序设计的复杂程度，多态将在 3.6 节中介绍。

3.5.1 继承性概述

继承关系是现实世界中遗传关系的直接模拟，即子类可以沿用父类（被继承类）的某些特征。当然，子类也可以具有自己独立的属性和操作。

例如，飞机、汽车和轮船可归于交通工具类，飞机子类可以继承交通工具父类某些属性和操作，同时飞机有别于汽车，具有自己独立的特性。

如果子类只从一个父类继承，则称为单继承；如果子类从一个以上父类继承，则称为多继承。例如，轿车是汽车和客运工具的特殊类，它是从汽车和客运工具两类中继承而来的，因此轿车属于多继承。单继承与多继承的关系如图 3-23 所示，从图中可以清楚地看出点 E、F 的单继承与多继承的区别。

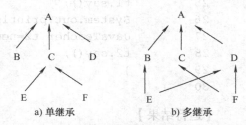

a) 单继承   b) 多继承

图 3-23 单继承与多继承的关系

Java 只支持单继承，降低了继承的复杂度；通过接口可以实现多继承。继承得到的类称为子类，被继承的类称为父类。子类不能继承父类中访问权限为 private 的成员变量和方法。创建子类的语法如下：

```
[访问权限]        class    类名    [extends    父类]
  Public    class    SubClass    extends    SuperClass
  {
      ...
  }
```

利用继承这一特性，可缩短建立类的时间，因为在父类中存在的方法不需要在子类中再重新创建，只需要创建新的方法与新的变量即可。

注意：子类可以继承父类方法和成员变量，但不能继承构造方法。一个类要得到构造方法有两种途径：一是自己定义一个构造方法，二是采用默认的构造方法。

【例 3-12】源程序名为 ch3_12.java，Java 继承中对构造函数是不继承的，应重新定义自己的构造函数，参看视频。

视频例 3-12

```
1    class  Teacher{
2        public   Teacher() {
3            System.out.println(" 教师类 0 无参构造函数 ");
4        }
5        public Teacher(int age) {
6            System.out.println(" 教师类 1 有参构造函数 "+age);
7        }
8        public void say(){
9                System.out.print(" 我是教师 ");
10       }
```

```
11      }
12   class JavaTeacher extends Teacher{
13        public JavaTeacher(int c, String name) {
14            //super(c);
15            System.out.println("Java 教师 "+c+" 岁 "+name);
16        }
17        public void say(){
18              System.out.println(" 讲授 Java");
19            super.say();
20        }
21   }
22   public class ch3_12{
23        public static void main(String[] args) {
24        Teacher t1=new Teacher(65);
25        t1.say();
26        System.out.println("\n--------------------");
27        JavaTeacher t2=new JavaTeacher(28);
28        t2.say();
29        }
30   }
```

【运行结果】

运行结果如图 3-24 所示。

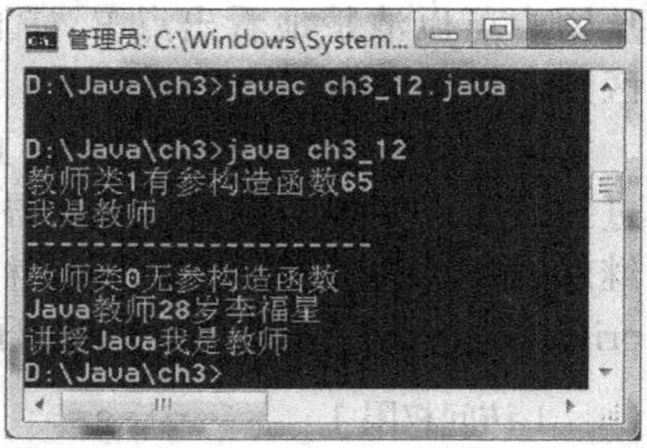

【程序分析】

第 1 ～ 11 句：定义子类 JavaTeacher。JavaTeacher 继承了 Teacher 中的属性和方法 say()。

第 24 句：结果输出 65。

第 27 句：执行该句时，调用构造函数 Java Teacher()，即

图 3-24　例 3-12 运行结果

```
public JavaTeacher(int a,  String name) {
        System.out.println("Java 教师 "+c+" 岁 "+name);
    }
```

该构造函数等价于：

```
public JavaTeacher(int c, String name) {
    super();// 必须是第一行，否则不能编译
    System.out.println("Java 教师 "+c+" 岁 "+name);
}
```

因此，运行结果如下：

教师类 0 无参构造函数
Java 教师 28 岁李福星

子类构造函数是这样写的：

```
public B(int c) {
        super(2);// 必须是第一行，否则不能编译
        // 显示调用了 super() 后，系统就不再调用 super();
```

```
            System.out.println(" 子类的有参构造函数 "+c);
        }
```

说明：构造函数不能继承，只能调用；创建有参构造函数后，系统就不再有默认无参构造函数。

3.5.2　this 与 super 的区别

在 Java 中，this 通常指当前对象，super 则指父类对象；this 使用当前类的构造方法，super 使用其父类的构造方法。

this 的作用主要是将自己当成对象作为参数，传送给其他对象中的方法。使用 this 可以解决局部变量与成员变量的同名问题。在构造方法中，使用 this 调用另一个构造方法时 this 语句必须放在第一句。

要访问父类的成员变量或方法，可以采用 super 加上点和成员变量或方法的形式。使用 super 可以访问父类被子类隐藏的同名成员。使用父类的构造方法时，super() 必须放在第一句。

【例 3-13】源程序名为 ch3_13.java，为 this 与 super 使用示例，参看视频。

```
1    class Father{
2         public Father() {
3              System.out.println("---- 父类构造方法输出 ");
4         }
5         void speak(){
6              System.out.println(" 父类的方法 ");
7         }
8         public Father(int age) {
9              this();
10             System.out.println(" 带一个参数的父类构造方法 "+age);
11        }
12   }
13   class Son extends Father{
14        public Son() {
15             super.speak();
16             System.out.println(" 子类构造方法输出 ");
17        }
18   }
19   public class ch3_13{
20        public static void main(String[] args) {
21             Son son=new Son();
22             Father f=new Father(15);
23        }
24   }
```

视频例 3-13

【运行结果】
运行结果如图 3-25 所示。
【程序分析】
第 9 句：this()；调用第 2 ～ 4 句。
第 15 句：super.speak()；调用父类的 speak() 方法。

图 3-25　例 3-13 运行结果

3.6 多态性

在 Java 语言中，多态性体现在以下两个方面。

1）方法重载实现的静态多态性（编译时多态）。

2）方法重写实现的动态多态性（运行时多态）。

3.6.1 方法重载

方法重载是指同样方法在不同的地方具有不同的含义。方法重载可使一个类中有多个相同名字的方法。在编译阶段，具体调用哪个被重载的方法，编译器会根据参数的不同来静态确定。例如：

```
1）System.out.println();
2）System.out.println("aaa");
3）System.out.println(char y);
4）System.out.println(int x);
```

例如，开车，开摩托车、开公共汽车、开吉普车，虽然开不同车的驾驶执照要求不同，开车方法也不同，但在日常生活中我们都会说"开车"，而不会说"以开摩托车的方法开摩托车""以开公共汽车的方法开公共汽车""以开吉普车的方法开吉普车"，因为人们能够根据语言的环境明白"开车"的实际含义。在 Java 中也可以像我们日常说话一样，定义几个名称完全相同的方法，只要方法的参数不同，就可以区分开。例如：

```
class OverLoad{
    void drive (Bus bus){
        System.out.println("we are drivering bus! ");
    }
    void drive (Motor motor){
        System.out.println("we are drivering motor! ");
    }
    void drive (Jeep jeep){
        System.out.println("we are drivering jeep! ");
    }
}
```

上述代码定义了 3 个名称一样的方法 drive()，这种定义方式就称为重载，drive() 方法称为重载的方法。

注意：功能相同，程序名不同，调用时容易发生混乱，为解决此问题，Java 采用方法重载。方法重载是指多个方法可以享有相同的名字，但是这些方法的参数必须不同，或是参数的数量不同，或是参数的类型不同，Java 编译器会根据参数的个数和类型来决定当前所使用的方法。

3.6.2 方法重写

方法重写也称方法覆盖，是指方法的含义被重写后替代。对于方法重写，子类可以重新实现父类的某些方法，并具有自己的特征。重写隐藏父类的方法，子类通过隐藏父类的成员变量和重写父类的方法，可以把父类的状态和行为改变为自身的状态和行为。

由于子类继承父类所有的属性（私有属性除外），因此程序中凡是使用父类对象的地方，都可以用子类对象来代替。一个对象可以通过引用子类的实例来调用子类的方法。

注意：子类中重写的方法和父类中被重写的方法要具有相同的名字、相同的参数表和相同的返回类型，只是函数体不同。

【例 3-14】源程序名为 ch3_14.java，定义英语老师，参看视频。

视频例 3-14

```
1    //Teacher 类的定义参看例 3-10 中第 1 ～ 21 句
2    class EnglishTeacher extends Teacher{
3      String  subject=" 英语 ";
4      public void say(){
5        System.out.println(" 我是 "+subject+" 老师，我叫 "+this.getName());
6      }
7    }
8    public class ch3_14{
9        public static void main(String[] args){
10         Teacher teacher=new EnglishTeacher();
11         teacher.setName(" 李明 ");
12             teacher.say();
13       }
14   }
```

【运行结果】

运行结果如图 3-26 所示。

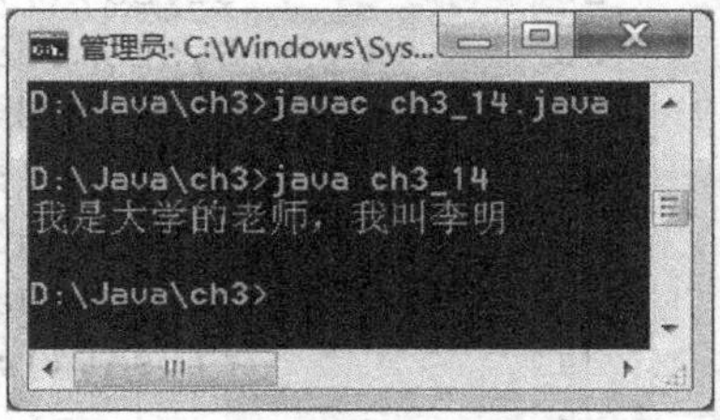

【程序分析】

图 3-26　例 3-14 运行结果

第 4 ～ 6 句：子类 EnglishTeacher 重写了父类的方法 say()。

第 10 句：定义了一个父类的类型，实现了一个子类的实例，这就是多态。

方法重写时应遵循如下原则。

1）改写后的方法不能比被重写的方法有更严格的访问权限（可以相同）。

2）改写后的方法不能比被重写的方法产生更多的例外。

Java 中通过 super 来实现对父类成员的访问，super 用来引用当前对象的父类。super 的使用有以下 3 种情况。

1）访问父类被隐藏的成员变量，如 "super.variable;"。

2）调用父类中被重写的方法，如 "super.Method([paramlist]);"。

3）调用父类的构造函数，如 "super([paramlist]);"。

【例 3-15】源程序名为 ch3_15.java，实现方法的重写，参看视频。

视频例 3-15

```
1    //Teacher 类的定义参看例 3-10 中第 1 ～ 21 句
2    class JavaTeacher extends Teacher{
3        public JavaTeacher(String name,int age){
4                super(name,age);
5        }
6        public void say(){
7                super.say();
8                System.out.println(" 我讲授 Java");
9        }
10   }
11   class EnglishTeacher extends Teacher{
12     String  school;
13     public EnglishTeacher(String name){
```

```
14                          this.setName(name);
15                          school=" 大学 ";
16        }
17     public EnglishTeacher(String name, String school){
18          this.setName(name);
19          this.school=school;
20     }
21     public void say(){
22     System.out.println(" 我是 "+school+" 的老师, 我叫 "+this.getName());
23     }
24  }
25  public class ch3_15{
26     public static void main(String[] args){
27          Teacher t1=new EnglishTeacher(" 张娜 ");
28          t1.say();
29          System.out.println("************************");
30          t1=new EnglishTeacher(" 莉莉 "," 外语系 ");
31          t1.say();
32          System.out.println("************************");
33          t1=new JavaTeacher(" 王红 ",36);
34          t1.say();
35        }
36  }
```

【运行结果】

运行结果如图 3-27 所示。

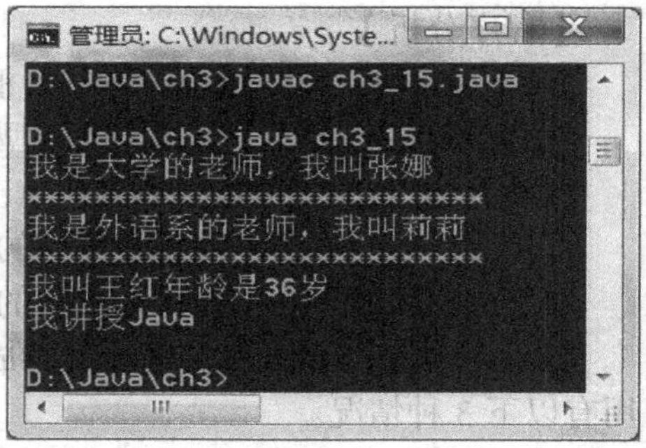

【程序分析】

第 13 ～ 20 句：构造方法的重载，要调用哪个方法通过参数来决定。

第 2 ～ 24 句：用父类定义对象，通过 new 不同的子类出现不同的效果，实现多态。

图 3-27　例 3-15 运行结果

第 27、30、33 句：通过方法重写实现多态。

【例 3-16】源程序名为 ch3_16.java，实现多态的用法，参看视频。

```
1   class Person{
2        String name;
3        void work(String s){
4        System.out.println(s);
5        }
6   }
7   class Student extends Person{
8        void work(String s){
9          System.out.println(s+"study");
10        }
11  }
12  class Teacher extends Person{
13        void work(String s){
```

视频例 3-16

```
14           System.out.println(s+"teach");
15       }
16  }
17  public class ch3_16{
18       public static void main(String[] args) {
19       Person t = new Teacher ();      // 向上转型
20       t.work(" 李 ");                   // 调用的是教师的方法 work()
21       Person a = new Student();        // 向上转型
22       a.work("a 学生 ");               // 调用的是学生的方法 work()
23       Student c = (Student)a;          // 向下转型
24       c.work("c 学生 ");               // 调用的还是学生的方法 work()
25       }
26  }
```

【运行结果】

运行结果如图 3-28 所示。

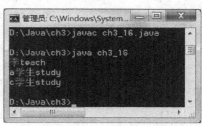

图 3-28　例 3-16 运行结果

【程序分析】

第 19 句：Person 是教师 Teacher。

第 20 句：调用教师的方法 work()。

第 21 句：Person 是学生 Student。

第 22 句：调用学生的方法 work()。

注意：Person 是多态，表现出教师的工作和学生的工作。

3.6.3　instanceof 运算符

多态性是指父类的某个方法被子类重写时可产生自己的功能行为。多态的使用方法如下。

向上转型：

< 父类型 >　变量名 =new < 子类型 >();

向下转型：

< 子类型 >　变量名 = （子类型）new < 父类型 >;

instanceof 运算符用来判断对象是否是类的一个实例，返回一个布尔值。其用法如下：

```
result = object instanceof class
```

其中，result 为布尔类型；object 为必选项，任意对象表达式；class 为必选项，任意已定义的对象类。

说明：如果 object 是 class 的一个实例，则 instanceof 运算符返回 true ；如果 object 不是指定类的一个实例，或 object 是 null，则返回 false。例如：

```
if ( 对象 instanceof 类 )
```

【例 3-17】源程序名为 ch3_17.java，通过 instanceof 运算符，判断 Person 是学生类对象还是教师类对象，参看视频。

```
1   class Person{
2        void work(){
```

视频例 3-17

```
 3                 System.out.println("人工作");
 4          }
 5     }
 6     class Student extends Person{
 7                     void work(){
 8                         System.out.println("学习");
 9             }
10     }
11     public class ch3_17{
12         public static void main(String[] w) {
13             Student n= new Student();
14             wk(n);
15             Person s=new Student();// 向上转型
16                 wk(s);
17             Student c = (Student)s;// 向下转型
18             wk(c);
19             if (n instanceof Person)
20                     System.out.println("n是Person类");
21             else
22                 System.out.println("不同类");
23             if (n instanceof  Student)
24                     System.out.println("n是Student类");
25             else
26                 System.out.println("不同类");
27         }
28         public static void wk(Person w){// 类型判断
29             if (w  instanceof  Student){// 学生做的事情
30                 Student s = (Student)w;
31             s.work();
32             } else
33         System.out.println("不同类");
34         }
35     }
```

【运行结果】

运行结果如图 3-29 所示。

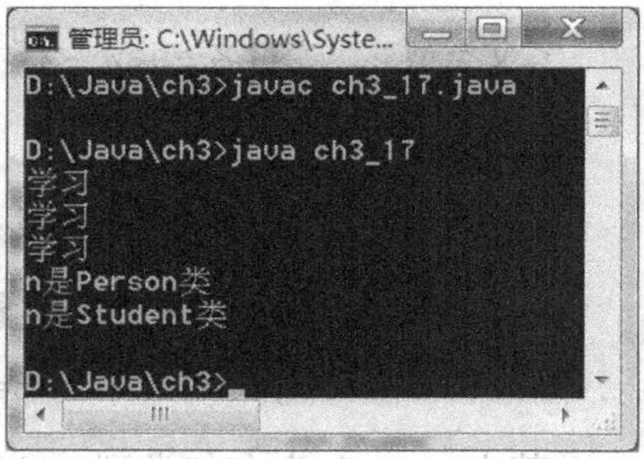

【程序分析】

如果把第 28 句 "public static void wk(Person w)" 中的 Person 换成 Student，则第 15 ~ 18 句就要删除，否则程序就不执行，会出现不兼容错误，如图 3-30 所示。

图 3-29 例 3-17 运行结果

图 3-30 不兼容错误

3.6.4 final 关键字

final 关键字可用于修饰类、变量和方法，有 "这是无法改变的" 或者 "终究" 的含义，因此，被 final 修饰的类、方法和变量具有下列特征。

特征 1：final 修饰的类不能被继承。

特征 2：final 修饰的方法不能被子类重写。

特征 3：final 修饰的局部变量只能赋值一次，初始化时可以不赋值。

特征 4：final 修饰成员变量时必须在初始化时赋值，因为虚拟机不会对其初始化。

接下来通过一个案例来验证，具体代码如下：

```
class TestFinal{
    public static void main(String[] args) {
        // Dog dog = new Dog();
        final int num;              // final 修饰 num 局部变量，只能赋值一次
        num = 4;                    // 对应特征 3，final 修饰的变量只能赋值一次
        System.out.println(num);
    }
}
//Dog 不能继承 Animal 类，shout() 不能重写
class Dog extends Animal {
    // 对应特征 1，使用 final 修饰 Animal 类，不能被继承
    public void shout() {
        System.out.println(" 重写最终方法 ");
        // 对应特征 2，final 修饰的方法不能被子类重写
    }
}
final class Animal {
    final String name = " 花猫 ";  // 对应特征 4
    //final 修饰了成员变量 name，name 成员变量不赋值就会报错
    public final void shout() {
        System.out.println(" 最终方法 ");
    }
}
```

3.7　抽象类和接口

在日常生活中有许多概念是抽象的，这种抽象概念的类没有实例（实物）对照。例如，水果是抽象类，它在现实生活中没有具体的实物与之对照。在日常生活中只有苹果、香蕉、橘子等，它们都是水果的子类，但不是水果的实例。因此，在 Java 中经常需要定义一个给出抽象结构、但不给出每个成员函数的完整实现的类，即抽象类。抽象类是指不能直接实例化对象的类。

抽象方法就是只有方法架构却没有方法内容，即没有具体的代码。定义抽象类的目的就是给子类提供一种共同的行为描述，为所有的子类定义一个统一的接口。

3.7.1　抽象类

抽象类必须用 abstract 来修饰，以区别于一般方法。其语法如下：

abstract class 抽象类 {…} // 抽象类

abstract 返回值 抽象方法 ([paramlist]) // 抽象方法

抽象类必须被继承，抽象方法必须被重写。抽象方法只需声明，无须实现。抽象类不一定要包含抽象方法；若类中包含了抽象方法，则该类必须被定义为抽象类。

在 abstract 类中可以有 abstract 方法，也可以有非 abstract 的方法。

【例 3-18】源程序名为 ch3_18.java，为一个带有抽象成员函数的类示例，参看视频。

```
1    abstract class A{                           // 抽象类
2        abstract void callme( );                // 抽象方法
3        void me( ) {                            // 一般方法
4                System.out.println(" 在 A 的 me 成员函数里 ");
5        }
6    }
7    class B extends  A {
8         void callme( ) {
9                System.out.println(" 在 B 的 callme 成员函数里 ");
10       }
11   }
12   public class ch3_18{
13       public static void main(String args[]) {
14               A a = new B( );
15               a.callme( );
16               a.me ( );
17       }
18   }
```

视频例 3-18

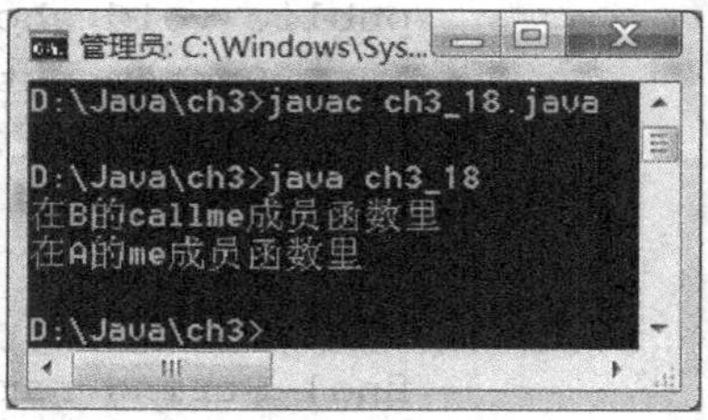

图 3-31　例 3-18 运行结果

【运行结果】
运行结果如图 3-31 所示。
【程序分析】
第 1 ~ 6 句：定义抽象类 A，其中第 2 句在 A 类中声明 callme( ) 为抽象方法。
第 7 ~ 11 句：定义 A 的子类。
第 8 ~ 10 句：实现 callme 的方法。
第 14 句：在 Abstract 类中生成 B 类的一个实例 a。

3.7.2　接口

在日常生活中，一个电源插座可以接电视机、计算机、电饭煲等家电。对于插座来说，无论其生产厂家来自哪里，都会执行相同的规范，因此用户购买到的插座都可以使用。在这里用户关心的是插座的使用（两相或三相插座）；厂家关心的是制造该插座过程中所执行的规范，而并不关心插座是用来接电视机还是电饭煲，他们只要按照规范生产插座，用户就一定可以正常使用；该规范由相关部门制定，这个部门只是制定了规范，但并不考虑生产是如何进行的。

接口本身就类似于制定插座规范的部门，在接口中声明的行为规范（体现在编程语言中就是方法的声明，只有声明而没有方法体），生产厂家对应的就是类，即接口是通过类来实现的。

Java 接口是一些抽象方法和常量的集合。接口只有方法的特征，而没有功能的实现，这些功能的真正实现是在继承这个接口的各个类中完成的。Java 语言不支持多继承性，即一个子类只能有一个父类，但有时子类需要继承多个父类的特性，因此引入了接口。阅读下面的代码，说明为什么不能多继承？

```
1    class Dog{
2        public void call(){
3        System.out.println(" 汪汪 ");
```

```
4          };
5      }
6      class Cat{
7              public void call(){
8                  System.out.println(" 喵喵 ");
9              };
10     }
11     class Animal extends Dog,Cat{
12             Animal a=new Animal();
13             a.call();// 计算机不知道执行第 2 句，还是第 7 句
14     }
```

【程序分析】

第 11 句：如果 Animal 继承了 Dog、Cat，其就具有 Dog、Cat 的两种叫声，这是不可能的。

第 12 句：因为第 2 句和第 7 句都是 call()，此时计算机不知道该执行哪条语句。因此 Java 中的继承只能是单继承。

但是如果使用接口，就可以实现多接口。因为接口中只有一些约定，没有具体的实现方法，即在本例中只有 "叫" 的约定，没有 "叫" 实现的方法。例如，狗的 "叫" 法是发出 "汪汪" 声，猫的 "叫" 法是发出 "喵喵" 声。

1. 接口的定义

编写一个接口时，需要使用关键字 interface 而不是 class 声明。接口定义的一般语法如下：

［接口修饰符］interface ＜接口名＞ [extends ＜父类接口列表＞]
  {
      接口体
  }

（1）接口修饰符 接口修饰符为接口访问权限，有 public 和默认两种状态。

1）public 状态：指明任意类均可以使用该接口。

2）默认状态：在默认情况下，只有与该接口定义在同一包中的类才可以访问该接口，而其他包中的类无权访问该接口。

（2）父类接口列表 一个接口可以继承其他接口，可通过关键词 extends 来实现，其语法与类的继承相同。被继承的类接口称为父类接口，当有多个父类接口时，用逗号 "," 分隔。

（3）接口体 接口体中包括接口中所需要声明的常量和抽象方法。由于接口体中只有常量，因此接口体中的变量只能定义为 static 和 final 型，在类实现接口时不能被修改，而且必须用常量初始化。接口体中的方法声明与类体中的方法声明形式一样，由于接口体中的方法为抽象方法，因此没有方法体。接口体中方法多被声明成 public 型。例如：

```
interface Area{    // 定义一个接口，求圆柱底面积
                public static final double PI=3.14;  // 声明常量 int PI=3.14
                public abstract double Area();    // public 状态方法
                public abstract double Area(int r); // public 状态方法
}
```

2. 接口的实现

当一个类要为一个接口实现其具体功能时，要使用关键字 implements。一个类可以同时实

现多个接口。在类体中可以使用接口中定义的常量，由于接口中的方法为抽象方法，因此必须在类体中加入要实现接口方法的代码。如果一个接口是从其他一个或多个父接口中继承而来的，则在类体中必须加入实现该接口及其父接口中所有方法的代码。在实现一个接口时，类中对方法的定义要和接口中的相应的方法的定义相匹配，其方法名、方法的返回值类型、方法的访问权限和参数的数目与类型信息要一致。

【例 3-19】源程序名为 ch3_19.java，为接口实例，参看视频。

```
1    interface Dog{
2         public void Dcall();
3    }
4    interface Cat{
5         public void Ccall();
6    }
7    class Animal implements Dog,Cat{
8         public void Dcall(){
9             System.out.println(" 汪汪 ");
10        }
11   public void Ccall(){
12            System.out.println(" 喵喵 ");
13        }
14   }
15   public class ch3_19{
16        public static void main(String[] args){
17        Animal animal;
18        animal=new Animal();
19        animal.Dcall();
20        animal.Ccall();
21        }
22   }
```

视频例 3-19

【运行结果】

运行结果如图 3-32 所示。

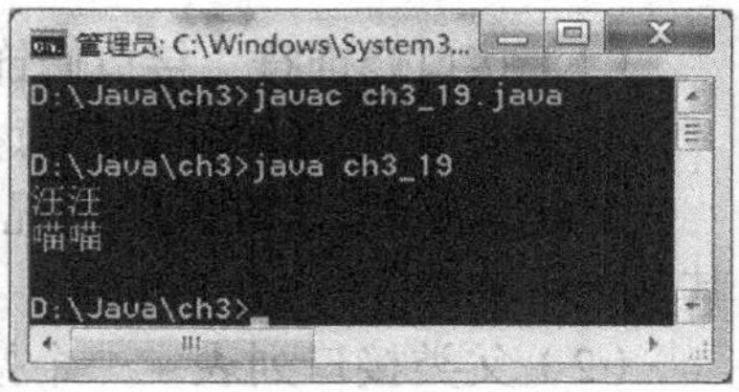

【程序分析】

第 1 ～ 3 句：定义了接口 Dog。

第 4 ～ 6 句：定义了接口 Cat。

第 8 ～ 10 句：实现了接口 Dog。

第 11 ～ 13 句：实现了接口 Cat。

图 3-32 例 3-19 运行结果

说明：接口只规定了叫声，并没有实现叫的发音。动物实现了接口的叫声，这个动物是狗就发出 " 汪汪 "，是猫就发出 " 喵喵 "。接口是一种特殊的类，但接口与类存在着本质区别，类有它的成员变量和成员方法，而接口只有常量和抽象方法，一个类可以有多个接口。Java 语言通过接口，可使处于不同类甚至互不相关的类具有相同的行为。

【例 3-20】源程序名为 ch3_20.java，通过接口实现多态，参看视频。

```
1    interface Speak{
2             public String tell();
3    }
```

视频例 3-20

```
4   class Printer{   // 定义一个打印机类
5              public void print(String content){
6                      System.out.println(" 开始打印: ");
7                      System.out.println(content);
8              }
9   }
10  class JavaTeacher2 implements Speak{
11         public String tell(){
12                 return " 我是 Java 老师 ";
13         }
14  }
15  class EnglishTeacher2 implements Speak{
16         public String tell(){
17                 return " 我是 English 老师 ";
18         }
19  }
20  public class ch3_20 {// 定义一个学校类可以打印教师信息
21    public static void main(String[] args) {
22         Printer p = new Printer();
23         JavaTeacher2 j = new JavaTeacher2();
24         EnglishTeacher2 e = new EnglishTeacher2();
25         p.print(j.tell());
26         p.print(e.tell());
27    }
28  }
```

【运行结果】

运行结果如图 3-33 所示。

【程序分析】

图 3-33　例 3-20 运行结果

第 1 ～ 3 句: 定义了接口，可以得到教师信息。

第 4 ～ 9 句: 定义了一个打印机类，可以输出信息。

第 10 ～ 19 句: 定义了两个教师类的子类，均实现了
Speak 接口。

第 22 ～ 24 句: 定义了一个输出教师信息的方法，用 Speak 接口作为形参。

第 27 句: 通过用接口实现类（JavaTeacher2）、实现方法 print() 的接口形参，用接口实现了动态多态。

3.8　内部类和匿名类

3.8.1　内部类

内部类是在一个类的声明里声明的类。其语法如下:

```
class A {
    …
        class B {
```

内部类可作为类的一个成员使用，一般只在外包类中调用。内部类可以访问外包类的所有成员。

```
class Outer{                           // 内部类
private int size;
    class Inner{                       // 内部类
        void play(){
            size=5;
            System.out.println("The Outer class: "+size);
        }
    }
}
```

内部类的调用程序代码如下：

```
1    public class TestInner{
2        public static void main(String[] a){
3            Outer out=new Outer();
4            Outer.Inner in=out.new Inner();
5            in.play();   // 调用内部类的方法
6            }
7    }
```

注意：
第 2、3 句可以合并，写成：Outer.Inner in=new Outer().new Inner();
不能写成：Outer.Inner in=new Outer.Inner();

3.8.2 匿名类

如果内部类在一个方法体中声明，则该类就被称为本地类（局部类），而没有类名的本地类就是匿名类。匿名类在一个表达式中定义，其定义就像调用所继承父类或实现接口的构造方法，只是在构造方法后的代码块中包含了匿名类的定义。

匿名类有两种格式，即带参数与不带参数，具体如下。
带参数的匿名类：

```
new 父类 ( 参数列表 ){
    // 匿名内部类实现语句;
}
```

不带参数的匿名类：

```
new 父接口 (){
    // 匿名内部类实现语句;
}
```

通过修改下面代码，体现匿名类的使用方法。

（1）源代码

```
1    interface ClassA {
2        void play();
3    }
4    class ClassB implements ClassA {
5        public void play() {
6            System.out.println("classB");
7        }
8    }
9    public class Noclass {
10     public static void main(String[] args) {
11         ClassB c = new ClassB();
12         c.play();
13     }
14   }
```

（2）使用匿名类的代码　删除上面代码中的第 4 ~ 8 句，不定义 ClassB。使 ClassB 不出现，变为匿名类。

第 11 句不能使用 ClassB，修改如下：

```
ClassA c = new ClassA() {
    public void play() {
        System.out.println("classB");
    }
};
```

完成代码如下：

```
1    interface ClassA {
2        void play();
3    }
4    public class Noclass {
5        public static void main(String[] args) {
6            ClassA c = new ClassA() {
7                public void play() {
8                System.out.println("classB");
9                }
10           };
11           c.play();
12       }
13   }
```

3.8.3　Lambda 表达式

Lambda 表达式是 Java SE 8 中一个重要的新特性。lambda 表达式和方法一样，提供了一个正常的参数列表和一个使用这些参数的主体 (body, 可以是一个表达式或一个代码块)。

Lambda 表达式的语法如下：

（参数）-> 表达式

或

```
（参数）->{ 语句；}
```

例如：

```
(int x, int y) -> x + y
(String s) -> { System.out.println(s); }
```

Java 中 Lambda 表达式只能出现在目标类型是函数式接口的上下文中。Lambda 表达式与匿名类都可以把功能如对象一样传递给方法。匿名类确实是向方法传递了一个对象，而使用 Lambda 表达式不需要创建对象，只需要将 Lambda 表达式传递给方法即可，因此 Lambda 表达式语法上更加简单，代码更少。

（1）使用匿名类

```
1    interface ClassA {
2            void play();
3    }
4    public class Noclass {
5      public static void main(String[] args) {
6          ClassA c = new ClassA() {
7              public void play(){
8                  System.out.println("classB");
9              }
10   };
11          c.play();
12      }
13   }
```

（2）使用 Lambda 表达式　将上面的程序第 6 ～ 10 句删除，第 6 句使用 Lambda 表达式，代码量减少。

```
1    interface ClassA {
2            void play();
3    }
4    public class Noclass {
5      public static void main(String[] args) {
6          ClassA c = ()->System.out.println("classB");
7        c.play();
8      }
9    }
```

3.9　包

包的机制是 Java 中特有的，其被引入的主要原因是 Java 本身跨平台特性的需求。因为 Java 中所有的资源都以文件方式组织，所以 Java 中采用了目录树形结构。为了区别于各种平台，Java 中采用 "." 来分隔目录。

包机制的引入解决了命名空间的问题。在程序中，要求每个类的类名必须不同，以区别其不同的功能。但在大型程序设计中类太多，类名很容易重名，因此采用包机制。包其实就是文件系统中的目录。在同一包中不允许出现同名类，不同包中可以存在同名类。

3.9.1　包的定义

包通过关键词 package 来定义。定义包时，package 语句必须是 Java 语言程序的第一条语句，指明该文件中定义的类所在的包，其前面只能有注释或空行。一个文件中只能有一条 package 语句。包定义的一般语法如下：

```
package ＜包名1＞.［＜包名2＞.［＜包名3＞.……］］;
```

package 语句通过使用"."来创建不同层次的包，该包的层次对应于文件系统的目录结构。例如：

```
package java.awt.image   // 表明该包存储在 java\awt\image 目录中。
```

在 JDK 环境下创建一个包，需要根据系统目录的具体情况选择不同的命令行参数。编译 Java 程序的命令如下：

```
javac  -d  ＜包的父目录＞  ＜源文件名＞
```

使用 –d 参数，编译结束后，扩展名为 .class 的文件被存储在 package 语句所指明的目录中。通常包名全部用小写字母表示，这与类名以大写字母开头不同。例如：

```
package vehicle;
class bus{…}     // 类 bus 装入包 vehicle
class jeep{…}    // 类 jeep 装入包 vehicle
class truck{…}   // 类 truck 装入包 vehicle
```

3.9.2　包的引入

使用关键词 import 来引入一个包，使得该包的某些类或所有类都能被直接使用。在 Java 程序中，如果有 package 语句，则 import 语句紧接在其后，否则 import 语句应在程序首位。如果不用 import 语句，则使用某个包中的类时需要用类的全名来引用，程序会显得烦琐。引入 import 语句的一般语法如下：

```
import ＜包名1＞[.包名2[.包名3…]].(类名 |*);
```

【例 3-21】源程序名为 ch3_21.java，创建包和引用包的示例，参看视频。

```
1    package mypackage;
2    public class Man{
3      String name;
4      int age;
5      public Man(String n,int a) {
6        name=n;
7        age=a;
8      }
9      public void show() {
10        if (age<18)
11     System.out.println(name+" 的年龄是 "+age);
12      }
```

视频例 3-21

```
13   }
//ch3_21.java 文件代码
14   import mypackage.*;
15   public class ch3_21{
16       public static void main(String[] args) {
17           Man test=new Man("李阳",15);
18           test.show();
19       }
20   }
```

【运行结果】

运行结果如图 3-34 所示。

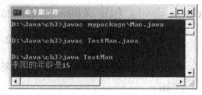

图 3-34 例 3-21 的运行结果

【程序分析】

第 1 ~ 13 句：创建包 mypackage，文件名为 Man.java，保存到 D:\java\ch3\mypackage。

第 14 ~ 20 句：创建类 TestMan，文件名为 TestMan.java，保存到 D:\java\ch3。

因为 TestMan 类属于 ch3 包，而 Man 类属于 ch3\mypackage 包，为了能在 TestMan 类中使用 Man 类的构造方法，必须将 Man 类定义为 public 类型，构造方法和 show() 方法也定义为 public 方法。在 Java 运行环境中，先选择 Man.java 源文件进行编译，再运行 TestMan.java 即可。如果不用 import，那么 "Man test=new Man("李阳",15);" 就改成 "mypackage.Man test=new mypackage.Man("李阳",15);"。

3.9.3 访问级别

成员变量和方法有 4 种访问级别，即 public、protected、default(package) 和 private；类有 2 种访问级别，即 public 和 default；Java 有 4 种访问控制权限，即 private、default、protected 和 public。按内部访问、继承关系、同包、不同包 4 种情况分析修饰符的作用范围见表 3-4。

表 3-4 修饰符的作用范围

修饰符	权限			
	同一个类	同一个包	子类	全局
private	√			
default	√	√		
protected	√	√	√	
public	√	√	√	√

首先在 Henan 文件夹中建立 4 个代码文件：Student.java、Computer.java、English.java 和 All.java。

然后在 cmd 中运行，建立两个包，即 h 和 h2，用来测试不同包之间的访问权限区别。在 Student 类内部测试 4 个属性能否访问。

1）default 修饰符作用。

在 cmd 中输入：

```
javac -d . Student.java
```

运行下面的程序后，计算机系统会自动建立 h 文件夹，并在 h 包中创建 Student 类。

```
1
2    //Student.java
3    package h;
4    public class Student{
5        private String p1 ="private";
6        String p2 ="default";
7        protected String p3 ="protected";
8        public String p4 = "public";
9        public static void main(String[] args) {
10           Student stu= new Student();
11           System.out.println(stu.p1);
12           System.out.println(stu.p2);
13           System.out.println(stu.p3);
14           System.out.println(stu.p4);
15       }
16   }
```

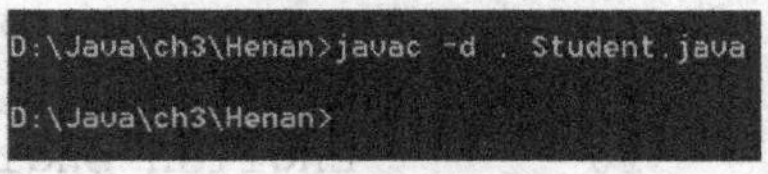

图 3-35　运行结果（一）

运行结果如图 3-35 和图 3-36 所示。

第 6 句默认权限（default）只允许在同一个包中进行访问。

2）private 修饰符的作用。在 cmd 中输入：

```
javac -d . Computer.java
```

在 h 包中创建一个 Computer 类，继承 Student 类，通过 Student 类的对象访问属性。

图 3-36　运行结果（二）

```
1    //Computer.java
2    package h;
3    public class Computer extends Student{
4        public static void main(String[] args) {
5            Student Student = new Student();
6            System.out.println("Student 实例访问: "+Student.p1);
7            System.out.println(Student.p2);
8            System.out.println(Student.p3);
9            System.out.println(Student.p4);
10
11           Computer Computer = new Computer();
12       System.out.println(Computer.p1);   // 父类中声明为 private 方法，不
                                             // 能够被继承。
13           System.out.println(Computer.p2);
14           System.out.println(Computer.p3);
15           System.out.println(Computer.p4);
16       }
17   }
```

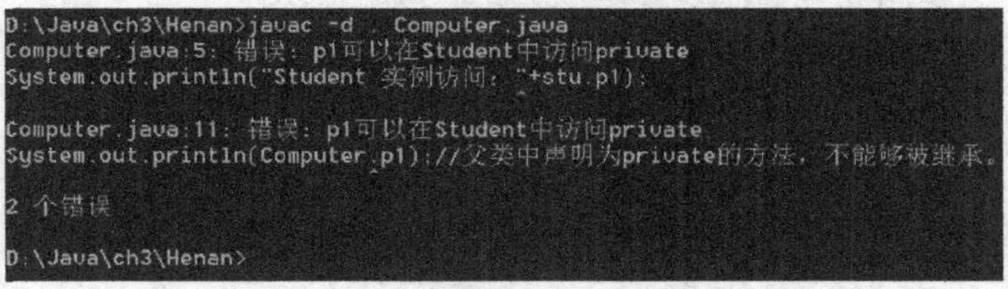

运行结果如图 3-37 所示。

父类中声明为 private 的方法不能被继承。由此可见，private 类型的访问必须在同一个类中。在程序

图 3-37　运行结果出错（一）

的第 5 和 11 句加上"//"后就能调试通过。

3）protected 修饰符的作用。在 cmd 中输入：

```
javac -d . English.java
```

在 h2 包中创建 English 类，与 Student 类不在同一个包，Student 类是在 h 包中。

```
1    // English.java 文件
2    package h2;
3    import h.Student;
4    public class English extends Student{
5    public static void main(String[] args) {
6        Student Student = new Student();
7        System.out.println(Student.p3);
8        System.out.println(Student.p4);
9
10       English english = new English();
11       System.out.println(english.p3);
12       System.out.println(english.p4);
13       }
14   }
```

运行结果如图 3-38 所示。

在第 7 句加上"//"后就可以调试通过。子类可以继承父类的 protected 属性和方法。

4）public 修饰符的作用。在 cmd 中输入：

```
javac -d . All.java
```

在 h2 包中创建一个 Computer 类。源文件 All.java 如图 3-39 所示。

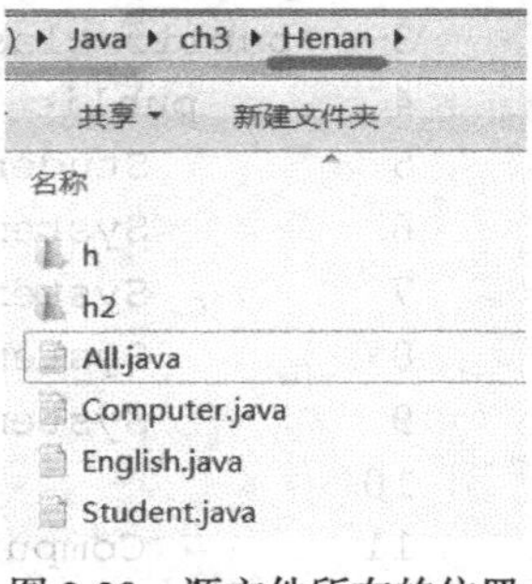

```
1    // All.java
2    package h2;
3    import h.Computer;
4    import h.Student;
5    public class All {
6      public static void main(String[] args) {
7        Student Student=new Student();
8        System.out.println("Student_: "+Student.p4);
9
10       Computer computer = new Computer();
11       System.out.println("Computer_: "+computer.p4);
12
13       English english = new English();
14       System.out.println("English_: "+english.p4);
15       }
16   }
```

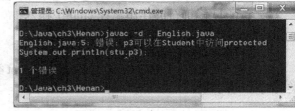

图 3-38　运行结果出错（二）

图 3-39　源文件所在的位置

运行结果如图 3-40 所示。引用不同包中的文件，在 CMD 中运行如图 3-41 所示。

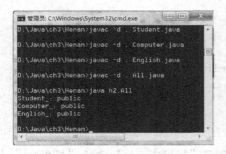

图 3-40　测试 public 属性

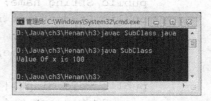

图 3-41　不同包中的文件运行结果

3.10　项目案例——输出学生类型的信息

【例 3-22】源程序名为 ch3_22.java，定义一个类，使用该类中的同名方法输入不同类型的学生信息。该实例练习类的定义以及类的多态性，要求读者熟练掌握类的方法的重载。

3.10.1　项目要求

本项目使用类的方法的重载，声明 3 个同名方法，分别用来输出本科生和研究生的信息。
设计学生类 Student、本科生类 Undergraduate 和研究生类 Postgraduate，要求如下。

1）Student 类有 num(学号) 和 name(姓名) 属性、一个构造方法（name、num）和一个 disp() 方法，输出 Student 的学号、姓名信息。

2）本科生类 Undergraduate 比学生类多一个 degree(学位) 属性，输出本科生的学号、姓名、学位信息。

3）研究生类 Postgraduate 比学生类多一个 research（研究方向）属性，输出研究生的学号、姓名、研究方向信息。

3.10.2　项目分析

一个类中有若干个方法名字相同，但方法的参数不同，称为方法的重载。在调用时，应根据参数的不同来决定执行哪个方法。在定义学生、本科生、研究生的信息的方法时，需要的参数和方法体都不一样，如果不用方法重载，即 3 个方法用不同的名字，则在使用时会非常麻烦。用了重载方法后，只用一个名字即可声明 3 个有不同方法体的方法。

将学生设计成父类，本科生和研究生是学生的子类。创建一个 TestStudent3 的 Java 源文件，其包括一个主类和两个子类，如图 3-42 所示。

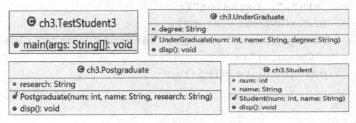

图 3-42　数据处理层类图

3.10.3 项目实现

```java
class Student {
    public int num;
    public String name;
    public Student(int num,String name){
        this.num=num;
        this.name=name;
    }
    public void disp(){
        System.out.println("num:"+num+" | name: "+name+" |");
    }
}
class UnderGraduate extends Student{
    public String degree;
    public UnderGraduate(int num,String name,String degree){
        super(num,name);// 调用父类参数
        this.degree=degree;
    }
    public void disp(){
        System.out.println("num:"+num+" | name: "+name+" | degree:"+degree);
    }
}

class Postgraduate extends Student{
    public String research;
    public Postgraduate(int num,String name,String research){
        super(num,name);// 调用父类参数
        this.research=research;
    }
    public void disp(){
        System.out.println("num:"+num+" | name:"+name+" |research: "+research);
    }
}
public class ch3_22{
    public static void main(String[] args) {
        Student student = new Student(1,"liming");
        student.disp();
        UnderGraduate underGraduate=new UnderGraduate(2,"sun xin"," bechalor");
        underGraduate.disp();
        Postgraduate postgraduate=new Postgraduate(3,"wangju","Computer");
        postgraduate.disp();
    }
}
```

运行结果如图 3-43 所示。

3.11　寻根求源

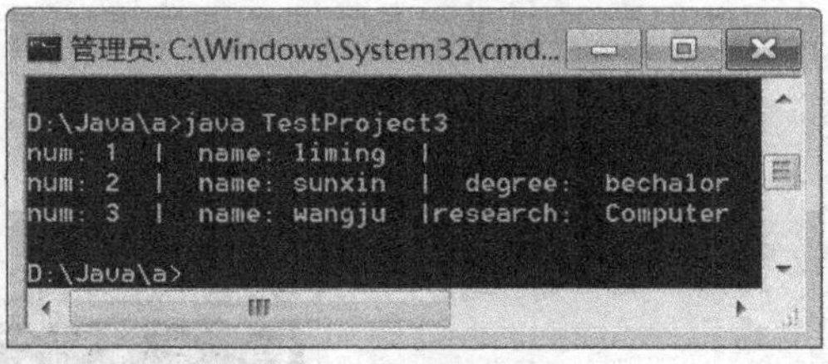

修饰符的作用范围：

（1）错误代码一

图 3-43　运行结果

```
1   class A{
2           private int x;
3     public A() {
4                   x = 100;
5           }
6           private void speak() { // 删除 private
7                   System.out.println("x= " + x);
8           }
9   }
10  public class ch3_18{
11      public static void main(String[] args) {
12          A p= new A();
13          p.speak();
14      }
15  }
```

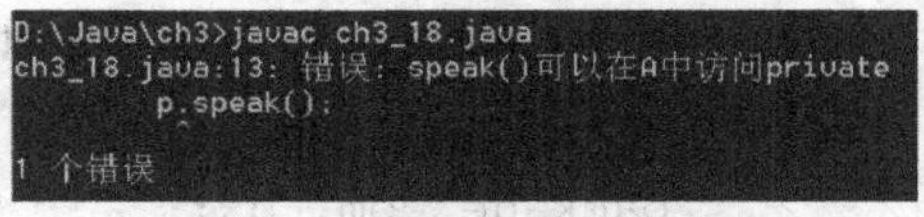

运行结果如图 3-44 所示。

图 3-44　错误代码一运行结果

分析原因：

第 6 句：private 修饰 speak()，speak() 方法就成为私有方法。

第 13 句：p.speak(); 私有方法不在同一个类中，不能直接访问。

解决方法：

第 6 句：删除 private，修改为 void speak();

（2）错误代码二

```
1   // ProtectedClass.java 文件，在 D:\java\ch3\h3 文件夹中
2   package com.gx;
3   public class ProtectedClass {
4       protected int x; // protected 作用
5       public ProtectedClass() {
6           x = 100;
7       }
8       protected void printX() {     // protected 作用
9           System.out.println("Value Of x is " + x);
10      }
11  }
```

调用 ProtectedClass 类代码如下：

```
1   //HelloWorld.java 文件，在 D:\java\ch3\h3 文件夹中
2   public class HelloWorld {
3       public static void main(String[] args) {
4           ProtectedClass p = new ProtectedClass();
5           // 编译错误，不同包中不能直接访问被保护的方法 printX()
6           p.printX();
```

```
7          }
8     }
```

运行如果如图 3-45 所示。

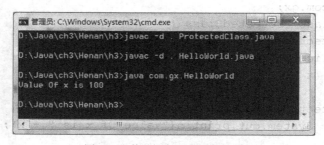

图 3-45   错误代码二运行结果

分析原因：

不同包中不能直接访问被保护的方法 printX()。

解决方法：

同一个包（com. gx）中调用 ProtectedClass 类，增加第 2 条语句，代码如下：

```
1    //HelloWorld.java 文件，在 D:\java\ch3\h3
2    package com. gx;
3    public class HelloWorld {
4        public static void main(String[] args) {
5          ProtectedClass p = new ProtectedClass();
6          // 同一包中可以直接访问 ProtectedClass 中的方法 printX()
7            p.printX();
8        }
9    }
```

运行结果如图 3-46 所示。

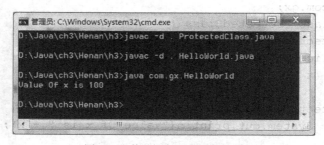

图 3-46   修改语句后的运行结果

（3）错误代码三

```
1    // SubClass.java 文件，在 D:\java\ch3\h3
2    public class SubClass extends ProtectedClass {
3        void display() {
4            //printX() 方法是从父类继承过来
5            printX();
6            //x 实例变量是从父类继承过来
```

```
7               System.out.println(x);
8          }
9     public static void main(String[] args) {
10          SubClass sp=new SubClass();
11          sp.printX();
12     }
13 }
```

运行结果如图 3-47 所示。

分析原因：

子类和父类没有在同一个包中，不能
直接继承。

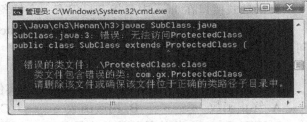

图 3-47　错误代码三运行结果

解决方法：

在代码的第 2 行增加一条语句即可。语句如下：

```
import com.gx.ProtectedClass;
```

不用增加 "package com. gx;"，不同包中子类能够继承父类中的 protected 变量和方法，这就是所谓的保护级别，"保护" 就是保护某个类的子类都能继承该类的变量和方法。

3.12　拓展思维

设计模式（Design Pattern）是一套针对某类问题的某种通用的解决方案，是代码设计经验的总结。使用设计模式是为了可重用代码，让代码更容易被他人理解，保证代码的可靠性。设计模式可使代码编制真正工程化，是软件工程的基石，如同大厦的一块块砖石一样。项目中合理地运用设计模式可以完美地解决很多问题。

概括地说有 23 种设计模式，这里只介绍单例模式。单例模式就是某个类只能有一个实例，并且提供一个全局的访问点。单例模式的主要优点是节约系统资源，提高系统效率，同时也能够严格控制客户对它的访问。单例模式的特点：①单例类只能有一个实例；②单例类必须自己创建自己的唯一实例；③单例类必须给所有其他对象提供这一实例。

在计算机系统中，线程池、缓存、日志对象、对话框、打印机、显卡的驱动程序对象常被设计成单例，这些应用都或多或少具有资源管理器的功能。每台计算机可以有若干个打印机，但只能有一个打印缓冲池，以避免两个打印作业同时输出到一个打印机中。每台计算机可以有若干通信端口，系统应当集中管理这些通信端口，以避免一个通信端口被两个请求同时调用。总之，选择单例模式就是为了避免不一致状态。

知识测试

一、判断题

1. 类 A 和类 B 位于同一个包中，则除了私有成员外，类 A 可以访问类 B 的所有其他成员。　　　　　　　　　　　　　　　　　　　　　　　　　　　　　　（　　　）

2. 类体中 private 修饰的变量在本类中能访问，类生成的对象也能访问。　（　　　）

3. 一个类中只能拥有一个构造方法。　　　　　　　　　　　　　　　　　（　　　）

4. 在 Java 程序中，通过类的定义只能实现单继承。　　　　　　　　　　（　　　）

5. 一个 String 类的对象在其创建后可被修改。 （　　）

6. 抽象方法必须定义在抽象类中，所以抽象类中的方法都是抽象方法。 （　　）

7. Java 中被 final 关键字修饰的变量不能被重新赋值。 （　　）

8. 在不存在继承关系的情况下，也可以实现方法重写。 （　　）

9. 函数式接口在 Java 中是指有且仅有一个抽象方法的接口。 （　　）

10. 在定义一个类时，如果类的成员被 private 修饰，则该成员不能在类的外部被直接访问。 （　　）

二、单项选择题

1. （　　）是一个特殊的方法，用于对类的实例变量进行初始化。

A. 终止函数　　　　　B. 构造函数　　　　　C. 重载函数　　　　　D. 初始化函数

2. 下面（　　）修饰符修饰的变量是同一个类生成的所有对象共享的。

A. public　　　　　B. private　　　　　C. static　　　　　D. final

3. 下列类的声明正确的是（　　）。

A. abstract final class H1{…}　　　　　B. abstract private move(){…}

C. protected private number;　　　　　D. public abstract class Car{…}

4. 继承性使（　　）成为可能，它不仅节省开发时间，而且也鼓励人们使用已经验证无误和调试过的高质量软件。

A. 节省时间　　　　　B. 软件复用　　　　　C. 软件管理　　　　　D. 延长软件生命周期

5. 在运行时才确定调用哪一个方法称为（　　）绑定。

A. 静态　　　　　B. 动态　　　　　C. 自动　　　　　D. 快速

6. Java 中针对类和访问级别，以下控制级别由小到大依次列出正确的是（　　）。

A. private、default、protected 和 public

B. default、private、protected 和 public

C. protected、default、private 和 public

D. protected、private、default 和 public

7. 在类的继承关系中，需要遵循（　　）继承原则。

A. 多重　　　　　B. 单一　　　　　C. 双重　　　　　D. 不能继承

8. 下列叙述中正确的是（　　）。

A. 在面向对象的程序设计中，各个对象之间具有密切的关系

B. 在面向对象的程序设计中，各个对象都是公用的

C. 在面向对象的程序设计中，各个对象之间相对独立，相互依赖性小

D. 上述 3 种说法都不对

9. 下列关于构造方法的叙述中，错误的是（　　）。

A. Java 语言规定构造方法名与类名必须相同

B. Java 语言规定构造方法没有返回值，但不用 void 声明

C. Java 语言规定构造方法不可以重载

D. Java 语言规定构造方法只能通过 new 自动调用

10. 已知类的继承关系如下：

class Employee;

class Manager extends Employee;

class Director extends Employee;

则以下语句能通过编译的是（　　　）。

A. Employee e=new Manager();　　　　B. Director d=new Manager();

C. Director d=new Employee();　　　　D. Manager m=new Director();

三、填空题

1. 类是一个模板，它描述一类对象的行为和_____。实例是由某个特定的类所描述的一个个具体的对象。

2. _____只描述系统所提供的服务，而不包含服务的实现细节。

3. _____是一个特殊的方法，用于创建一个类的实例。

4. 面向对象的三大特征是_____、_____和_____。

5. 在Java中，针对类、成员方法和属性提供了4种访问级别，分别是_____、_____、_____和_____。

6. 被static关键字修饰的成员变量称为_____，它可以被该类所有的实例对象共享。

7. 类的封装是指在定义一个类时将类中的属性私有化，即使用_____关键字来修饰。

8. 一个类如果实现一个接口，那么它就需要实现接口中定义的全部_____，否则该类就必须定义成_____。

9. 一个类可以从其他类派生出来，派生出来的类称为_____，用于派生的类称为_____或者_____。

10. 定义一个Java类时，如果前面使用_____关键字修饰，那么该类不可以被继承。

四、简答题

1. 什么是类成员？什么是实例成员？它们之间有什么区别？

2. 什么是继承？什么是子类？继承的特性可给面向对象编程带来什么好处？

3. 什么是单继承？什么是多继承？

4. 构造方法和普通的成员方法有什么区别？

5. Java中接口的定义是什么？它的主要作用是什么？

五、综合应用

1. 阅读下面的程序，分析代码是否能够编译通过，如果能编译通过，请给出运行结果；否则说明编译失败的原因。

代码1：

```java
class A {
    private int secret = 5;
}
public class Test1 {
    public static void main(String[] args) {
        A a = new A();
        System.out.println(a.secret++);
    }
}
```

代码2：

```java
public class Test2 {
    int x = 50;
    static int y =200;
    public static void method() {
```

```
            System.out.println(x+y);
        }
        public static void main(String[] args) {
            Test2.method();
        }
}
```

代码 3：

```
class H{
    int age;
    String name;
    H(int age,String name){
        this.age=age;
        this.name=name;
    }
    H(){
        System.out.println(" 你好我叫 "+name+" 今年 "+age);
    }
}
public class ch3x_11{
    public static void main(String args[]){
        H s=new H(20,"aa");
        s.H();
    }
}
```

代码 4：

```
interface Shapel{
    double PI:
    public double area();
    public double perimeter():
}
class Cycle extends Shapel{
    private double r;
    public Cycle(double r){
        this.r=r;
    }
    double area(){
        System.out.println(PI*r*r);
    }
}
public class Test{
    public static void main(String args[]){
        Cycle c=new Cycle(1.5);
        System.out.println(" 面积为：  "+c.area());
    }
}
```

2. 请按照以下要求设计一个学生类 Student，并进行测试。

1）Student 类中包含姓名和成绩两个属性。

2）分别给这两个属性定义两个方法，一个方法用于设置值，另一个方法用于获取值。

3）Student 类中定义一个无参构造方法和一个接收两个参数的构造方法，两个参数分别为姓名和成绩。

4）在测试类中创建两个 Student 对象，一个使用无参构造方法，并调用方法给姓名和成绩赋值；另一个使用有参构造方法，在构造方法中给姓名和成绩赋值。

3. 定义 Father 和 Child 类，并进行测试，要求如下。

1）Father 类为外部类，类中定义一个私有的 String 类型的属性 name，name 的值为 zhangjun。

2）Child 类为 Father 类的内部类，其中定义一个 introFather() 方法，方法中调用 Father 类的 name 属性。

3）定义一个测试类 Test，在 Test 类的 main() 方法中创建 Child 对象，并调用 introFather() 方法。

4. 请写出下面程序的运行结果。

```
public class Test extends TT{
    public void main(String args[]){
            Test t = new Test("Tom");
    }
    public Test(String s){
            super(s);
            System.out.println("How do you do?");
    }
    public Test(){
            this("I am Tom");
    }
}
class TT{
    public TT(){
            System.out.println("What a pleasure!");
    }
    public TT(String s){
            this();
            System.out.println("I am "+s);
    }
}
```

运行结果：_____

5. 编程设计一个长方形类，成员变量包括长和宽。类中有计算面积和周长的方法，并有相应的 set() 方法和 get() 方法设置和获得长和宽。编写测试类，测试是否可以实现预定功能。要求使用自定义的包。

第4章

异常处理

学习目标

1. 了解：异常的定义、异常处理的特点。
2. 理解：异常处理机制、异常处理方式。
3. 掌握：抛出异常、自定义异常。

重点

1. 掌握：异常处理的使用方法。
2. 掌握：定义自己的异常类。

难点

掌握：异常处理的正确使用。

开发人员都希望编写出的程序代码一切正常，没有错误，但这是不现实的。程序有语法错误（Systax Error）、执行错误 (Runtime Error) 和逻辑上的错误 (Logic Error) 3 种，那么如何处理错误？把错误交给谁去处理？程序如何从错误中恢复？这是本章将要解决的主要问题，即 Java 中的异常处理机制。

4.1　异常处理概述

异常（Exception）就是一个运行错误。在不支持异常处理的计算机语言中，错误必须人工进行检查和处理，这显然麻烦而低效。为了处理程序运行时产生的异常情况，Java 提供了程序员监视并获得这些异常情况的机制，称为异常处理。错误处理机制可确保不对系统造成破坏，保证程序运行的安全性和强健性。

【例 4-1】源程序名为 ch4_1.java，是一个出现语法异常现象的示例，参看视频。

```
1    import java.io.*;
2    public class ch4_1
3      public static void main(String args[])
4      {
5        int a=2;
6        System.out.println("a="+a);
7      }
8    }
```

视频例 4-1

【运行结果】

运行结果如图 4-1 所示。

【程序分析】

　　运行结果显示程序有错误，产生异常，指明在程序第 2 句的 ch4_1 后面少了一个左大括号"{"，这是一种语法错误。凡是语法错误，都属于编译错误，在编译时由编译器指出。

图 4-1　例 4-1 运行结果

【例 4-2】源程序名为 ch4_2.java，是一个因除数为零而产生异常现象的示例，参看视频。

视频例 4-2

```
1    public class ch4_2 {
2        public static void main(String args[]){
3            int a=3,b=0;
4            a=15/b;
5            System.out.println("a="+a);
6        }
7    }
```

【运行结果】

运行结果如图 4-2 所示。

【程序分析】

　　第 4 句：除数为零。因此，运行此程序时必然会发生除零溢出的异常事件，使程序无法继续运行。程序流将会在除号操作符处被打断。

图 4-2　例 4-2 运行结果

　　注意：例 4-1 和例 4-2 都有异常产生。对于程序中的异常，有一些由 Java 语言来指出，如例 4-1 中的语法类错误，是编辑时出现的错误；有一些则应由编写人员处理，如例 4-2 中编写人员必须对其进行处理，否则运行时总出现错误。从这两个例子来理解异常，可认为异常是在程序编译或运行中所发生的可预料或不可预料的事件，它的出现会导致程序中断，影响程序正常运行。如果用 if 语句处理烦琐，代码会很臃肿，程序员要花很大精力"堵漏洞"，且很难堵住所有"漏洞"，而用异常机制处理起来就很方便。通过异常处理机制，可以减少编程人员的工作量，增加程序的可读性，如表 4-1 所示。

表 4-1　有无异常处理机制对比

一段伪码	加入条件语句的伪码	加入 Java 异常处理机制的伪码

{
　输入数据 x;
　5/x;
}
	{
	　输入数据 x;
	　if (x= =0)
		try{
		　输入数据 x;
		　5/x;

	{
	　提示输入数据有误;
	}
	else
	5/x;
		}
		catch(ArithmeticException e)
		{
		System.out.println(e);
		}

　　通过表 4-1 可以看出：当 x 输入为 0 时，造成程序无法正常进行，需增加条件语句，增加

代码量。而如果使用 Java 语言提供异常机制，出错的部分有 catch 语句处理，条理更加清晰，代码量也会成倍减少。

Java 语言通过异常处理，编写出的程序既简短又易理解，在任何一种错误出现时能直接转向异常处理程序，处理完成后再返回正常程序继续执行，同时避免代码膨胀现象。

总之，异常处理机制是程序一旦出现异常，后面的代码将无法执行，程序终止为了保证后面的代码正常执行，需要对异常进行处理。

4.2　异常类

在 Java 语言中，所有的异常都是用类表示的。当程序发生异常时，会生成某个异常类的对象。异常类对象包括关于异常的信息、类型和错误发生时程序的状态以及对该错误的详细描述。Throwable 是 java.lang 包中一个专门用来处理异常的类，其有两个子类：Exception（异常）类和 Error（错误）类。

1）Exception 类：可恢复和可捕捉的异常类，也可继承 Exception 类生成自己的异常类。

2）Error 类：不可恢复和不可捕捉的异常类，用户程序不需要处理这类异常。

4.2.1　异常类的层次结构

Java 语言用继承的方式来组织各种异常。所有的异常都是 Throwable 类或其子类，而 Throwable 类又直接继承于 object 类，异常类的层次结构如图 4-3 所示。

如果程序中可能产生非运行异常，就必须明确地加以捕捉并处理，否则无法通过编译检查。与非运行异常不同的是，错误（Error）与运行异常（RuntimeException）不需要程序明确地捕捉并处理。

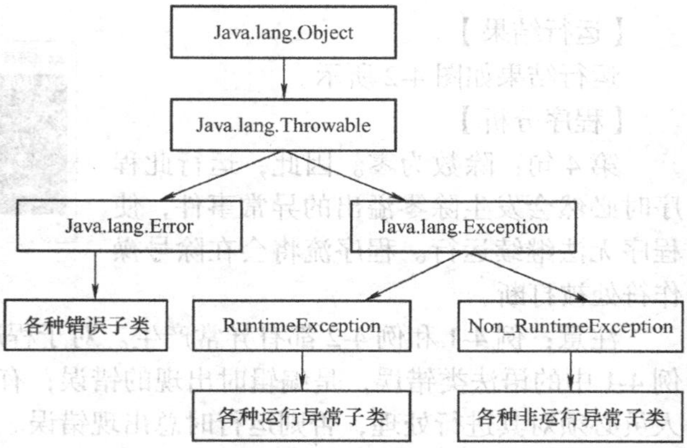

图 4-3　异常类的层次结构

4.2.2　Exception 类及其子类

Exception 类分为 RuntimeException（运行异常）类和 Non-RuntimeException（非运行异常）类两大类。

1. 运行异常

运行异常表现为 Java 运行系统执行过程中的异常，是指 Java 程序在运行时发现的由 Java 解释抛出的各种异常，包括算术异常、下标异常等。常见的运行异常如表 4-2 所示。

表 4-2　常见的运行异常

异常类名	功能说明	异常类名	功能说明
ArithmeticException	除数为零异常	NoClassDelFoundException	未找到类定义异常
IndexOutOfBoundsException	下标越界异常	FileNotFoundException	指定的文件没有发现异常
ClassCastException	类型转换异常	IOException	输入输出错误异常
ArrayIndexOutOfBoundsException	访问数组元素的下标越界异常	NullpointerException	访问一个空对象中的成员时产生的异常

2. 非运行异常

非运行异常是由编译器在编译时检测是否会发生在方法的执行过程中的异常。非运行异常是 Non-RuntimeException 及其子类的实例，可以通过 throws 语句抛出。

Java 在其标准包 java.lang、java.util、java.io、java.net 中定义的异常类都是非运行异常类，表 4-3 所示为常见的非运行异常。

表 4-3　常见的非运行异常

异常类名	功能说明	异常类名	功能说明
ClassNotFoundException	指定类或接口不存在异常	ProtocolException	网络协议异常
IllegalAccessException	非法访问异常	SocketException	Socket 操作异常
IOException	输入输出异常	MalformedURLException	URL 格式不正确异常
FileNotFoundException	找不到指定文件异常		

4.2.3　Error 类及其子类

Error 类定义了正常情况下不希望捕捉的错误。在捕捉 Error 子类时要多加小心，因为它们通常在出现灾难性错误时被创建。常见的 Error 异常类如表 4-4 所示。

表 4-4　常见的 Error 异常类

异常类名	功能说明
LinkageError	动态链接失败异常
VirtualMachineError	虚拟机错误异常
AWTError	AWT 错误异常

4.3　异常处理简介

异常处理的方法有两种：一是通过 throws 和 throw 抛出异常，二是使用 try-catch-finally 结构对异常进行捕获和处理。异常处理也称捕捉异常。异常处理用到 5 个关键字：try、catch、finally、throw、throws。

4.3.1　异常处理

异常处理是通过 try-catch-finally 语句实现的。其语法如下：

```
try{ 正常程序段，可能抛出异常；}
catch（异常类 1　异常变量 1）　　{ 捕捉异常类 1 有关的处理程序段；}
catch（异常类 2　异常变量 2）　　{ 捕捉异常类 2 有关的处理程序段；}
…
finally{ 退出异常处理程序段；}
```

异常事件发生在程序运行时，该阶段由 Java 虚拟机检测，如果不希望发生异常事件，就必须遵从委托机制（Java 虚拟机检测）。委托机制可分成以下两个步骤。

1）把可能发生异常事件的程序代码放在 try 区块内，这样即便发生异常事件，Java 虚拟机也不会直接显示默认的错误信息，而会执行下列 catch 的对应结果。

2）将要处理的结果放在对应的 catch 区块内，当 try 区块内的程序代码发生异常事件时，Java 虚拟机就会执行对应的 catch 区块。

try 的出现形式为 try-catch、try-finally 或 try-catch-finally，但不能只有 try 而没有匹配的内容。

【例 4-3】源程序名为 ch4_3.java，捕捉例 4-2 中的异常，参看视频。

```
1    public class ch4_3{
2      public static void main(String args[]) {
3        try{
4            int a=3,b=0;
5            a=15/b;
6            System.out.println("a="+a);
7        } catch(ArithmeticException e){
8          System.out.println(" 除数为 0: "+e);
9        }
10     }
11   }
```

视频例 4-3

【运行结果】

运行结果如图 4-4 所示。

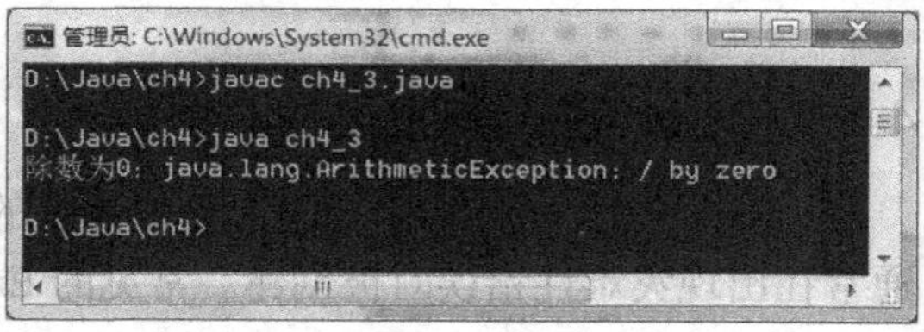

【程序分析】

第 7 ～ 9 句：使用 catch 语句对 try 代码块中可能出现的异常事件进行处理。

图 4-4　例 4-3 运行结果

不论在 try 代码块中是否发生了异常事件，即使有 return 语句，finally 代码块中的语句都会被执行。因此，通常在 finally 语句中可以进行资源的清除工作，如关闭打开的文件、删除临时文件等。finally 区块不能单独存在，必须为 try-catch-finally 的形式。

finally 语句不被执行的唯一情况就是先执行了用于终止程序的 System.exit() 方法。

当有多个 catch 时，catch（子类）只能放在 catch（父类）的前面。

【例 4-4】源程序名为 ch4_4.java，是一多异常处理的示例，参看视频。

```
1    public class ch4_4 {
2      static void Disp(int n) {
3        int a = 1, b = 0;
4        int arr[] = new int[3];
5        switch (n) {
6        case 0:
7            arr[3] = 20;
8            break;
9        case 1:
10           a = 15 / b;
11           break;
12       default:
13           System.out.println(" 请输入数据： ");
14           Scanner in = new Scanner(System.in);
15           a = in.nextInt();
16       }
17     }
18     public static void main(String args[]) {
```

视频例 4-4

```
19                  int i;
20                  for (i = 0; i < 2; i++) {
21                      try {
22                          System.out.println("i=" + i);
23                          Disp(i);
24                      } catch (ArrayIndexOutOfBoundsException e) {
25                          System.out.println(" 数组下标越界异常: " + e);
26                      } catch (ArithmeticException e) {
27                          System.out.println(" 除数为零异常! ");
28                          return;
29                          //System.exit(1);// 不执行 finally
30                      } finally {
31                          System.out.println("i="+i+" 时执行 finally 代码块! ");
32                      }
33                  }
34              }
35  }
```

【运行结果】

运行结果如图 4-5 所示。

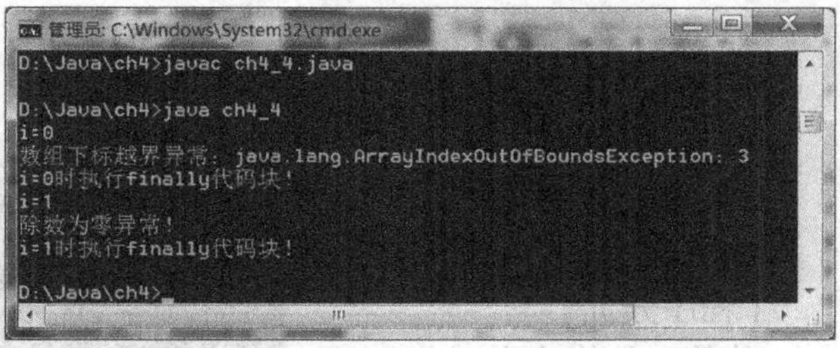

【程序分析】

在 main() 方法中循环执行 3 次，执行

图 4-5　例 4-4 运行结果

第 1 次循环时，调用 Disp() 方法中的第一个分支语句，产生除数为零的异常；执行第 2 次循环时，调用 Disp() 方法中的第二个分支语句，会产生访问数组元素的下标越界异常；执行第 3 次循环时，如果输入 3.5，会产生其他未知异常。

第 28 句 return 语句执行后，也要执行第 30 句 finally 语句块。只有执行第 29 句，才不执行 finally 语句块。

4.3.2　抛出异常

抛出异常就是在 Java 中创建一个异常对象并把它送到运行系统的过程。在抛出异常后，运行系统将寻找合适的方法来处理异常。如果产生的异常类与所处理的异常类一致，则认为找到了合适的异常处理方法；如果运行系统找遍了所有方法也没有找到合理的异常处理方法，则运行系统将终止 Java 程序的运行。

1. 声明抛出异常 throws

在方法中声明一个异常是在方法的头部表示的。用关键字 throws 表示该方法在运行中可能抛出的异常。throws 语句的一般语法如下：

［方法修饰字］返回类型 方法名称 （［参数列表］）[throws 异常1[，异常2]…]

例如：

1）public void MyMethod() throws IOException

2）public static void main (String[] args) throws FileNotFoundException, IOException

如果一个方法可能抛出一个异常而它自己又没有处理方法，那么异常处理的任务就交给调用者去完成。此时，必须在方法声明中包括 throws 子句，以便该方法的调用者捕捉该异常。一个 throws 子句列出了一个方法可能抛出的异常类型。

下面的程序试图抛出一个它不捕捉的异常，因为该程序没有指定一个 throws 子句来声明抛出异常，所以程序不能编译通过。

【例 4-5】源程序名为 ch4_5.java，说明 throws 的用法，参看视频。

视频例 4-5

```
1    class chThrows {
2        public void setAge(int age) throws Exception {
3            age = age / 0;
4        }
5    }
6    public class ch4_5{
7        public static void main(String[] args) {
8            int age = 0;
9            chThrows t = new chThrows();
10           t.setAge(15);
11           System.out.println(" 继续执行 ");
12       }
13   }
```

【运行结果】

运行结果如图 4-6 所示。

【程序分析】

将第 7 句修改为 " public static void main(String[] args) throws Exception {" 即能通过编译，而不能是 " throws IO Exception"，即调用的方法抛出异常类范围要大或相等。

图 4-6 例 4-5 运行结果

第 10 句：对方法中抛出的异常进行了声明，但没有进行相应的异常处理，所以报错。

注意：当一个方法中有抛出异常时，就要有对抛出的异常进行捕获处理，也可以继续通过 throws 声明让上一级调用者进行处理。

2. 抛出异常 throw

Java 程序的执行过程中生成一个异常类对象，该异常对象将被提交给 throw，这个过程称为抛出（throw）异常。throw 总是出现在函数体中，其抛出的只能是可抛出类 Throwable 或者其子类的实例对象。抛出异常对象的语法如下：

```
throw new 异常类名 ( );
```

或

```
异常类名 对象名 = new 异常类名 ( );
throw 对象名;
```

例如，抛出一个异常 IOException：

```
throw new IOException();
```

throw 语句会中断程序流的执行，其后的语句将不会被执行。系统会检测离 throw 最近的 try 块，看是否存在与 throw 语句抛出的异常类型相匹配的 catch 语句。如果找到匹配的 catch 语句，则控制转到 catch 语句中；如果没有找到，则检测下一个 try 块，并且一直检测下去；

如果到最后仍没有找到匹配的 catch 语句，则该程序将被中断。

3. 抛出异常 throw 与声明异常 throws

throw 与 throws 在程序代码中的位置，如图 4-7 所示。

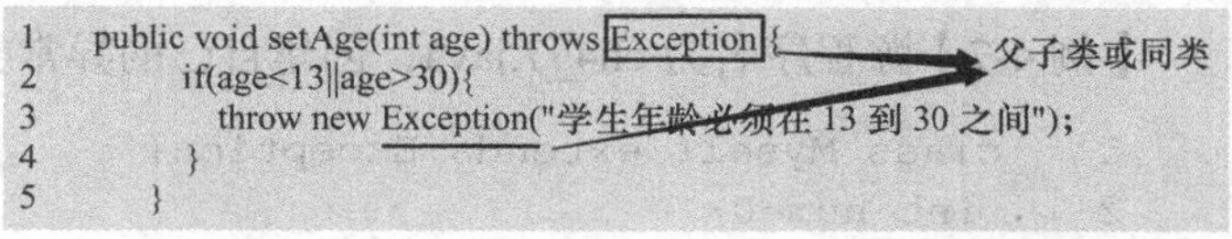

1）声明的异常类与 throw 的异常类型是同类，或是父子类关系。在同一个方法中使用 throw 和 throws 时要注意，throws 抛出的类型范围要比 throw 抛出的对象范围大。

```
1    public void setAge(int age) throws Exception {
2        if(age<13||age>30){
3            throw new Exception("学生年龄必须在 13 到 30 之间");
4        }
5    }
```
父子类或同类

图 4-7　throw 与 throws 在程序代码中的位置

2）有 throw 一般都要声明 throws，只有运行时异常类才不用 throws 声明。

3）throws 出现在方法函数头，而 throw 出现在函数体。

【例 4-6】源程序名为 ch4_6.java，抛出异常示例。抛出异常的原因：在当前环境中无法解决参数问题，因此在方法内通过 throw 抛出异常，把问题交给调用者处理，参看视频。

```
1   class chT{
2        public void setAge(int age) throws Exception{
3            age = age / 0;
4            throw new Exception("除数为 0");
5        }
6   }
7   public class ch4_6 {
8     public static void main(String[] args) throws Exception {
9         chT student = new chT();
10        try {
11            student.setAge(15);
12        } catch (Exception e) {
13                e.printStackTrace();
14        }
15        System.out.println("继续执行");
16     }
17  }
```

视频例 4-6

【运行结果】

运行结果如图 4-8 所示。

【程序分析】

第 4 句：抛出异常，在第 7 ～ 9 句进行了异常处理。

```
管理员: C:\Windows\System32\cmd.exe

D:\Java\ch4>javac ch4_6.java

D:\Java\ch4>java ch4_6
java.lang.ArithmeticException: / by zero
        at chT.setAge(ch4_6.java:3)
        at ch4_6.main(ch4_6.java:12)
继续执行

D:\Java\ch4>
```

图 4-8　例 4-6 运行结果

4.4　创建自己的异常类

尽管 Java 的内部异常可以处理大多数的一般错误，但有时还要创建自己的异常类型来处理特定的情况。实际上，定义自己的异常类非常简单，只需要定义一个 Exception 类的子类即可。

Exception 类并没有定义它自己的任何方法，它继承了 Throwable 类提供的方法，所以任何异常，包括自己建立的异常，都继承了 Throwable 定义的方法，也可以在自定义的异常类中覆盖这些方法中的一个或多个方法。其一般语法如下：

```
class 自定义异常类名 extends Exception{
    // 异常类体
}
```

【例 4-7】源程序名为 ch4_7.java，创建自己的异常类，参看视频。

```
1    class Myself extends Exception{
2     int num=0;
3     Myself() {
4       num++;
5       }
6     String show(){
7         return "自己的异常，编号:"+num;
8       }
9    }
10   public class ch4_7{
11     static void Disp(int n) throws Myself{//声明异常
12         System.out.println("n="+n);
13         if(n<100) {
14             System.out.println("不产生异常！");
15             return;
16           }
17         else{
18             throw new Myself();//抛出异常
19           }
20   }
21   public static void main(String args[]) {
22     try {
23         Disp (50);
24         Disp (150);
25       }
26     catch(Myself e) {
27         System.out.println("捕捉到异常是: "+e.show());
28       }
29     }
30   }
```

视频例 4-7

【运行结果】

运行结果如图 4-9 所示。

图 4-9 例 4-7 运行结果

【程序分析】

第 1 ～ 9 句：创建自己的异常类。其在使用上和 Java 所提供的异常类一样，因此只要根据前面所介绍的异常使用方法，即可使用自己创建的异常类。

第 11 句：声明异常。

第 18 句：抛出异常。

4.5　项目案例——学生管理功能

【例 4-8】源程序名为 ch4_8.java，实现学生管理的增加学生、删除学生、查询学生功能，参看视频。

项目分析：首先建立学生类，设计学生类中的方法；然后生成对象，完成相应的功能，如图 4-10 所示。

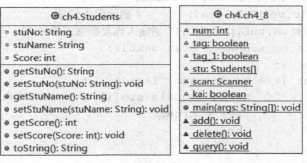

视频例 4-8

图 4-10　项目分析

源程序名为 ch4_8.java，代码如下：

```
1    import java.util.Scanner;
2    public class ch4_8 {
3        static int num = 0;
4        static boolean tag = true;
5        static boolean tag_1 = true;
6        static Students[] stu = new Students[100];
7        static Scanner scan = new Scanner(System.in);
8        public static void main(String[] args) {
9                System.out.println("1.增加学生 2.删除学生 3.查询学生 ");
10               System.out.println("4.退出学生管理系统 ");
11           while (tag) { // 主菜单
12               int scan_num = scan.nextInt();
13               switch (scan_num) { // 主菜单选择
14               case 1:  add();             break;
15               case 2:  delete();          break;
16               case 3:  query();           break;
17               case 4:  tag = false;       break;
18               default: break;
19               }
20           }
21        }
```

```java
22      static void add() {           // 增加学生信息
23          while (tag_1) {
24              stu[num] = new Students();
25              System.out.println(" 请依次输入学号，姓名，成绩 ");
26              stu[num].setStuNo(scan.next());
27              stu[num].setStuName(scan.next());
28              stu[num].setScore(scan.nextInt());
29              num++;
30              System.out.println(" 继续输入 true, 否则输入 false");
31              tag_1 = scan.nextBoolean();
32          }
33          query();
34      tag_1=true;                    // 设置继续输入标志
35      }
36  static boolean kai = false;
37  static void delete() {    // 删除学生信息
38      System.out.println(" 请输入你要删除的学号 ");
39      String xuehao = scan.next();
40      int i;
41      for (i = 0; i < num; i++) {
42          if (xuehao.equals(stu[i].getStuNo())) {
43              kai = true;
44              break;
45          }
46      }
47      try {
48      if (kai) {
49          for (; i < num-1; i++) {
50              stu[i].setStuNo(stu[i + 1].getStuNo());
51              stu[i].setStuName(stu[i + 1].getStuName());
52              stu[i].setScore(stu[i + 1].getScore());
53          }
54          num--;                    // 当查无此人时，不做 -- 操作
55      } else {
56          System.out.println(" 查无此人 ");
57      }
58      kai=false;                    // 修改，防止再次删除时查无此人还继续删除
59      }catch (NullPointerException e) {
60          e.printStackTrace();
61      }
62  }
63  static void query() {        // 遍历学生信息并输出，取代了逐一查找学生信息
64      System.out.println("[ 学号 \t| 姓名 \t| 成绩 ]");
65      for (int i = 0; i < num; i++) {
66          System.out.println(stu[i]);
67      }
68  }
69 }
```

```
70    class Students {
71        private String stuNo = " ";
72        private String stuName = " ";
73        private int Score;
74        public String getStuNo() {
75            return stuNo;
76        }
77        public void setStuNo(String stuNo) {
78            this.stuNo = stuNo;
79        }
80        public String getStuName() {
81            return stuName;
82        }
83        public void setStuName(String stuName) {
84            this.stuName = stuName;
85        }
86        public int getScore() {
87            return Score;
88        }
89        public void setScore(int Score) {
90            this.Score = Score;
91        }
92        public String toString() {
93            return "[" + stuNo+"\t|" + stuName + "\t|" + Score + "]";
94        }
95    }
```

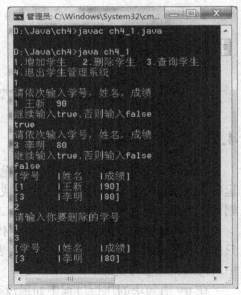

图 4-11　例 4-8 运行结果

【运行结果】

运行结果如图 4-11 所示。

【程序分析】

第 49 句：num 改 为 num−1，防 止 num+1 超 限，当删除最后一个学生时不做与后一位交换工作，进行 num−− 即可。

第 70 ～ 91 句：定义学生类。

4.6　寻根求源

例 4-8 学生管理程序中，执行语句：

System.out.println(" 继 续 输 入 true, 否 则 输 入 false")

如果输入其他字符如 f，就会出现异常，只有输入 true 或 flase 才正确，运行结果如图 4-12 所示。

分析原因：

```
Scanner sc=new Scanner(System.in);
sc.nextInt();
```

在使用 Scanner() 进行控制台输入时，使用 next() 方法输出。如输入整数类型，则结果正确；但是如果输入一个字符串类型，就会抛出 "InputMismatchException" 输入类型不匹配异常。每种类型的数据都有对应的方法，如果控制台输入的与设置的不匹配，就会导致整个系统停止运行，所以需要通过异常处理来解决。

```
1.增加学生  2.删除学生  3.查询学生
4.退出学生管理系统
1
请依次输入学号，姓名，成绩
1 ss 90
继续输入请输入true,否则输入false
f
Exception in thread "main" java.util.InputMismatchException
        at java.util.Scanner.throwFor(Scanner.java:864)
        at java.util.Scanner.next(Scanner.java:1485)
        at java.util.Scanner.nextBoolean(Scanner.java:1782)
        at ch11.ch4_1.add(ch4 1.java:32)
        at ch11.ch4_1.main(ch4 1.java:15)
```

图 4-12　运行结果

思路：利用 try-catch 捕获异常，每次输入不匹配时就抛出一个提示，让其重新输入，直到输入正确的数据类型为止。

```
1    import java.util.Scanner;
2    public class a {
3        static Scanner input = new Scanner(System.in);
4        public static void main(String[] args) {
5            while (true) {// 设置一个死循环
6                try {
7                    System.out.println(" 请输入一个整数： ");
8                    int temp = input.nextInt();
9                    System.out.println(temp);
10                   break;
11               } catch (Exception e) {
12                   System.out.println(" 整数： ");
13                   input = new Scanner(System.in);
14               }
15           }
16       }
17   }
```

运行后发现，如果输入的不是 int 型数据，系统就会一直提示输入，直到输入正确为止。

4.7　拓展思维

Java 的异常处理基于 3 种操作：抛出异常、声明异常和捕获异常。需要强调的是，对于非运行时异常，程序中必须要做处理，或者捕获异常，或者声明异常；对于运行时异常，程序中则可不处理。

throw 与 throws 的区别是：throw 代表动作，表示抛出一个异常的动作，用在方法实现中，只能用于抛出一种异常；而 throws 代表一种状态，代表方法可能有异常抛出，用在方法声明中，可以抛出多个异常。

在 try 语句块的执行过程中如果没有出现异常，程序就会跳过与 try 相关的 catch 子句；但是如果在 try 语句中出现了异常，并且紧跟其后有与异常类型相兼容的 catch 子句，那么程序的控制权立即就会从 try 语句块中传递给相应的 catch 子句。

catch 从句的排列要注意，应该将最特殊的排在最前面，依次逐步一般化。

可以使用 try-catch 语句将例 4-8 修改完善。学生可以发挥想象，用不同的思路修改代码，并增加修改、排序、查询等功能。

知识测试

一、判断题

1. 类和方法一般可以满足所有用户需要的错误处理需求。 (   )

2. 当资源不再需要时，一个执行程序如不能恰当地释放它，就会出现资源泄露。 (   )

3. 程序中抛出异常时 (throw)，只能抛出自己定义的异常对象。 (   )

4. Java 异常处理机制适用于方法检查到一个错误却不能解决它的场合，这时该方法会抛出一个异常，但不能保证会有一个异常处理程序恰好适合于处理此类异常。 (   )

5. 程序员把可能产生异常的代码封装在一个 try 块中，try 块后面就只能跟一个 catch 块。 (   )

6. 如果在 try 块之后没有 catch 块，则必须有 finally 块。 (   )

7. 如果在 try 块中没有抛出异常，则跳过 catch 块处理，执行 catch 块后的第一条语句。 (   )

8. 执行 throw 语句表示发生一个异常，这称为抛出异常。 (   )

9. 异常类对象代表当前出现的一个具体异常。 (   )

10. 一个异常处理中 finally 语句块只能有一个或者可以没有。 (   )

二、单项选择题

1. Java 中用来抛出异常的关键字是 (   )。

A. try   B. catch   C. throw   D. finally

2. 关于异常，下列说法正确的是 (   )。

A. 异常是一种对象

B. 一旦程序运行，异常将被创建

C. 为了保证程序运行速度，要尽量避免异常控制

D. 以上说法都不对

3. (   ) 类是所有异常类的父类。

A. Throwable   B. Error   C. Exception   D. AWTError

4. 关于下列程序的执行，说法正确的是 (   )。

```
1    public class ch4x_1 {
2        public static void main(String args[]) {
3            try {
4                int a = args.length;
5                System.out.println("a=" + a);
6                int b = 42 / a;
7                int c[] = { 1 };
8                c[49] = 99;
9                System.out.println("b=" + b);
10           } catch (ArithmeticException e) {
11               System.out.println("除 0 异常：" + e);
12           } catch (ArrayIndexOutOfBoundsException e) {
13               System.out.println("数组超越边界异常：" + e);
14           }
15       }
16   }
```

A. 程序将输出第 11 行的异常信息　　　　　　B. 程序第 10 行出错

C. 程序将输出第 13 行的异常信息　　　　　　D. 程序将输出第 11 和 13 行的异常信息

5. 关于下列程序的执行, 说法正确的是 (　　　)。

```
1    public class ch4x_2 {
2        static void procedure() {
3            try {
4                int c[] = { 1 };
5                c[42] = 99;
6            } catch (ArrayIndexOutOfBoundsException e) {
7                System.out.println(" 数组超越界限异常: " + e);
8            }
9        }
10       public static void main(String args[]) {
11           try {
12               procedure();
13               int a = args.length;
14               int b = 42 / a;
15               System.out.println("b=" + b);
16           } catch (ArithmeticException e) {
17               System.out.println(" 除 0 异常: " + e);
18           }
19       }
20   }
```

A. 程序只输出第 7 行的异常信息　　　　　　B. 程序只输出第 17 行的异常信息

C. 程序将不输出异常信息　　　　　　　　　　D. 程序将输出第 7 和 17 行的异常信息

6. 对于 catch 子句的排列, 下列说法中正确的是 (　　　)。

A. 父类在先, 子类在后　　　　　　　　　　　　B. 子类在先, 父类在后

C. 有继承关系的异常不能在同一个 try 程序内　　D. 先有子类, 其他如何排序都无关

7. 当方法遇到异常又不知如何处理时, 下列说法中正确的是 (　　　)。

A. 捕获异常　　　　　B. 抛出异常　　　　　C. 声明异常　　　　　D. 嵌套异常

8. 一个异常将终止 (　　　)。

A. 整个程序　　　　　　　　　　　　　　　　B. 只终止抛出异常的方法

C. 产生异常的 try 块　　　　　　　　　　　　D. 以上说法都不对

9. (　　　) 对象一般是 Java 系统中的严重问题。

A. Error　　　　　　　B. Exception　　　　　C. Throwable　　　　　D. 任何

10. 下面 (　　　) 选项中的异常处理不是 Java 中预定的。

A. ArithmeticException　　　　　　　　　　　B. NullPointerException

C. SecurityException　　　　　　　　　　　　D. ArrayOutOfLengthException

三、填空题

1. catch 子句都带一个参数, 该参数是某个异常的类及其变量名, catch 用该参数去与 _____对象的类进行匹配。

2. Java 虚拟机能自动处理_____异常。

3. Java 语言把那些可预料和不可预料的出错称为_____。

4. 异常可以分为运行异常、捕获异常、声明异常和_____。

5. 抛出异常、生成异常对象都可以通过_____实现。

6. Java 语言的类库中提供了一个_____类，所有的异常都必须是它的实例或它子类的实例。

7. Throwable 类有两个子类：_____类和_____类。

8. 对程序语言而言，一般有编译错误和_____错误两类。

9. 运行错误是因为程序在执行时，运行环境发现了_____操作。

10. 逻辑错误是因为程序没有按照预期的_____执行。

四、简答题

1. 异常机制的作用是什么？列出 5 种常见的异常。

2. 编写一个程序，以说明 catch（Exception e）如何捕获各种异常。

3. throws 的作用是什么？

4. 下面的代码有什么错误？

```
class ExceptionExam{…}
throw new ExceptionExam();
```

5. 根据创建自定义异常类的格式，编写一个自定义异常的小程序。

五、综合应用

1. 参考下面的程序，试修改程序，捕获相关异常，使程序能正常运行。

```
public class ch4x_1 {
    public static void main(String args[]){
        System.out.println(" 字符串索引越界异常 ");
        String str=args[0];
        System.out.println(str);
        System.out.println(" 继续 ");
        }
    }
```

2. 下面的程序实现定义一个字符串数组，并要求打印输出字符串数组。但程序代码有问题，出现了死循环现象，请修改正确。

```
public class ch4x_1 {
    public static void main(String args[]) {
        int i = 0;
        String greetings[] = { "beijing ", "welcome ", "you!", };
        while (i < 4) {
            try {
                System.out.print(greetings[i]);
                i++;
            }catch (ArrayIndexOutOfBoundsException e) {
                System.out.println("\nRe-setting Index Value");
                }
            finally {
                System.out.println("This is always printed");
                }
```

```
            }
        }
    }
```

3. 利用 try-catch 语句编程计算圆的面积，要求半径不能为零和负数。

```java
package com.oracle.Demo01;

public class Demo02 {
    // 写一个计算圆的面积的公式，输入一个半径值，输出一个圆面积
    public static void main(String[] args) {
        double s=0;
        s = area(-4);
        System.out.println(s);
    }

    public static double area(double r){
        try {
            if(r<=0){
                throw new RuntimeException();
            }
        } catch (Exception e) {
            e.printStackTrace();
        }
        double s=Math.PI*r*r;
        return s;
    }
}
```

4. 利用 try-catch 语句求平均数，参数不能为负数。

```java
package com.oracle.Demo01;
import java.util.Scanner;
public class Demo03 {
    // 创建一个检测负数的异常类，如果是正数，则抛出异常
    public static void main(String[] args){
        /*double s=0;
        s = area(9);
        System.out.println(s);*/
        // 输入任意参数，求平均数
        double s=avg(1,9,6,5,2);
        System.out.println(s);
    }
    public static double area(double r){
        if(r<=0){
            throw new FuShuException(" 你传了一个负数 ");
            // 报异常并传递自定义的字符串
        }
        double s=Math.PI*r*r;
        return s;
    }
```

```
// 求平均数的方法
public static double avg(double...arr){
        double sum=0;
        for(double i:arr){
                if(i<0){
                        throw new FuShuException(" 参数为负数 ");
                }
                sum=sum+i;
        }
        return sum/arr.length;
}
}
```

5. 编程从命令行得到 5 个整数，放入一整型数组，然后输出。要求：如果输入数据不为整数，则捕获输入不匹配异常，显示"请输入整数"；如果输入数据多于 5 个，则捕获数组越界异常，显示"请输入 5 个整数"；无论是否发生异常，都输出"感谢使用本程序！"。

6. 编程判断任意 3 个数是否能构成 1 个三角形，如果不能则抛出异常，显示异常信息为"a,b,c 不能构成三角形"，否则显示三角形 3 条边长。

7. 阅读程序，写出运行结果。

```
public class Test {
    public static String output = "";
    public static void foo(int i) {
        try {
            if (i == 1)
                    throw new Exception();
            output += 1;
            System.out.println("output="+output);
        } catch (Exception e) {
            output += 2;
            System.out.println(" 努力 ");
            return;
        } finally {
            output += 3;
            System.out.println(" 加油 "+output);
        }
        output += "4";
        System.out.println(" 最后 "+output);
    }
    public static void main(String[] args) {
        foo(0);
        System.out.println(output);
        System.out.println("-------");
        foo(1);
        System.out.println(output);
    }
}
```

8. 下面的程序抛出了一个"异常"并捕捉它，请在横线处填入适当内容完成程序。

```
class ch4x_1 {
    static void procedure() throws_____{
        System.out.println("inside procedure");
        throw        IllegalAccessException("demo");
    }
    public static void main(String args[]) {
        try {
            procedure();
        } catch () {
            System.out.println(" 捕获: " + e);
        }
    }
}
```

9. 编写学生成绩管理程序，有增加、删除、修改、查询等功能。

第 5 章

常 用 类

学习目标

1. 理解：JDK 类库的意义及使用方法。
2. 了解：System 类的用法。
3. 掌握：Math 类、日期操作类、Scanner 类、Format 类及其子类的用法。

重点

1. 掌握：JDK 类库的学习方法。
2. 熟练：利用 JDK 类库的提供内容开发自己的软件。

难点

1. 掌握：不同类别的类的设计思想、静态方法与普通成员方法之间的使用区别。
2. 理解：System 类在系统相关操作中的应用原理。

在学习过 Java 的基础语法后，我们了解了如何通过编程语言设计程序，从而解决指定的问题。在此过程中会分解出很多通用的功能需求。例如，很多程序都需要求一组数据的最大值；或者很多程序都需要将时间按照某些格式进行输出，如按 "2022 年 1 月 23 日" 格式或者按 "2022-01-23" 格式输出；又或者很多程序都需要和用户交互，通过控制台获取一个整数，或者获取一个浮点数等。这些通用的需求被设计成了 Java 常用类的方法，被封装到了不同的包和类中，可以供开发者按需调用，而不必 "重复造轮子"。本章即介绍 JDK 提供的部分常用的工具类。

5.1 Math 类

在程序设计过程中难免会进行数学运算，如求一组数据的平均值，求指数、对数等。JDK 的 java.lang 包中提供了类 Math，该类中封装了用于执行基本数学运算的属性和方法，并且常用的方法都被定义为 static 形式。

【例 5-1】源程序名为 ch5_1.java，getMax_1() 和 getMax_2() 两个方法具有同样的功能，即获取数组 numbers 中的最大值，参看视频。

```
1    public class ch5_1 {
2        public static int getMax_1(int[] numbers){
3            int max=-1;
```

视频例 5-1

```
4              for(int i=0;i<numbers.length;i++){
5                  if(max<numbers[i]){
6                      max = numbers[i];
7                  }
8              }
9              return max;
10         }
11         public static int getMax_2(int[] numbers){
12             int max=-1;
13             for(int i=0;i<numbers.length;i++){
14                 max = Math.max(max,numbers[i]);
15             }
16             return max;
17         }
18         public static void main(String[] args) {
19             int[] numbers = {1,3,2,7,56,32,55,77,12};
20             System.out.println(getMax_1(numbers));
21             System.out.println(getMax_2(numbers));
22         }
23     }
```

【运行结果】

运行结果如图 5-1 所示。

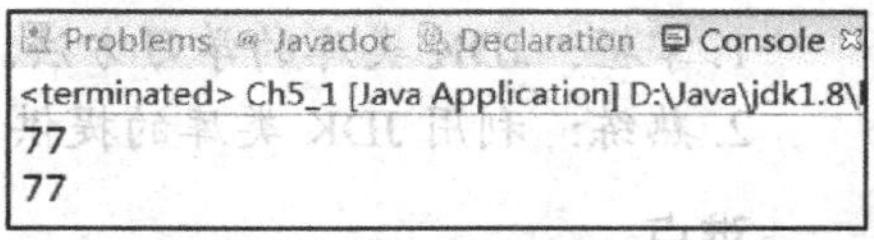

【程序分析】

图 5-1　例 5-1 运行结果

getMax_1() 通过自定义逻辑实现了对数组 numbers 中的数据进行处理，获得最大的数值；getMax_2() 则通过调用 Math 类中提供的静态方法 max() 实现了该功能。

如例 5-1 所示，Math 类中封装了一系列类似于 max(int,int) 的静态方法，这些方法基本可以分为 3 类：基本数值计算方法、三角函数方法和指数函数方法。

5.1.1　常量、幂与指数函数

在数学运算中存在两个超越数 e 和 π，其在 JDK 中被封装为 Math 类中的两个常量，分别是 Math.E 和 Math.PI。Math.log(value) 是 Math 类中封装的一个静态方法，用来计算以 10 为底的对数值。Math 类中的幂与指数函数列表如表 5-1 所示。

表 5-1　Math 类中的幂与指数函数列表

方法签名	方法说明
public static double log(double x)	返回参数 x 的自然对数值
public static double log10(double x)	返回参数 x 的以 10 为底的对数值
public static double log1p(double x)	返回参数 x+1 的自然对数值
public static double pow(double a,double b)	返回 a^b 的值
public static double exp(double a)	返回 e 的 a 次幂的值
public static double sqrt(double a)	返回 $\sqrt{a}$ 的值

【例 5-2】源程序名为 ch5_2.java，如果贷款 100 万元，贷款期限为 30 年，利率为 4.9，采用等额本息的还款方式，计算每月还款金额及还款总额，参看视频。

说明：等额本息是指一种贷款的还款方式，指在还款期内每月偿还同等数额的贷款（包括本金和利息）。每月需还本息金额的具体计算方法如下：

每月本息金额 =[本金 × 月利率 ×(1+ 月利率) ^ 还款月数]÷ [(1+ 月利率) ^ 还款月数 −1]

```
1    import java.text.DecimalFormat;
2    public class ch5_2 {
3        public static void cal(double p, int m, double rate) {
4            DecimalFormat df = new DecimalFormat(".00");
5            double mRate = rate / (100 * 12);// 月利率
6            double preLoan = (p * mRate * Math.pow((1 + mRate), m))/
7                            (Math.pow((1 + mRate),m)-1);// 每月还款金额
8            double totalMoney = preLoan * m;// 还款总额
9            double interest = totalMoney - p;// 还款总利息
10           System.out.println(" 还款总额 :\t" + df.format(totalMoney));
11           System.out.println(" 还款总利息 :\t" +df.format(interest));
                                                    // 还款总利息
12           System.out.println(" 每月还款金额 :"+String.format("%.2f", preLoan));
13           System.out.println(" 贷款总额 :\t" + p);// 贷款总额
14           System.out.println(" 还款期限 :\t" + m);// 还款期限
15       }
16       public static void main(String[] args) {
17           cal(1000000, 360, 4.9);
18       }
19   }
```

视频例 5-2

【运行结果】

运行结果如图 5-2 所示。

【程序分析】

第 4 句：定义显示小数点后的位数。

第 10 句：输出两位小数。

```
还款总额：    1910616.19
还款总利息：910616.19
每月还款金额：5307.27
贷款总额：    1000000.0
还款期限：    360
```

图 5-2　例 5-2 运行结果

5.1.2　基本数值计算方法

Math 类中还封装了一系列十进制数据的相关操作方法，包括求两个数的最大值、最小值，求某个数的绝对值等，如表 5-2 所示。

表 5-2　Math 类的基本数值计算方法

方法签名	方法说明
static int max(int a,int b)	重载方法，返回参数 a、b 中较大的值
static int min(int a,int b)	重载方法，返回参数 a、b 中较小的值
static double abs(double a)	重载方法，返回参数 a 的 double 绝对值
static int abs(int a)	重载方法，返回参数 a 的 int 绝对值
static int round(float a)	重载方法，返回参数 a 四舍五入的值
static double ceil(double a)	返回大于等于参数 a 的最小整数
static double floor(double a)	返回小于等于参数 a 的最大整数
static double random()	返回范围在 [0, 1) 的 double 值

表 5-2 所示方法中的 max、min、abs、round 都是重载方法，可以针对整数中的 int、long 类型，浮点数中的 float、double 类型的参数进行操作。根据不同的参数类型，其返回值也有对应变化。ceil、floor 两个方法为非重载方法，其参数类型为 double，根据数据类型的容量大小及类型转换原则，可以接收任意的整数和浮点数类型的数值作为参数进行操作，实现向上、向下取整。下面介绍一个随机函数的应用案例。

【例 5-3】源程序名为 ch5_3.java，设计并实现一个随机点名的程序，参看视频。

```
1    public class ch5_3 {
2        public static void main(String[] args) {
3            String[] students=new String[10];
4            for(int i=0;i< students.length;i++){
5                students[i] = "学生 "+i;
6            }
7            // 随机点名，随机生成 0 ～ 9 的数组下标
8            int number = (int)Math.floor(Math.random()*10);
9            System.out.println(" 被点到的学生是: "+students[number]);
10        }
11    }
```

视频例 5-3

【运行结果】

运行结果如图 5-3 所示。

【程序分析】

被点到的学生是：学生 5

图 5-3　例 5-3 运行结果

上述代码运行多次后可以发现，每次执行的结果并不相同。程序通过 Math.random() 方法生成 [0 ～ 1) 的 double 类型的随机数，再乘以 10，使其成为 [0 ～ 10) 的 double 类型的随机数。通过 Math.floor(double) 方法对获取的随机数进行向下取整，再转换成 int 类型的整型的随机数。上述代码中，表达式 " (int)Math.floor(Math.random()*10)" 为向下取整操作，与强制类型转换 "(int)(Math.random()*10)" 等价。

5.2　System 类

System 类最为常用，其定义的常量如表 5-3 所示。

表 5-3 中，out 常量是向控制台输出内容的标准输出流，类型为 PrintStream 的流对象。该类含有一组重载的输出方法，可以输出不同数据类型的数值，包括任意类型的对象。

表 5-3　System 类定义的常量

数据类型	常量名称	常量说明
PrintStream	err	标准错误输出流
InputStream	in	标准输入流
PrintStream	out	标准输出流

err 与 out 常量的类型相同，err 为标准错误输出流。err 的 println() 输出方法输出的字符串位置会随机出现。但是，由 err.println() 输出的字符串之间的相对位置不会改变，与 System.out 的输出是并发关系，所以两者同时使用时，输出结果会出现交叉显示现象。

System 中的常量 InputStream in 也是用于数据传输的流对象，与常量 out 不同的是，该流

为标准输入流，是从键盘获取数据向程序内存传输的流对象。

【例 5-4】源程序名为 ch5_4.java，System.err 和 System.out 同时使用的输出效果，参看视频。

视频例 5-4

```
1    public class ch5_4 {
2        public static void main(String[] args) {
3            System.err.println("err 输出的错误日志内容 1");
4            System.err.println("err 输出的错误日志内容 2");
5            System.out.println("out 标准输出内容 1");
6            System.out.println("out 标准输出内容 2");
7            System.out.println("out 标准输出内容 3");
8            System.err.println("err 输出的错误日志内容 3");
9        }
10   }
```

【运行结果】

运行结果如图 5-4 所示。

【程序分析】

多次运行上述代码后，可以总结出 System.err 和 System.out 的区别。

```
err输出的错误日志内容1
out标准输出内容1
out标准输出内容2
out标准输出内容3
err输出的错误日志内容2
err输出的错误日志内容3
```

图 5-4　例 5-4 运行结果

首先，API 解释的两者用途不同，out 为标准输出，err 为标准错误输出；其次，在 IDE 里运行，差别就是两者显示的颜色有所区别；最后，System.out.println 可能会被缓冲，而 System.err.println 不会，由于 err 不需要缓冲即可输出，因此直接造成了我们视觉上看到的其位置的不确定性。如表 5-4 所示，System 类提供了 setErr(PrintStream err)、setIn(InputStream in) 和 setOut(PrintStream out) 方法，可以修改流的目标输出位置。

由于 System 类代表当前 Java 程序的运行平台中与系统相关的信息，因此其提供了一系列访问系统状态的静态方法。Java 应用程序不能创建 System 类的对象，所有的方法都是静态的，如表 5-4 所示。

表 5-4　System 类的常用方法

方法签名	方法说明
public static long currentTimeMillis()	返回以 ms 为单位的当前时间
public static void exit(int status)	作用是关闭 Java 虚拟机，其中 status 参数是状态参数，0 是正常关闭，其他非 0 为非正常关闭
public static Properties getProperties()	获取当前系统的属性
public static void setErr(PrintStream err)	重新设置标准错误输出流
public static void setIn(InputStream in)	重新设置标准输入流
public static void setOut(PrintStream out)	重新设置标准输出流
public static void gc()	运行垃圾回收器
public static void arraycopy(Object src, int srcPos, Object dest, int destPos, int length)	将数组 src 从位置 srcPos 开始，获取 length 个数据复制到另一个数组 dest 中，destPos 是目标数组 dest 的起始位置

【例 5-5】源程序名为 ch5_5.java，计算程序执行时间，参看视频。

视频例 5-5

```
1    import java.util.Arrays;
2    public class ch5_5 {
```

```
3          public static void main(String[] args) {
4              long startTime = System.currentTimeMillis();
5              int[] srcData = new int[10];
6              for(int i=0;i<srcData.length;i++){
7                  srcData[i] = (int)(Math.random()*100);
8              }
9              // 数组复制
10             int[] descData = new int[srcData.length];
11             System.arraycopy(srcData,0,descData,0,srcData.length);
12             // 排序
13             Arrays.sort(srcData);
14             System.out.println(" 源数组: "+Arrays.toString(descData));
15             System.out.println(" 排序后数组: "+Arrays.toString(srcData));
16             long endTime = System.currentTimeMillis();
17             System.out.println(" 程序执行时间: "+(endTime-startTime)+" 毫秒 ");
18         }
19     }
```

```
源数组: [3, 67, 88, 87, 4, 52, 86, 93, 12, 85]
排序后数组: [3, 4, 12, 52, 67, 85, 86, 87, 88, 93]
程序执行时间: 20毫秒
```

【运行结果】

运行结果如图 5-5 所示。

图 5-5 例 5-5 运行结果

【程序分析】

如例 5-5 所示, 在程序运行之初, 调用 System.currentTimeMillis() 方法获取当前系统时间转换后的 long 类型数值, 系统时间会随时间推移 +1。在程序运行结束后, 再次调用 System.currentTimeMillis() 方法获取当前系统时间, 将两者相减即可获得程序运行时间。

【例 5-6】源程序名为 ch5_6.java, 获取系统的属性, 参看视频。

```
1   public class ch5_6 {
2       public static void main(String[] args) {
3           String osName = System.getProperty("os.name");
4           String javaHome = System.getProperty("java.home");
5           System.out.println(" 操作系统: "+osName);
6           System.out.println("Java 安装路径: "+javaHome);
7       }
8   }
```

视频例 5-6

```
操作系统: Windows 7
Java安装路径: D:\Java\jdk1.8\jre
```

【运行结果】

运行结果如图 5-6 所示。

图 5-6 例 5-6 运行结果

【程序分析】

如例 5-6 所示, 可以通过 System.getProperty(" 属性名 ") 方法获取操作系统中定义好的属性, 表 5-5 中列举了常见的系统属性名称及含义。也可以通过 System.getProperties() 方法获取全部系统属性, 获得 Properties 对象, 如下所示:

```
Properties ps = System.getProperties();
ps.list(System.out);
```

通过 Properties 的 list() 方法向控制台输出获取的全部系统属性。

表 5-5　常见的系统属性名称及含义

系统属性名称	属性含义	系统属性名称	属性含义
java.version	Java 运行时的环境版本	java.class.path	Java 类路径
java.vendor	Java 运行时的环境供应商	java.ext.dirs	扩展目录的路径
java.vendor.url	Java 供应商的 URL	os.name	操作系统的名称
java.home	Java 安装目录	os.arch	操作系统的架构
java.vm.version	Java 虚拟机实现版本	os.version	操作系统的版本
java.vm.vendor	Java 虚拟机实现供应商	user.name	用户的账户名称
java.vm.name	Java 虚拟机实现名称	user.home	用户的主目录
java.class.version	Java 类格式版本号	user.dir	用户的当前工作目录

5.3　时间类

在程序设计过程中，对于时间的处理是必不可少的，对于软件使用者的每一条操作记录都需要填写创建时间、修改时间等。在 Java 中，时间的类型使用 java.util.Date 类表示。

所有的数据类型，无论是整数、布尔、浮点数还是字符串，最后都需要以数字的形式表现出来。日期类型也不例外，如 2021 年 10 月 1 日，在计算机里会用一个数字来代替。

最特殊的一个数字就是 0。0 代表 Java 中的时间原点，其对应的日期是 1970 年 1 月 1 日 8 点 0 分 0 秒。为什么是 8 点？因为中国的太平洋时区是 UTC–8，刚好和格林尼治时间差 8 个小时。为什么对应 1970 年？因为 1969 年发布了第一个 UNIX 版本（AT&T），1970 年就被当作了时间原点。所有的日期都以此零点为基准，每过 1ms，就加 1。

【例 5-7】源程序名为 ch5_7.java，创建时间对象，代表当前时间，具体到秒，参看视频。

```
1    import java.util.Date;
2    public class ch5_7{
3        public static void main(String[] args) {
4            Date currentTime = new Date();
5            System.out.println(currentTime);
6        }
7    }
```

视频例 5-7

【运行结果】

运行结果如图 5-7 所示。

```
Sun Feb 21 11:56:35 CST 2021
```

图 5-7　例 5-7 运行结果

【程序分析】

默认的 java.util.Date 的 toString() 方法输出格式如图 5-8 所示，时间表示 2021 年 2 月 13 日星期六 15 点 40 分 30 秒。为理解该时间格式，首先需要理解 GMT、UTC 和 CST 3 个概念。

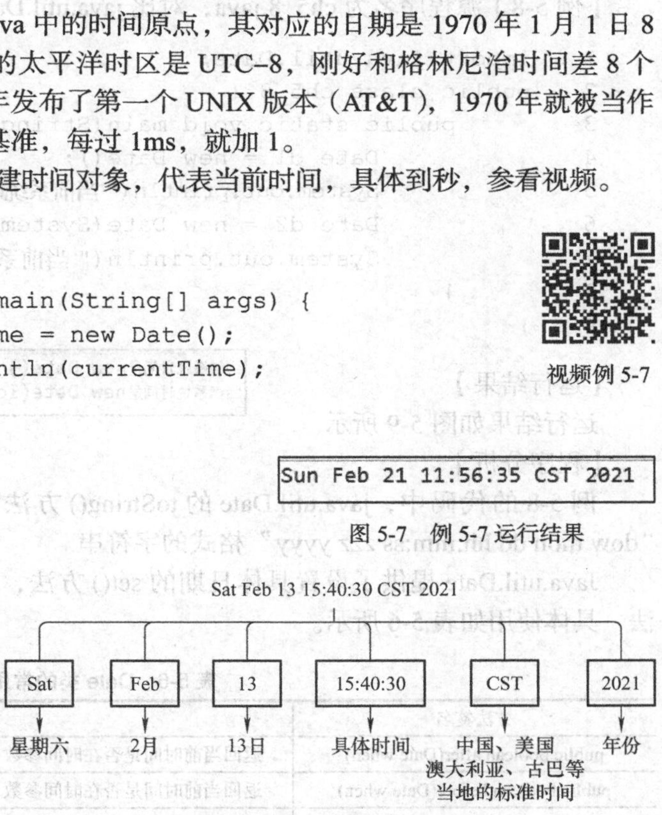

Sat Feb 13 15:40:30 CST 2021

图 5-8　Date 默认时间格式

1）GMT：格林尼治标准时间，即世界时。

2）UTC：协调世界时，目前作为世界标准时间使用。为了统一世界的时间，1884 年的国际经度会议规定将全球划分为 24 个时区（东、西各 12 个时区）。中国北京处于东 8 区

（GMT+08）。

3）CST：UTC−6 时区的名称之一，代表中国、美国、澳大利亚、古巴的当地标准时间。CST 比 UTC 落后 6 个小时，其与 UTC 的时间偏差可写为 −06:00。

5.3.1 Date 类的使用

java.util.Date 共含有 6 个构造方法，其中 4 个构造方法已过时，不再建议使用。目前常用的构造方法为如下两个。

1. Date()

Date() 构造方法分配一个 Date 对象并将其初始化，表示其被分配的时间，精确到毫秒，默认为当前的系统时间。

```
java.util.Date date = new java.util.Date();
```

2. Date(long date)

Date（long date）构造方法分配一个 Date 对象并将其初始化，代表指定的相对于标准基准时间的毫秒数，即 1970 年 1 月 1 日 00:00:00 GMT。

```
java.util.Date date = new java.util.Date(10000);
```

【例 5-8】源程序名为 ch5_8.java，对比 java.util.Date 的两个构造方法，参看视频。

```
1  import java.util.Date;
2  public class ch5_8 {
3      public static void main(String[] args) {
4          Date d1 = new Date();
5          System.out.println(" 当前系统时间是 new Date()\t\t"+d1);
6          Date d2 = new Date(System.currentTimeMillis());
7          System.out.println(" 当前系统时间是 new Date(long)\t"+d2);
8      }
9  }
```

视频例 5-8

【运行结果】

运行结果如图 5-9 所示。

【程序分析】

```
当前系统时间是new Date()          Sun Feb 21 12:08:00 CST 2021
当前系统时间是new Date(long) Sun Feb 21 12:08:00 CST 2021
```

图 5-9　例 5-8 运行结果

例 5-8 的代码中，java.util.Date 的 toString() 方法将当前 Date 对象所代表的对象转换成"dow mon dd hh:mm:ss zzz yyyy"格式的字符串。

Java.util.Date 提供了设置具体日期的 set() 方法，以及提供不同的日期之间进行比较的方法，具体使用如表 5-6 所示。

表 5-6　Date 类的常用方法

方法签名	方法说明
public boolean after(Date when)	返回当前时间是否在时间参数 when 之后
public boolean before(Date when)	返回当前时间是否在时间参数 when 之前
public int compareTo(Date otherDate)	当前时间与参数时间比较，如果当前时间早，则返回 −1；如果当前时间晚，则返回 1；如果相等，则返回 0
public long getTime()	返回 1970.1.1 00:00:00 至当前的毫秒数
public void setTime(long time)	对当前 Date 对象进行设置，使其为距离 1970.1.1 00:00:00 参数 time 毫秒数的时间

5.3.2　Calendar 类的使用

Calendar 类是一个抽象类，它为特定时间与一组诸如 YEAR、MONTH、DAY_OF_MONTH、HOUR 等日历字段之间的转换提供了一系列方法，并为操作日历字段（如获得下星期的日期）提供了相关方法。Calendar 时间可细分到毫秒值来表示，是距历元（格林尼治标准时间 1970 年 1 月 1 日的 00:00:00.000）的偏移量。相比于 Date，Calendar 能够表达的时间信息更丰富。

Calendar 类实现了静态方法 getInstance()，可以直接返回子类的对象。其不能直接使用 new 关键字方式创建对象，只能通过静态方法获取对象。

【例 5-9】源程序名为 ch5_9.java，使用 Calendar 获取一个实例，默认表示当前日期，参看视频。

```
1    import java.util.Calendar;
2    public class ch5_9 {
3        public static void main(String[] args) {
4            Calendar c = Calendar.getInstance();
5            System.out.println("年份："+c.get(Calendar.YEAR));
6            System.out.println("月份："+c.get(Calendar.MONTH));
7            System.out.println("日期："+c.get(Calendar.DAY_OF_MONTH));
8        }
9    }
```

视频例 5-9

【运行结果】
运行结果如图 5-10 所示。

```
年份：2021
月份：1
日期：21
```

图 5-10　例 5-9 运行结果

【程序分析】
通过运行结果可以看出，月份与实际月份相差 1。通过理解 Calendar 类中的常量的含义，调用 get(int) 方法即可获得想要的数据。Calendar 类的常用方法如表 5-7 所示。

表 5-7　Calendar 类的常用方法

方法签名	方法说明
public int get(int field)	返回给定日历字段的值
public int getFirstDayOfWeek()	获得一星期的第一天，不同国家的第一天不同
public int getMinimalDaysInFirstWeek()	获得一周里的第几天（一周共七天）
public long getTimeInMillis()	返回指定 Calendar 的时间值，以毫秒为单位
public Date getTime()	返回表示此 Calendar 的时间值的 Date 对象
public void set(int field, int value)	修改时间，field 指定时间属性是年、月等，value 代表具体的数值
public void set(int year, int month, int date)	用具体的数据设置具体的时间，精确到日
public void set(int year, int month, int date , hourOfDay, int minute, int second)	用具体的数据设置具体的时间，精确到秒

【例 5-10】源程序名为 ch5_10.java，1921 年 7 月 1 日为中国共产党的诞辰日，请问这天是星期几？参看视频。

```
1    import java.util.Calendar;
2    public class ch5_10 {
3        public static void main(String[] args) {
```

视频例 5-10

```
4              Calendar c = Calendar.getInstance();
5              c.set(Calendar.YEAR,1921);
6              c.set(Calendar.MONTH,Calendar.JULY);
7              c.set(Calendar.DAY_OF_MONTH,1);
8              switch (c.get(Calendar.DAY_OF_WEEK)){
9                  case Calendar.MONDAY:
10                     System.out.println(" 星期一 ");break;
11                 case Calendar.TUESDAY:
12                     System.out.println(" 星期二 ");break;
13                 case Calendar.WEDNESDAY:
14                     System.out.println(" 星期三 ");break;
15                 case Calendar.THURSDAY:
16                     System.out.println(" 星期四 ");break;
17                 case Calendar.FRIDAY:
18                     System.out.println(" 星期五 ");break;
19                 case Calendar.SATURDAY:
20                     System.out.println(" 星期六 ");break;
21                 case Calendar.SUNDAY:
22                     System.out.println(" 星期日 ");break;
23                 }
24             }
25     }
```

【运行结果】

运行结果如图 5-11 所示。

【程序分析】

星期五

图 5-11 例 5-10 运行结果

例 5-10 中，使用 Calendar 的 set() 方法设置 Calendar.YEAR 的数值为当年年份，即 1921，
Calendar.MONTH 为当年月份 Calendar.JULY，代表 7 月（使用常量是避免实际数字 –1 导致理
解偏差），Calendar.DAY_OF_MONTH 的数值为当年日期，1 号。为防止实际数值与对应星期
的默认标志数值之间的差别，产生理解偏差，本例中使用 switch 匹配具体代表星期的标志常
量，同时输出标志常量代表的星期数值。

5.4 包装类

Java 语言是一个面向对象的语言，但是其基本数据类型却不是面向对象的，在实际使用中
经常将基本数据类型转换成对象，便于操作。包装类和基本数据类型的关系如表 5-8 所示。

表 5-8 包装类和基本数据类型的关系

基本类型	包装类	基本类型	包装类
byte	Byte	float	Float
int	Integer	double	Double
short	Short	boolean	Boolean
long	Long	char	Character

包装类的转换主要是两种方法，一种是本类型和其他类型之间进行转换，另一种是字符串
和本类型以及基本类型之间进行转换，如表 5-9 所示。

表 5-9　包装类的常用方法

类型	方法及描述	说明
byte	byteValue()	以 byte 形式返回指定的数值
static double	doubleValue()	以 double 形式返回指定的数值
static float	floatValue()	以 float 形式返回指定的数值
static int	intValue()	以 int 形式返回指定的数值
static long	longValue()	以 long 形式返回指定的数值
static int	parseInt(String s)	将字符串转成数值类型
String	toString()	转为字符串类型
static Integer	valueOf(String s)	将字符串转换为 Integer 类型

表 5-9 中，前 5 种方法是本类型和其他类型之间的转换（见表 5-10），后 3 种方法是字符串和本类型以及基本类型之间的转换。

表 5-10　本类型和其他类型之间的转换

Double d = new Double(5); Byte d1 = d.byteValue(); System.out.println(d1);	Double d = new Double(5); Byte d1 = d.byteValue(); System.out.println(d1);

表 5-10 中的两种写法都可以实现本类型和其他类型之间的转换，这是因为 JDK1.5 引入了自动装箱和拆箱的机制。下面我们一起来学习一下自动装箱和自动拆箱的概念。

装箱就是把基本类型用它们相对应的引用类型包起来，使它们可以具有对象的特质，如可以把 int 类型包装成 Integer 类的对象，或者把 double 类型包装成 Double 类等；拆箱与装箱相反，即将 Integer 及 Double 等引用类型的对象重新简化为值类型的数据。

自动装箱的过程：每当需要一种类型的对象时，这种基本类型就自动封装到与其相同类型的包装中。

自动拆箱的过程：每当需要一个值时，被装箱对象中的值就被自动提取出来，没有必要再去调用 intValue() 或 doubleValue() 方法，如表 5-11 所示。

表 5-11　装箱与拆箱

int i=10;
Integer j = new Integer(i); // 手动装箱
int h = j.intValue();　　 // 手动拆箱
	int i=5;
	Integer cj = i; // 自动装箱
	int k = cj;　 // 自动拆箱

基本类型转换成字符串类型有以下 3 种方法。

1）通过包装类 Integer.toString() 将整型转换为字符串。

2）通过 Integer.parseInt() 将字符串转换为 int 类型。

3）通过 valueOf() 方法把字符串转换为包装类后自动拆箱。

【例 5-11】源程序名为 ch5_11.java，包装类常用的方法，参看视频。

```
1    public class ch5_11 {
2        public static void main(String[] args) {
3            Integer i1=new Integer(123);
4            Integer i2 = new Integer("123");
5            System.out.println("i1=i2:"+(i1==i2));//false
```

视频例 5-11

```
 6              System.out.println("i1.equals(i2):"+i1.equals(i2));
 7              System.out.println(i2);
 8              System.out.println(i2.toString());//说明重写了 toString() 方法
 9              Integer i3=new Integer(128);
10              System.out.println(i1.compareTo(i3));//-1
11              System.out.println(i1.compareTo(i2));//0
12              System.out.println(i3.compareTo(i2));//1
13              System.out.println(Integer.max(10, 20));// 返回最大值
14              Integer i4=new Integer("345");
15              //(1)Integer-->String
16              String ss=i4.toString();
17              System.out.println(ss);
18          }
19      }
```

```
i1=i2:false          i1=i2:false
i1.equals(i2):true   i1.equals(i2):true
123                  123
123                  123
-1                   -1
0                    0
1                    1
20                   345
345
```

图 5-12 例 5-11 运行结果

【运行结果】

运行结果如图 5-12 所示。

【程序分析】

第 3 和 4 句：因为 IntegerCache 中已经存在此对象，直接返回引用，引用相等并且都指向缓存中的数据，所以这时 i1 == i2，返回 true。

如果 i1、i2 的值大于 127，不在 [-128, 127] 范围内，则 Java 虚拟机会在堆中重新构造一个 Integer 对象来存放，i1 和 i2 分别对应堆中的两个不同的对象，因此 i1 == i2 就会返回 false。

第 10 ～ 12 句：Integer 的比较数值大小的方法。

5.5 Scanner 类

Scanner 类用来获取用户在控制台输入的字符串，也可以获取一个文件中的字符串。Scanner 类属于 Java 的输入流部分概念，读者可以在学习完 Java 输入输出流之后再深入地对 Scanner 类进行理解。

5.5.1 Scanner 类的构造方法

Scanner 类提供了多个构造器，不同的构造器可以接收文件、字符串和输入流作为数据源，用于从文件、字符串和输入流中解析数据。

1. Scanner(File source)

本方法用于构造一个 Scanner 实例对象，用于从一个指定的文件中读取并解析字符串。其中，参数 File 是 Java 中对文件的抽象。将本地一个文件与一个 File 对象关联的方法很简单，直接使用 new File("path") 即可。

```
Scanner sc = new Scanner(new File("D:/test.txt"));
```

2. Scanner(InputStream source)

本方法用于构造一个 Scanner 实例对象，其中参数 InputStream 是一个字节输入流对象。回顾 5.2 节介绍的 System 类的常量 in，标准输入流就是 InputStream 类型的，如果使用该流为参数，则创建的 Scanner 对象将从键盘获取数据。

```
Scanner sc = new Scanner(System.in);
```

5.5.2　Scanner 类的常用方法

下面演示一个最简单的数据输入，并通过 Scanner 类的 next() 或者 nextLine() 方法获取输入的字符串，使用 hasNext() 判断是否还有输入的数据。其中 next() 方法以空白符为结束标志，nextLine() 以换行符为结束标志。

【例 5-12】源程序名为 ch5_12.java，Scanner 从键盘获取数据示例，参看视频。

视频例 5-12

```
1    import java.util.Scanner;
2    public class ch5_12 {
3        public static void main(String[] args) {
4            Scanner scan = new Scanner(System.in);// 从键盘接收数据
5            System.out.println("next 方式接收：");
6            if (scan.hasNext()) {// 判断是否还有输入
7                String str1 = scan.next();
8                System.out.println(" 输入的数据为：" + str1);
9            }
10           scan.close();
11       }
12   }
```

```
next方式接收：
hello world
输入的数据为：hello
```

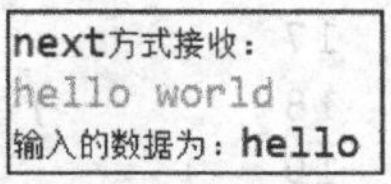

图 5-13　例 5-12 运行结果

【运行结果】

运行结果如图 5-13 所示。

【程序分析】

由例 5-12 可以看出，从键盘输入了 hello world，但是最终接收的结果是 hello。这是因为 next() 方法是以空白符（空格、制表符、回车）为分隔进行数据获取的，遇到空格时就认为当前数据获取结束。

Scanner 除了能够从控制台获取字符串类型的数据外，还可以获取其他类型的数据。主要依靠 Scanner 提供的 nextXxx() 方法获取下一个输入项，其中 Xxx 可以是 Int、Long 等代表基本数据类型的字符串，如表 5-12 所示。

表 5-12　Scanner 常用获取数据的方法

方法签名	方法说明
public void close()	关闭 Scanner
public boolean hasNext()	如果 Scanner 还有更多数据读取，则返回 true
public String next()	从该 Scanner 中读取下一个标记作为字符串返回
public String nextLine()	从该 Scanner 中读取一行，以换行结束
public byte nextByte()	从该 Scanner 中读取下一个标记作为 byte 值返回
public short nextShort()	从该 Scanner 中读取下一个标记作为 short 值返回
public int nextInt()	从该 Scanner 中读取下一个标记作为 int 值返回
public long nextLong()	从该 Scanner 中读取下一个标记作为 long 值返回
public float nextFloat()	从该 Scanner 中读取下一个标记作为 float 值返回
public double nextDouble()	从该 Scanner 中读取下一个标记作为 double 值返回
public Scanner useDelimiter(String pattern)	设置该 Scanner 的分割符，并且返回该 Scanner

【例 5-13】源程序名为 ch5_13.java，通过键盘获取不同类型的数据，参看视频。

视频例 5-13

```
1    import java.util.Arrays;
2    import java.util.Scanner;
3    public class ch5_13 {
4        public static void main(String[] args) {
5            Scanner sc = new Scanner(System.in);
6            int[] arrayInt = new int[5];
7            double[] arrayDouble = new double[5];
8            System.out.println(" 请输入：");
9            for(int i=0;i<arrayInt.length;i++){
10               arrayInt[i] = sc.nextInt();
11           }
12           for(int i=0;i<arrayDouble.length;i++){
13               arrayDouble[i] = sc.nextDouble();
14           }
15           System.out.println(" 输入完毕的两个数组分别是：");
16           System.out.println("arrayInt="+Arrays.toString(arrayInt));
17           ystem.out.println("arrayDouble="+Arrays.toString(arrayDouble));
18       }
19   }
```

【运行结果】

运行结果如图 5-14 所示。

【程序分析】

例 5-13 代码中，第 2 行用来加载 Scanner 类，第
5 行创建从键盘获取数据的 Scanner 实例对象。通过该
对象从键盘上获取 5 个 int 数据、5 个 double 数据，分别对应第 10 行和第 13 行代码。在进行
数据输入时，在控制台上可以以空格为分隔符区分不同数据，也可以使用换行作为分隔符。

```
请输入：
1 2 3 4 5
1.0 2.0 3.0 4.0 5.0
输入完毕的两个数组分别是：
arrayInt=[1, 2, 3, 4, 5]
arrayDouble=[1.0, 2.0, 3.0, 4.0, 5.0]
```

图 5-14　例 5-13 运行结果

5.6　Format 类及其子类

Format 类用来将 Java 中的对象处理成指定格式的字符串。Format 类被封装在 JDK 的 java.
text 包中，全称为 java.text.Format。

Format 类是一个抽象类，如图 5-15
所示，其含有 MessageFormat、DateFormat、
NumberFormat 3 个直接子类。本节主
要 介 绍 DateFormat 和 NumberFormat
两个常用类。

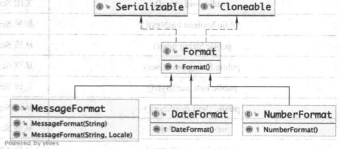

图 5-15　Format 类

5.6.1　DateFormat

默 认 的 java.util.Date 的 toString()
方法对于日期的输出格式与我们日常
使用的日期格式差别较大，如图 5-8 所示。在实际开发过程中，经常需要按照指定的时间格式
输出日期。Java 通过类 java.text.DateFormat 封装了对日期进行格式化操作的方法，如表 5-13

所示。

在创建 DateFormat 对象时不能使用 new 关键字，而应该使用 DateFormat 类中的 getDateInstance() 等静态方法。

表 5-13　DateFormat 类的常用方法

方法签名	方法说明
public String format(Date date)	将一个 Date 格式化为日期 / 时间字符串
public Calendar getCalendar()	获得与此日期 / 时间格式关联的日历
public static DateFormat getDateInstance()	获得日期格式，该格式具有默认格式化风格和默认语言环境的日期格式
public static DateFormat getDateInstance(int style)	获得日期格式，该格式具有指定格式化风格和默认语言环境的日期格式
public static DateFormat getDateInstance(int style, Locale aLocale)	获得日期格式，该格式具有指定格式化风格和指定语言环境的日期格式
public static DateFormat getDateTimeInstance()	获得日期格式，该格式具有默认格式化风格和默认语言环境的日期 / 时间格式
public static DateFormat getDateTimeInstance(int dateStyle, int timeStyle)	获得日期格式，该格式具有默认语言环境的给定日期和时间的格式化风格
public static DateFormat getInstance()	获得为日期和时间使用 short 风格的默认日期 / 时间格式
public NumberFormat getNumberFormat()	获得此日期 / 时间格式用于格式化和分析时间的数字
public static DateFormat getTimeInstance()	获得时间格式，该格式具有默认语言环境的默认格式化风格
public static DateFormat getTimeInstance(int style)	获得时间格式，该格式具有默认语言环境的给定格式化风格
public static DateFormat getTimeInstance(int style, Locale aLocale)	获得时间格式，该格式具有给定语言环境的给定格式化风格
public TimeZone getTimeZone(String pattern)	获得时区
public Date parse(String source)	将给定的字符串解析成日期 / 时间
public void setCalender(Calendar newCalendar)	设置此日期格式使用的日历
public void setNumberFormat(NumberFormat newNumberFormat)	允许用户设置数字格式
public void setTimeZone(TimeZone zone)	指定 DateFormat 对象设置日历时区

【例 5-14】源程序名为 ch5_14.java，DateFormat 提供的多种日期格式展示。

```
1    public class ch5_14 {
2        public static void main(String[] args) {
3            // 获取不同格式化风格和中国环境的日期
4            DateFormat df1 = DateFormat.getDateInstance(DateFormat.SHORT,
     Locale.CHINA);
5            DateFormat df2 = DateFormat.getDateInstance(DateFormat.FULL,
     Locale.CHINA);
6            DateFormat df3 = DateFormat.getDateInstance(
7                             DateFormat.MEDIUM, Locale.CHINA);
8            DateFormat df4 = DateFormat.getDateInstance(DateFormat.LONG,
```

```
                    Locale.CHINA);
 9                  // 获取不同格式化风格和中国环境的时间
10                  DateFormat df5=DateFormat.getTimeInstance(DateFormat.SHORT,
                    Locale.CHINA);
11                  DateFormat df6 = DateFormat.getTimeInstance(DateFormat.FULL,
                    Locale.CHINA);
12                  DateFormat df7 = DateFormat.getTimeInstance(
13                                        DateFormat.MEDIUM, Locale.CHINA);
14                  DateFormat df8 = DateFormat.getTimeInstance(DateFormat.LONG,
                    Locale.CHINA);
15                  // 将不同格式化风格的日期格式化为日期字符串
16                  String date1 = df1.format(new Date());
17                  String date2 = df2.format(new Date());
18                  String date3 = df3.format(new Date());
19                  String date4 = df4.format(new Date());
20                  // 将不同格式化风格的时间格式化为时间字符串
21                  String time1 = df5.format(new Date());
22                  String time2 = df6.format(new Date());
23                  String time3 = df7.format(new Date());
24                  String time4 = df8.format(new Date());
25                  // 输出日期
26                  System.out.println("SHORT: " + date1 + " " + time1);
27                  System.out.println("FULL: " + date2 + " " + time2);
28                  System.out.println("MEDIUM: " + date3 + " " + time3);
29                  System.out.println("LONG: " + date4 + " " + time4);
30              }
31      }
```

【运行结果】

运行结果如图 5-16 所示。

【程序分析】

```
SHORT: 21-2-21 下午12:26
FULL: 2021年2月21日 星期日 下午12时26分51秒 CST
MEDIUM: 2021-2-21 12:26:51
LONG: 2021年2月21日 下午12时26分51秒
```

图 5-16 例 5-14 运行结果

DateFormat 的作用是格式化 Date，其支持的格式化风格包括 FULL、LONG、MEDIUM 和 SHORT 共 4 种。

1) DateFormat.SHORT：完全为数字，如 12.13.52 或 3:30pm。

2) DateFormat.MEDIUM：较长，如 Jan 12, 1952。

3) DateFormat.LONG：更长，如 January 12, 1952 或 3:30:32pm。

4) DateFormat.FULL：完全指定，如 Tuesday、April 12、1952 AD 或 3:30:42pm PST。

5.6.2 NumberFormat

java.text.NumberFormat 类是 Java 提供的一个格式化数字的类，可以将一串数字转换成自己想要的数据格式，也可以将字符串转化成数值。

NumberFormat 是一个抽象基类，所以无法通过构造方法进行构造。但是，NumberFormat 提供了几类方法来获取 NumberFormat 对象，如 getInstance (Locale inLocale) 用于返回指定语言环境的通用数字格式，如表 5-14 所示。

NumberFormat 类包含两个重要的方法，即 format() 和 parse()。其中，format() 方法负责将数字转换成字符串，parse() 方法负责将字符串转换成数字。

表 5-14　NumberFormat 类的常用方法

方法签名	方法说明
public static NumberFormat getInstance()	返回当前默认语言环境的通用数值格式
public static NumberFormat getInstance(Locale aLocale)	返回当前指定语言环境的通用数值格式
public static NumberFormat getCurrencyInstance()	返回当前默认语言环境的货币格式
public static NumberFormat getCurrencyInstance(Locale aLocale)	返回指定语言环境的货币格式
public static NumberFormat getIntegerInstance()	返回当前默认语言环境的整数格式
public static NumberFormat getIntegerInstance(Locale aLocale)	返回指定语言环境的整数格式
public static NumberFormat getPercentInstance()	返回当前默认语言环境的百分比格式
public static NumberFormat getPercentInstance(Locale aLocale)	返回指定语言环境的百分比格式
public void setCurrency(Currency currency)	设置格式化货币值时此数值格式使用的货币
public Number parse(String source)	解析给定的字符串，返回一个数值

【例 5-15】源程序名为 ch5_15.java，用 NumberFormat 类进行不同国家的数字格式化。

```
1    import java.text.NumberFormat;
2    import java.util.Locale;
3    public class ch5-15 {
4      public static void main(String[] args) {
5      double db = 12345.23499004;// 需要被格式化的数字
6      // 创建 4 个 Locale，分别代表中国、日本、美国和德国
7      Locale[] locales = new Locale[]{
8        Locale.CHINA, Locale.JAPAN, Locale.US, Locale.GERMAN};
9        NumberFormat[] nf = new NumberFormat[12];
10       // 每个 Locale 分别有通用数值格式器、百分格式器和货币格式器
11       for(int i=0; i<4; i++) {
12               nf[i*3] = NumberFormat.getNumberInstance(locales[i]);
13               nf[i*3+1]=NumberFormat.getPercentInstance(locales[i]);
14               nf[i*3+2]=NumberFormat.getCurrencyInstance(locales[i]);
15          }
16       for(int i=0; i<locales.length; i++) {
17               String tip = i == 0?"____ 中国格式 ____":
18                       i==1?"____ 日本格式 ____":
19                       i==2?"____ 德国格式 ____":"____ 美国格式 ____";
20               System.out.println(tip);
21               System.out.println(" 通用数值格式："+nf[i*3].format(db));
22               System.out.println(" 百分比数值格式："+nf[i*3+1].format(db));
23               System.out.println(" 货币数值格式："+nf[i*3+2].format(db));
24      }
25    }
26  }
```

【运行结果】

运行结果如图 5-17 所示。

【程序分析】

由运行结果可以看出不同国家的不同数值展示形式不同，如果在开发过程中需要进行规范化，应注意使用数字格式化类，将数字进行标准化。

5.7 项目案例——学生成绩管理

【例 5-16】源程序名为 ch5_16.java，学生成绩管理系统设计的目标是对已经存在的学生成绩进行查询和统计。如图 5-18 所示，查询功能包括按学号查询某个学生的成绩以及按指定条件（专业、年级、班级）查询一组学生成绩，统计功能包括按条件统计平均分和最高分，参看视频。

图 5-19 ～图 5-21 所示为二级菜单设计，用户首先选择"查询学生成绩"或者"学生成绩管理"，系统根据所选项，给出具体的二级菜单选项。

```
____中国格式____
通用数值格式：12,345.235
百分比数值格式：1,234,523%
货币数值格式：￥12,345.23
____日本格式____
通用数值格式：12,345.235
百分比数值格式：1,234,523%
货币数值格式：￥12,345
____德国格式____
通用数值格式：12.345,235
百分比数值格式：1.234.523%
货币数值格式：$12,345.23
____美国格式____
通用数值格式：12,345.235
百分比数值格式：1,234.523%
货币数值格式：¤ 12.345,23
```

图 5-17 例 5-15 运行结果

视频例 5-16（1）

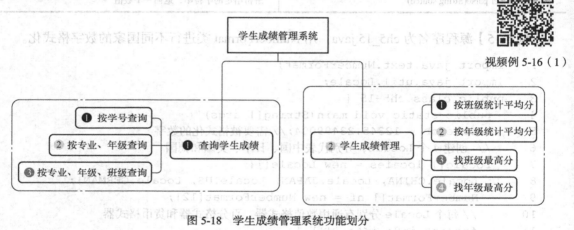

图 5-18 学生成绩管理系统功能划分

图 5-19 按学号查询学生成绩信息

图 5-20 选择查询方案

图 5-21 设置查询参数

其中，学生成绩管理系统中学生的学号编码方式设定为 10 位，如 2018000101，学号中共包含 4 个信息，分别是入学年份、专业代码、班级代码和班级序号，如图 5-22 所示。

系统将专业、年级、班级、课程信息设置为常量，并封装于接口 DO.FinalDatas 中。系统包括 4 个专业的学生成绩，分别为软件工程、电子信息技术、计算机科学与技术和数据科学与大数据技术，存储于一维数组 String[] majors 中。每个专业含有 4 个年级，每个年级含有的班级数量存储于二维数组 int[][] clazzs 中，clazzs[i][0] 代表 majors[i] 专业 1 年级含有的班级数量。一维数组 String[] courseList 中存储系统中管理的课程名称列表。其对应的源文件为 DO/FinalDatas .java，代码详情如下。

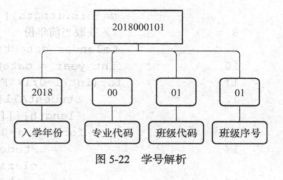

图 5-22 学号解析

```java
public interface FinalDatas {
    String[] majors = {"软件工程", "电子信息技术", "计算机科学与技术"
    ,"数据科学与大数据技术"};// 专业名称列表
    String[] courseList={"高等数学","大学英语","体育"};// 课程名称列表
    // 对应上述专业列表，每一行代表一个专业的年级对应的班级数量
    int[][] clazzs = {
            {10,8,7,8},
            {5,5,8,8},
            {6,8,6,8},
            {4,7,8,6},
            {2,4,2,2}
    };
}
```

系统管理的学生数据通过随机函数生成，学生信息包括学生学号、姓名、成绩列表和所在部门（专业、年级、班级）。其中，所在部门信息被封装于类 Clazz 中，连同学生的其他信息共同被封装于类 Student 中，如图 5-23 所示。

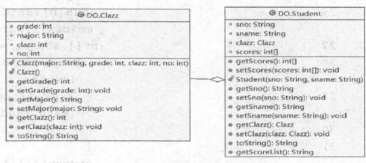

图 5-23 Student 类图

源文件 service/DataInitialize.java 中定义了初始化学生数据的类 DataInitialize，使用静态四维数组 Student[][][][] studentAll 存储随机生成的学生数据。studentAll[i] 是一个含有 4 个元素的三维数组，代表专业 FinalDatas.majors[i] 的 4 个年级的学生数据，studentAll[i][j] 即为专业 FinalDatas.majors[i] 的第 j 个年级的学生名单。studentAll[i][j] 为一个二维数组，专业 FinalDatas.majors[i] 的第 j 个年级共有 FinalDatas.clazzs[i][j] 个班级。studentAll[i][j][k] 为 Student[] 类型的一维数组，存储该班的所有学生的信息。

```java
1    public class DataInitialize {
2        private static Student[][][][] studentAll;
3        static{
4            studentAll=initializeAllStudent();
5        }
6        private static Student[][][][] initializeAllStudent(){
7            Student[][][][] studentAll=new Student[FinalDatas.
```

视频例 5-16（2）

```
                         majors.length][][][];
8                        // 获取当前年份
9                        Calendar dateUtil = Calendar.getInstance();
10                       int year = dateUtil.get(Calendar.YEAR);
11                   for(int i=0;i< FinalDatas.majors.length;i++){
12                       studentAll[i] = new Student[FinalDatas.clazzs[i].
                             length][][];
13                       for(int j=0;j<FinalDatas.clazzs[i].length;j++){
14                           studentAll[i][j] = new Student[FinalDatas.
                                 clazzs[i][j]][];
15                           for(int k=0;k<FinalDatas.clazzs[i][j];k++){
16                           // 当前班级为 FinalDatas.majors[i] 专业的 j+1 年级
                            // 的 k 班的学生
17                           // 获得一个班级的随机人数，在 5～15 人
18                           int number = 5+((int)(Math.random()*10));
19                           DecimalFormat df=new DecimalFormat("00");
20                           Student[] stus = new Student[number];
21                           for(int n = 0;n<stus.length;n++){
22                             int grade =year-j-1;
23                             String sno=grade+df.format(i)+df.format(k)+
                                 df.format(n);
24                             String sname=" 学生 "+n;
25                             stus[n] = new Student(sno,sname);
26                             stus[n].setClazz(new Clazz(FinalDatas.
                                 majors[i],grade,k,n));
27                             int[] scores = stus[n].getScores();
28                               for(int  scoreId=0;scoreId<scores.
                                   length;scoreId++){
29                               scores[scoreId]=30Math.round((float)
                                   (Math.random()*100));
30                               }
31                             }
32                             studentAll[i][j][k] = stus;
33                         }
34                     }
35                 }
36                 return studentAll;
37             }
```

数据生成代码中，使用日历类 Calendar 获取当前年级的入学年份，通过数学函数 Math 类的 random() 方法生成班级人数，按顺序为学生生成学号，通过数字格式化类 DecimalFormat 为专业代码、年级代码、班级代码和序号设置 2 个占位符，代码为个位数时，使用 0 进行补全。最后，代码通过数学函数类的 random() 方法和 round(float) 方法为学生生成了随机成绩单。

如图 5-24 所示，系统设计并实现了 StudentDAO 接口，作为数据访问层，通过对类 DO.DataInitialize 中的静态变量 studentAll 进行处理，提供基本的数据查询功能。通过类 StudentService 接收查询参数，如专业代码、年级代码、班级代码等；通过 StudentDAO 接口返回查询结果，并显示在控制台中。

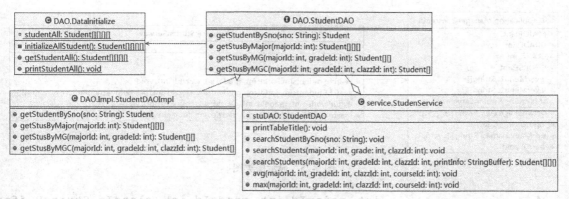

图 5-24　数据处理层类图

StudentDAOImpl 类实现了接口 StudentDAO，提供从随机数据中查询结果的功能。其中，方法 Student getStudentBySno(String sno) 在实现时，通过对参数 sno 的解析获取当前学生所属的专业、年级、班级，并直接定位其在数据源的坐标位置，即可通过一次运算，直接定位目标结果所在坐标。

视频例 5-16（3）

```
1    public class StudentDAOImpl implements StudentDAO {
2        @Override
3        public Student getStudentBySno(String sno) {
4            Student[][][][] stus = DataInitialize.getStudentAll();
5            int grade = (Calendar.getInstance().get(Calendar.YEAR))
6                                -Integer.valueOf(sno.substring(0,4));
7            int major = Integer.valueOf(sno.substring(4,6));
8            int clazz = Integer.valueOf(sno.substring(6,8));
9            int no = Integer.valueOf(sno.substring(8));
10           return stus[major][grade-1][clazz][no];
11       }
12   // 其他方法略
13   }
```

如第 5 行代码所示，首先通过 Calendar.getInstance().get（Calendar.YEAR）获得当前所处的年份，再通过第 6 行代码对学生的学号进行分解，取出学号的前 4 位，获得学生的入学年份，用当前年份减去入学年份，从而获得该学生所在的年级，定位三维数组的第一个下标位置。再获取学号中的 5 和 6 位数字并转换成整数，为学生专业编号，即第二个下标位置，详见第 7 行代码。同理，第 8 和 9 行代码分别获取班级号和班级序号，以此获取学生在四维数组中的位置。

StudentService 类属于业务类，接收显示层 ManagerConsoleUI 类传递来的用户参数信息（见图 5-25），通过对参数进行处理，使其符合 StudentDAO 的参数要求，对查询结果进行封装处理，返回给显示层类 ManagerConsoleUI 直接展示。与当前系统功能对应，StudentService 类中包含两类方法，一类方法为查询方法，另一类方法为统计方法。

1）查询方法以 searchStudents() 方法为例，该方法被定义为重载方法。

```
1    public class StudenService {
2        private StudentDAO stuDAO = new StudentDAOImpl();
3        public Student[][][] searchStudents(
```

视频例 5-16（4）

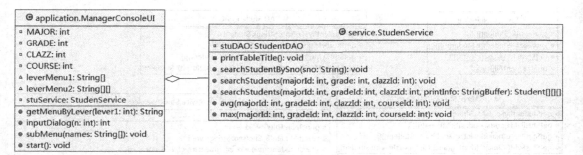

图 5-25 显示层类图

```
4                   int majorId,int gradeId,int clazzId,StringBuffer
                    printInfo){
5                printInfo.append(FinalDatas.majors[majorId]+" 专业 ");
6                Student[][][] result = stuDAO.getStusByMajor(majorId);
7                if(gradeId>=0){
8                    printInfo.append(gradeId+" 级 ");
9                    gradeId=Calendar.getInstance().get(Calendar.YEAR)-
                     gradeId-1;
10                   result = new Student[1][][];
11                   result[0] = stuDAO.getStusByMG(majorId,gradeId);
12                   if(clazzId>=0){
13                       printInfo.append(clazzId+" 班 ");
14                       result = new Student[1][1][];
15                       result[0][0]=stuDAO.getSusByMGC(majorId,
                         gradeId, clazzId);
16                   }
17               }
18               return result;
19           }
20           // 其他方法略
21       }
```

2）统计方法以根据查询条件获得某组学生的某门课程的最高分为例，该方法允许传递 4 个查询条件，分别是专业代码、年级代码、班级代码和班级序号。

```
1    public class StudenService {
2        private StudentDAO stuDAO = new StudentDAOImpl();
3        /**
4         * 获取符合查询条件的一组学生的某门课程的最高分
5         * @param majorId
6         * @param gradeId
7         * @param clazzId
8         * @param courseId
9         */
10       public void max(int majorId,int gradeId,int clazzId,int courseId){
11       StringBuffer printInfo = new StringBuffer();
12       Student[][][] result = searchStudentsByCondition
             (majorId,gradeId,clazzId,printInfo);
```

```
13          int max = 0;
14          int count = 0;
15          for(int i=0;i<result.length;i++){
16              for(int j=0;j<result[i].length;j++){
17                  for(int k=0;k<result[i][j].length;k++){
18                      count++;
19                      max = Math.max
                            (max,result[i][j][k].getScores()[courseId]);
20                  }
21              }
22          }
23          printInfo.append("\t 人数: "+count);
24          printInfo.append("\n"+FinalDatas.courseList[courseId]+" 课程");
25          printInfo.append(" 最高分: "+(max));
26          System.out.println(printInfo);
27      }
28      // 其他方法略
29  }
```

5.8 寻根求源

视频寻根求源

1. 为什么有些类不能 new

在面向对象的内容中，可以通过 new 关键字创建一个类的实例对象。但是，当尝试这样使用 Math 类时是错误的：

```
Math m = new Math();
```

查看错误提示信息，如图 5-26 所示，并查阅 Math 的源码，发现其构造方法使用的是访问修饰符 private，为私有化修饰：

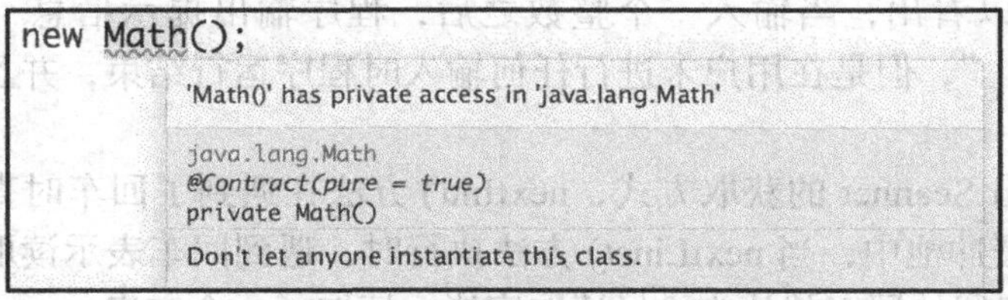

```
new Math();
          'Math()' has private access in 'java.lang.Math'

          java.lang.Math
          @Contract(pure = true)
          private Math()
          Don't let anyone instantiate this class.
```

图 5-26 new Math 的错误提示信息

```
private Math() {}
```

私有化构造方法对外不能访问，所以无法创建对象。其主要原因是 Math 提供的可访问方法都是 static 静态化方法，对于任何对象都是同样的，所以无须创建 Math 实例。

同理，System 类也不支持 new 关键字创建实例对象，其构造方法也是私有的，如图 5-27 所示。

```
public final class System {
    /*...*/
    private static native void registerNatives();
    static {...}

    Don't let anyone instantiate this class
    private System() {
    }
```

图 5-27　System 类源码片段

2. 为什么获取不到从键盘输入的字符串

阅读下面一段代码，其主要作用是通过键盘获取一个整数后，再获取一个字符串。当输入完一个整数后，按 Enter 键，代表整数输入完毕。

```
1    public class ch5_16 {
2    public static void main(String[] args) {
3         Scanner sc= new Scanner(System.in);
4         System.out.println("请输入一个整数：");
5         int number = sc.nextInt();
6         //sc.nextLine();
7         System.out.println("请输入一个字符串：");
8         String str = sc.nextLine();
9         System.out.println("整数是：" + number);
10        System.out.println("字符串是：" + str);
11        }
12   }
```

【运行结果】

运行结果（一）如图 5-28 所示。

```
请输入一个整数：
65
请输入一个字符串：
整数是：65
字符串是：
```

图 5-28　运行结果（一）

【程序分析】

从运行结果可以看出，当输入一个整数之后，程序输出提示信息“请输入一个字符串：”，但是在用户未进行任何输入时程序运行结束，并且获取的字符串是空白的。

该问题主要出自 Scanner 的获取方式，nextInt() 方法在遇到了回车时直接跳过回车，读取了整数，回车还在缓冲池中，当 nextLine() 方法执行时，遇到回车表示读取结果，所以在遇到第一个整数结果后遗留的回车就认为已经读取完毕，读取了一个空串。

由上述运行结果可以看出，因为空串问题无法在正确的位置上输入信息。所以，如果一定需要使用回车分隔多个数据，则可以在数字输入完毕后，一并将其后的回车读取，即在第 5 行代码后加一句“sc.nextLine();”。

【运行结果】

运行结果（二）如图 5-29 所示。

```
请输入一个整数：
65
请输入一个字符串：
A
整数是：65
字符串是：A
```

图 5-29　运行结果（二）

【程序分析】

第 5 行代码在获取一个整数之后，第 6 行代码读取一个回车符号，因此在第 8 行获取字符串数据时即可获取最新输入的字符串。

3. 出现乱码

从 Main.java 开始运行，出现图 5-30 所示乱码。

分析原因：GBK 编码的原因。

解决问题：打开 Eclipse 的【Properties】配置对话框，如图 5-31 所示。找到【Resource】选项，在【Text file encoding】的设置中，选择与导入的文件一致的编码项，本

图 5-30　乱码

章的源代码设置为"UTF-8"编码。所以，将 Eclipse 对应的编码设置选项设置为"UTF-8"即可。

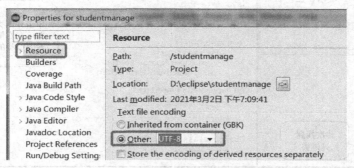

图 5-31　【Properties】配置对话框

5.9　拓展思维

在 JDK 的开发包中出现的所有类都可以称为常用类。本章主要介绍了常用类如何学习，在今后的学习和工作中，要多去互联网查询相关知识。对于自己当前需要用到的一些功能，都可以在互联网中查询 JDK 是否提供了相关的工具。常用类都被封装在 JDK 的开发包中，称为 Java SE API，相关开发文档可以在 Oracle（https://www.oracle.com/cn/java/technologies/java-se-api-doc.html）官网进行查询，如图 5-32 所示。

图 5-32　Java SE API 访问页面

下面介绍在 5.6 节案例中使用了，却没有介绍的两个常用类 DecimalFormat 和 SimpleDateFormat，并通过 Java API 学习其使用方式。

1. DecimalFormat

DecimalFormat 是 NumberFormat 类的子类，主要作用是格式化数字。当然，在格式化数

字时要比直接使用 NumberFormat 更加方便，因为可以直接指定按用户自定义方式进行格式化操作。如图 5-33 所示，DecimalFormat 继承自 NumberFormat，其能够用最快的速度将数字格式化为用户需要的形式。

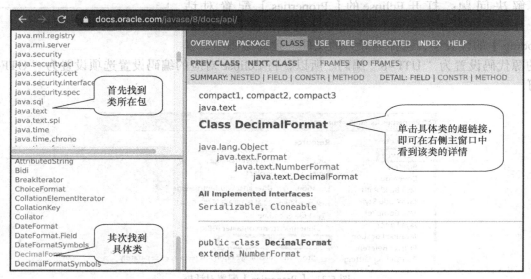

图 5-33　DecimalFormat API

【例 5-17】源程序名为 ch5_17.java，DecimalFormat 使用示例。

```
1       import java.text.DecimalFormat;
2       public class ch5_17{
3           public static void main(String[]args){
4               double pi = 3.1415927;    //圆周率
5               // 取一位整数
6               System.out.println(new DecimalFormat("0").format(pi));    //3
7               // 取一位整数和两位小数
8               System.out.println(new DecimalFormat("0.00").format(pi));    //3.14
9               // 取 2 位整数和 3 位小数，整数不足部分以 0 填补
10              System.out.println(new DecimalFormat("00.000").format(pi));
                                                                    // 03.142
11              // 取所有整数部分
12              System.out.println(new DecimalFormat("#").format(pi));    //3
13              // 以百分比方式计数，并取两位小数
14              System.out.println(new DecimalFormat("#.##%").format(pi));
                                                                    //314.16%
15              long c =299792458;                                  // 光速
16              // 显示为科学计数法，并取 5 位小数
17              System.out.println(new DecimalFormat("#.#####E0").format(c));
                    //2.99792E8
18              // 显示为 2 位整数的科学计数法，并取 4 位小数
19              System.out.println(new DecimalFormat("00.####E0").format(c));
                                                                    //29.9792E7
20              // 每 3 位以逗号进行分隔
```

```
21    System.out.println(new DecimalFormat(",###").format(c));   //299,792,458
22            // 将格式嵌入文本
23    System.out.println(new DecimalFormat("光速大小为每秒,###米。").format(c));
24        }
25    }
```

【运行结果】

运行结果如图 5-34 所示。

2. SimpleDateFormat

通过对 API 的理解可知，SimpleDateFormat 是一个具体的类，
其继承自 DateFormat，是与语言环境相关的格式化日期和分析日
期的工具类，利用该类可以将日期转换成文
本，或者将文本转换成日期。

在使用 SimpleDateFormat 时需要指定一
个日期的格式 (pattern) 来格式化日期 (Date)。
如例 5-18 所示，创建 SimpleDateFormat 对象
时，需要指定日期的格式模板。通过 format()
方法即可将一个时间格式转换成其他格
式。有关该类常用方法的更多信息，请参见
SimpleDateFormat API，如图 5-35 所示。

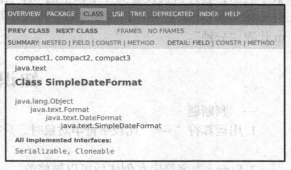

图 5-34 例 5-17 运行结果

图 5-35 SimpleDateFormat API

【例 5-18】源程序名为 ch5_18.java，Simple
DateFormat 使用示例。

```
1    import java.text.SimpleDateFormat;
2    public class ch5_18 {
3        public static void main(String[] args) {
4            SimpleDateFormat aDate=new SimpleDateFormat("yyyy-MM-dd HH:mm:ss");
5            SimpleDateFormat bDate=new SimpleDateFormat("yyyy-MMMM-dddddd");
6            long now=System.currentTimeMillis();
7            System.out.println(aDate.format(now));
8            System.out.println(bDate.format(now));
9            SimpleDateFormat myFmt=new SimpleDateFormat("yyyy年MM月dd日 "+
10                   " HH时mm分ss秒 ");
11           SimpleDateFormat myFmt1=new SimpleDateFormat("yy/MM/dd HH:mm");
12           SimpleDateFormat myFmt2=new SimpleDateFormat("yyyy-MM-dd HH:mm:ss");
13           SimpleDateFormat myFmt3=new SimpleDateFormat("yyyy年MM月dd日 "+
14                   " HH时mm分ss秒 E ");
15           SimpleDateFormat myFmt4=new SimpleDateFormat(" 一年中的第 D 天 "+
16                   " 一年中第 W 个星期 " +
17                   " 一月中第 W 个星期 " +
18                   " 在一天中 k 时 z 时区 ");
19           System.out.println(myFmt.format(now));
20           System.out.println(myFmt1.format(now));
21           System.out.println(myFmt2.format(now));
22           System.out.println(myFmt3.format(now));
23           System.out.println(myFmt4.format(now));
```

```
24        }");System.out.println(....",formatc());  //293,858
25    }
```

【运行结果】

运行结果如图 5-36 所示。

【程序分析】

示例中使用格式化语法符号来表示
年份、月份、日期等内容。代码的第 5

```
2021-02-21  13:04:25
2021-二月-000021
2021年02月21日 13时04分25秒
21/02/21 13:04
2021-02-21  13:04:25
2021年02月21日 13时04分25秒 星期日
一年中的第 52 天 一年中第9个星期 一月中第4个星期 在一天中13时 CST时区
```

图 5-36 例 5-18 运行结果

行，将日期的显示位数设置为 6 位，一般日期是两位，SimpleDateFormat 将会用 0 将不足的位补位，如示例中的"2021-二月-000021"所示。但是月份的不足位不会使用补位的方式，如果代码中将月份格式设置为"MMM"，结果将显示为"2月"的格式，月份直接使用数字表示；若月份被设置为 4 个以上的 M，则会被显示成"二月"，汉字格式。同时，在使用 SimpleDateFormat 过程中还需要注意字母大小写之间代表的含义是不同的，如 M 代表"月份"，m 代表"分钟"。

知识测试

一、判断题

1. 用运算符"=="比较字符串对象时，只要两个字符串包含的是同一个值，结果便为 true。
( )

2. String 类字符串在创建后可以被修改。 ( )

3. replace (String srt1, String srt2) 方法将当前字符串中所有的 srt1 子串换成 srt2 子串。
( )

4. compareTo() 方法在所比较的字符串相等时返回 0。 ( )

5. IndexOf(char ch,-1) 方法返回字符 ch 在字符串中最后一次出现的位置。 ( )

二、单项选择题

1. 下面代码中可以正确获取一个 100 以内的正整数的是 ( )。

A. int number = Math.random(100)　　　　B. int number = (int)Math.random(100)

C. int number = (int)Math.random()*100　　D. int number = (int)(Math.random()*100)

2. 下面代码中可以正确求得 40° 的正弦值的是 ( )。

A. Math.sin(40)　　　　　　　　　　　　B. Math.sin(Math.log(40))

C. Math.sin(Math.toRadians(40))　　　　　D. Math.asin(40)

3. SimpleDateFormat 类所在的包是 ( )。

A. java.util.SimpleDateFormat　　　　　　B. java.text.SimpleDateFormat

C. java.lang.SimpledateFormat　　　　　　D. java.io.SimpleDateFormat

4. 下列关于 System 类中 getProperties() 方法的描述中，正确的是 ( )。

A. getProperties() 方法用于获取当前操作系统的属性

B. getProperties() 方法只能获取当前 Java 虚拟机的属性

C. getProperties() 方法只能获取指定的系统属性名对应的系统属性

D. getProperties() 方法用于获取当前程序对应的属性

5. 下列关于 Date 类的描述中，错误的是 ( )。

A. Date 类获取的时间以 1970 年 1 月 1 日 0 时 0 分 0 秒开始计时

B. 在 JDK 1.1 之后，Date 类逐渐被 Calendar 类取代

C. Date 类中大部分构造方法都被声明为已过时

D. Date 类位于 java.lang 包中

6. 下列关于 DateFormat 中 parse(String source) 方法的说明中，错误的是（　　）。

A. 能够将一个字符串解析成一个 Date 对象

B. 要求字符串必须符合日期 / 时间格式要求

C. 返回值是字符串类型的日期

D. 执行该方法需要处理 ParseException 异常

7. 在进行日期格式化时，代表月份的字母是（　　）。

A. S 　　　　　　　　B. m 　　　　　　　　C. M 　　　　　　　　D. Y

8. Scanner 的以下方法中，（　　）不能以空格为分隔符。

A. next() 　　　　　B. nextLine() 　　　　C. nextInt() 　　　　D. nextDouble()

9. 下面可以实现数组 srcData 复制到数组 descData 的选项是（　　）。

```
int[] srcData = new int[10];
int[] descData = new int[srcData.length];
```

A. System.arraycopy(srcData,0,descData,0,srcData.length);

B. System.arraycopy(srcData,0,descData,descData.length,srcData.length);

C. System.arraycopy(descData,0,srcData,0,srcData.length);

D. System.arraycopy(0,descData,0,srcData,srcData.length);

10. 下列（　　）类可以使用 new 关键字创建实例对象。

A. Math 　　　　　　B. System 　　　　　　C. Date 　　　　　　D. Calendar

三、填空题

1. 在程序空白处补充代码。

```
public class Test1 {
    public static void main(String[] args) {
        Scanner sc =_____;
        int number =_____;
    }
}
```

2. 在程序空白处补充代码，程序可以将 time 按照格式 "2021 年 2 月 20 日" 输出结果。

```
public class Test2 {
    public static void main(String[] args) {
        Date time = new Date();
        SimpleDateFormat sdf =_____;
        System.out.println(_____);
    }
}
```

四、简答题

1. Date 和 Calender 类有什么区别和联系？

2. DateFormart 类有什么作用？用简单代码展示其使用方法。

五、综合应用

1. 分析下面错误的程序，并调试运行，写出运行结果。

```
1   public class a{
2   public static void main(String[]a){
3   int i = Integer . parseInt ( a [ 0 ] );
4   switch (i) {
5     case 1:System.out.println("Frist season"):break;
6     case 2:System.out.println("Second season");
7     case 3:System.out.println("3th season"):break;
8     }
9    }
10  }
```

2. 日期格式转换练习，输入一个 "**月**日****年" 格式的日期，编写程序将其转换为 "****年**月**日" 格式的日期，并输出到控制台中。例如：

请输入日期（格式：** 月 ** 日 **** 年）：

08 月 07 日 2021 年（回车）

转换结果如下：

2021 年 08 月 07 日

提示：使用 String 的方法 indexOf()、lastIndexOf()、substring()。

3. 程序设计题，请实现猜数字游戏，规则如下。

由系统自动给一个随机数字（1 ~ 10），根据提示输入所猜的数字。给出提示如下。

（1）如果猜测比实际数字大，提示 "你猜的数字大于实际数字，请重新猜测"。

（2）如果猜测比实际数字小，提示 "你猜的数字小于实际数字，请重新猜测"。

（3）猜对提示则按以下规则执行。

1）若在 2 次之内就可以猜出数字，程序会显示 "您太棒了 !!!"。

2）若在 4 次之内猜出数字，程序会显示 "恭喜您，猜对了！"。

3）若超过 4 次还未猜出数字，程序会显示 "真可惜，游戏结束"。

第6章

图形用户界面

学习目标

1. 掌握：常用的 GUI 标准组件及图形界面的设计方法。
2. 掌握：Java 的事件处理机制和常用事件响应代码的编写方法。
3. 掌握：布局管理、对话框及菜单的设计方法。

重点

1. 掌握：常用组件和布局管理的使用方法。
2. 掌握：Java 的事件处理。

难点

掌握：图形用户界面中各控件的熟练使用。

图形用户界面（Graphics User Interface，GUI）是为应用程序提供的一个图形化的界面，在此界面上借助于菜单、按钮、标签标识等组件和鼠标，用户和计算机之间可以方便地进行交互。

6.1 Java GUI 概述

Java 语言中提供了专门的类库来生成各种标准图形界面元素和各种处理图形界面的事件，以实现美观的程序界面的设计。

6.1.1 AWT 简介

AWT（Abstract Window Toolkit，抽象窗口工具包）是 API 为 Java 程序提供的建立图形用户界面的工具集。AWT 可用于 Java 的 applet 和 applications 中，支持图形用户界面编程的功能，包括用户界面组件、事件处理模型、图形和图像工具、布局管理器等。

java.awt 包中提供了 GUI 设计所使用的类和接口，提供了基本的 Java 程序的图形用户界面设计的工具。AWT 图形用户界面设计主要类之间的关系如图 6-1 所示。

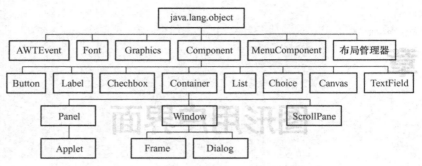

图 6-1   AWT 图形用户界面设计主要类之间的关系

6.1.2   Swing 类

Swing 提供了许多比 AWT 更好的屏幕显示元素，由纯 Java 语言写成，是轻量级组件，其缺点是执行速度较慢，优点是可以在所有平台上采用统一的外观风格。

早期的 AWT 组件开发的图形用户界面要依赖本地系统，当把 AWT 组件开发的应用程序移植到其他平台的系统上运行时，不能保证其外观风格，因此 AWT 是依赖于本地系统平台的。而使用 Swing 开发的 Java 应用程序，其界面是不受本地系统平台限制的，即 Swing 开发的 Java 应用程序移植到其他系统平台上时其界面外观不会改变。但要注意的是，虽然 Swing 提供的组件可以方便地开发 Java 应用程序，但是 Swing 并不能取代 AWT，在开发 Swing 程序时通常要借助于 AWT 的一些对象来共同完成应用程序的设计。

Swing 采用了 MVC（Model-View-Controller，模型 – 视图 – 控制）设计范式，其层次结构如图 6-2 所示。在 Java GUI 工具中，现在一般采用 Swing 组件和部分 AWT 组件来构建图形用户界面。本章将主要介绍 AWT 与 Swing，其他图形界面技术读者可参阅相关资料进行学习。

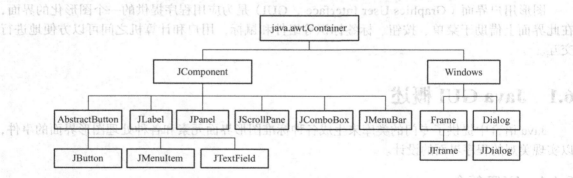

图 6-2   Swing 类的层次结构

6.2   Java 常用容器与组件

6.2.1   Java 常用容器

容器是可以装组件的一个类，它本身也是一个组件。容器分成不同的等级，小的容器（如 Panel）可以放置在一个更大的容器（如 Frame）内。通过容器可以灵活地控制组件的布局。AWT 的常用容器有 Frame、Panel 和 Applet（Applet 就是一个 Panel）、Canvas，而 Swing 常用的容器有 JFrame、JPanel 和 JApplet。

1. 面板

面板类是 Container 类的一个具体的子类，其没有添加任何新的方法，只是简单地实现了 Container 类。一个面板对象可以被看作一个递归嵌套的具体的屏幕组件，它是一个不包含标题栏、菜单栏以及边框的窗口，需要放置在其他容器中使用。

对 JFrame 添加 Panel 有两种常用的方式：

1）getContentPane().add（panel）;

2）setContentPane（panel）。

2. 窗口

窗口类产生一个顶级窗口（Window）。顶级窗口不包含在任何其他对象中，而是直接出现在桌面上。通常不会直接产生 Window 对象，而使用 Window 类的子类 Frame 类。

3. 框架

框架类封装了窗口通常需要的一切组件，它是 Window 类的子类，并且拥有标题栏、菜单栏、边框以及可以调整大小的角。框架是图形用户界面最基本的部分。JFrame 是 java.awt. Frame 的扩展版本，该版本添加了对 JFC/Swing 组件架构的支持。它的常用方法如表 6-1 所示。

表 6-1　JFrame 的常用方法

方法名称	方法说明
JFrame()	构造一个初始时不可见的新窗体
JFrame（GraphicsConfiguration gc）	以屏幕设备的指定 GraphicsConfiguration 和空白标题创建一个 Frame
JFrame（String title）	创建一个新的、初始不可见的、具有指定标题的 Frame
JFrame（String title，GraphicsConfiguration gc）	创建一个具有指定标题和指定屏幕设备的 GraphicsConfiguration 的 JFrame
add（Component comp）	将指定组件追加到此容器的尾部
setContentPane（Container contentPane）	设置 contentPane 属性。此方法由构造方法调用
setJMenuBar（MenuBar mb）	设置 JFrame 的菜单
setTitle（String title）	从 Frame 中继承下来，将 JFrame 的标题设为指定的字符串
setSize（int width，int height）	设置 JFrame 的大小
setLocation（int x，int y）	将组件移到新位置
setDefaultCloseOperation（int operation）	设置用户在此窗体上发起 close 时默认执行的操作，必须指定以下选项之一。 1）DO_NOTHING_ON_CLOSE：不执行任何操作。 2）HIDE_ON_CLOSE：自动隐藏该窗体。 3）DISPOSE_ON_CLOSE：隐藏并释放该窗体。 4）EXIT_ON_CLOSE：使用 System exit 方法退出应用程序。该选项仅在应用程序中使用。 默认情况下，该值被设置为 HIDE_ON_CLOSE

【例 6-1】源程序名为 ch6_1.java，创建一个 JFrame 窗口，参看视频。

```
1 import java.awt.Color;
2 import javax.swing.*;
3 public class ch6_1 {
```

视频例 6-1

```
 4          JFrame f=new JFrame(" 欢迎登录学生管理系统 ");
 5          JPanel p=new JPanel();
 6      public ch6_1(){
 7          p.setBackground(Color.yellow);
 8          f.setContentPane(p);
 9          f.setSize(350,200);
10          f.setLocation(50,50);
11          f.setVisible(true);
12      }
13      public static void main(String args[]){
14          new ch6_1();
15      }
16  }
```

【运行结果】

运行结果如图 6-3 所示。

图 6-3　例 6-1 运行结果

6.2.2　Java 常用组件

Java GUI 支持的控件有标签（JLabel）、按钮（JButton）、复选框、选择列表、列表框、滚动条、文本框（JTextField）等，这些控件都是 Component 类的子类。

1. 标签

标签是用户不能修改只能查看其内容的文本显示区域，起到信息说明的作用。每个标签用一个 JLabel 类的对象表示。JLabel 提供的构造方法如下。

1）JLabel()：创建无图像并且其标题为空字符串的 JLabel。

2）JLabel（Icon image）：创建具有指定图像的 JLabel 实例。

3）JLabel（Icon image，int horizontalAlignment）：创建具有指定图像和水平对齐方式的 JLabel 实例。

4）JLabel（String text）：创建具有指定文本的 JLabel 实例。

5）JLabel（String text，Icon icon，int horizontalAlignment）：创建具有指定文本、图像和水平对齐方式的 JLabel 实例。

6）JLabel（Sting text，int horizontalAlignment）：创建具有指定文本和水平对齐方式的 JLabel 实例。

JLabel 的常用方法如表 6-2 所示。

表 6-2　JLabel 的常用方法

方法名称	方法说明
setIcon（Icon icon）	定义此组件将要显示的图标
setText（String text）	定义此组件将要显示的单行文本
setIconTextGap（int iconTextGap）	定义文本与图标之间的间隔。此属性的默认值为 4 像素
setVerticalAlignment（int alignment）	设置标签内容沿 Y 轴的对齐方式，默认值为 CENTER
setHorizontalAlignment（int alignment）	设置标签内容沿 X 轴的对齐方式

2. 按钮

按钮是图形用户界面中非常重要的一种组件，它一般对应一个事先定义好的功能操作，并对应一段程序。当用户单击按钮时，系统自动执行与该按钮相关联的程序，从而完成预先指定的功能。JButton 提供的构造方法如下。

1）JButton()：创建一个字符串为空的按钮实例。

2）JButton（Icon icon）：创建一个带图标的按钮实例。

3）JButton（String text）：创建一个指定字符串的按钮实例。

4）JButton（String text，Icon icon）：创建一个带图标和字符串的按钮实例。

JButton 的常用方法如表 6-3 所示。

表 6-3 JButton 的常用方法

方法名称	方法说明
setLabel（String label）	将按钮的标签设置为指定的字符串
addActionListener（ActionListener l）	将一个 ActionListener 添加到按钮中，接收按钮的点击事件

3. 文本框与文本区

文本组件（TextComponent）类用于编辑文本的组件，此类包括文本框、密码框（JPasswordField）与多行文本区域（JTextArea）。

（1）JTextField 类 JTextField 类用于编辑单行文本。JTextField 类提供了多种构造方法，用于创建文本框组件的对象。其常见的构造方法如下。

1）JTextField()：构造一个新的 JTextField。

2）JTextField（int columns）：构造一个具有指定列数的新的空 JTextField。

3）JTextField（String text）：构造一个用指定文本初始化的新 JTextField。

4）JTextField（String text，int columns）：构造一个用指定文本和列初始化的新 JTextField。

其中，text 为文本框中的初始字符串，columns 为文本框容纳字符的个数。

JTextField 的常用方法如表 6-4 所示。

表 6-4 JTextField 的常用方法

方法名称	方法说明
setText（String t）	设置文本框中的文本
setHorizontalAlignment（int alignment）	设置文本框的水平对齐方式
setEditable（boolean b）	设置文本框是否可编辑
selectAll()	选择文本框中的所有文本
select（int selectStart，int selectionEnd）	选择指定开始位置到结束位置之间的文本

（2）JPasswordField JPasswordField 表示可编辑的单行文本的密码文本组件。它允许编辑一个单行文本，可以输入内容，但不会显示原始字符，可以隐藏用户的真实输入，实现密码保护。其常见的构造方法如下。

1）JPasswordField()：构造一个新的 JPasswordField。

2）JPasswordField（int columns）：构造一个具有指定列数的新的空 JPasswordField。

3）JPasswordField（String text）：构造一个用指定文本构造的新 JPasswordField。

4）JPasswordField（String text，int columns）：构造一个用于指定文本构造和列初始化的新

JPasswordField。

其中，text 为文本框中显示的字符样式，columns 为文本框容纳字符的个数。

JPasswordField 的常用方法如表 6-5 所示。

表 6-5　JPasswordField 的常用方法

方法名称	方法说明
setEchoChar（Char c）	设置密码框中的回显字符
getPassword()	返回密码框中包含的文本

（3）JTextArea 类　JTextArea 类提供可以编辑或显示多行文本的区域，并且在编辑器内可以见到水平与垂直滚动条。其常见的构造方法如下。

1）JTextArea ()：构造一个新的 JTextArea ()。

2）JTextArea (int rows, int columns)：构造一个具有指定行数和列数的新的 JTextArea ()。

3）JTextArea (String text)：构造一个具有指定文本的 JTextArea ()。

4）JTextArea (String text, int rows, int columns)：构造一个具有指定文本与行数列数的 JTextArea ()。

其中，rows 和 columns 分别表示新建文本区的行数和列数，text 为文本区域中的初始字符串。

JTextArea 的常用方法如表 6-6 所示。

表 6-6　JTextArea 的常用方法

方法名称	方法说明
append（String text）	将文本添加到目前的 JTextArea 内
getColumns()	获得文本区的列数
insert（String text, int position）	在文本区指定的位置插入文本
setRows（int rows）	设定文本区的行数
replaceRange（String str, int start, int end）	用指定的新文本替换从指定的起始位置到结束位置的文本

【例 6-2】源程序名为 ch6_2.java，创建一个登录窗口，参看视频。

```
1   import java.awt.Color;
2   import javax.swing.*;
3   public class ch6_2 {
4       public static void main(String args[]){
5           JFrame f=new JFrame("欢迎登录学生管理系统");
6           JPanel p=new JPanel();
7           p.setBackground(Color.yellow);
8           JLabel Lb=new JLabel("请输入用户名与密码");
9           JLabel    username=new JLabel("用户名");
10          JLabel    password=new JLabel("密码");
11          JTextField    txuser=new JTextField(10);
12          JPasswordField    txpass=new JPasswordField(10);
13          JButton    bt1=new JButton("登录");
14          JButton    bt2=new JButton("重置");
15          p.add(Lb);
```

视频例 6-2

```
16          p.add(username);
17          p.add(txuser);
18          p.add(password);
19          p.add(txpass);
20          p.add(bt1);
21          p.add(bt2);
22          txpass.setEchoChar('*');
23          f.add(p);
24          f.setSize(350,200);
25          f.setLocation(50,50);
26          f.setVisible(true);
27
28      }
29  }
```

【运行结果】

运行结果如图 6-4 所示。

图 6-4　例 6-2 运行结果

6.3　事件处理概述

在设计和实现图形用户界面的过程中主要完成两个任务：第一是创建窗口并在窗口中添加各种组件，指定组件的属性和在窗口中的位置，从而构成图形用户界面的外观效果；第二是设置各种组件对不同事件的响应，从而实现图形用户界面的交互。

事件处理就是对单击、移动鼠标等情况做出反应的过程。在事件处理的过程中，主要涉及以下 3 类对象。

1）事件（Event）：用户对图形用户界面操作的描述，以类的形式出现，如键盘操作对应的事件类就是 KeyEvent。

2）事件源（Event Source）：事件发生的场所，通常就是各个组件，如按钮 Button。

3）事件处理者（Event Handler）：接收事件对象并对其进行处理的对象。

当用户做某些事情（如单击）时，系统将创建一个相应表达该动作的事件，并传送该事件给程序中的事件处理代码（该代码决定了怎样处理事件），以便让用户得到相应的回应。AWT 事件传递和处理机制如图 6-5 所示。

图 6-5　AWT 事件传递和处理机制

例如，如果用户单击了按钮对象 button，则该按钮 button 就是事件源，而 Java 运行时系统会生成 ActionEvent 类的对象，该对象中描述了该单击事件发生时的一些信息，然后事件处理者对象将接收由 Java 运行时系统传递过来的事件对象并进行相应的处理。通过 add ActionListener() 方法为事件源注册事件监听对象。下面通过一个具体的程序进行说明。

【例 6-3】源程序名为 ch6_3.java，是文本框的简单事件处理程序，参看视频。

```
1    import javax.swing.*;
2    import java.awt.*;
3    import java.awt.event.*;
4    public class ch6_3 extends JFrame implements ActionListener {
5    TextField in, out;
6        Label lb;
7        JPanel p;
8        public ch6_3() {
9            lb = new Label("请输入您的名字");
10           in = new TextField(6);              // 创建输入文本框
11           out = new TextField(20);            // 创建输出文本框
12           in.addActionListener(this);         // 将文本框注册给文本事件的监听者
13           JPanel p = new JPanel();
14           p.add(lb);
15           p.add(in);
16           p.add(out);
17           Container c = this.getContentPane();        // 获得内容面板
18           c.add(p);
19       }
20       public void actionPerformed(ActionEvent e) {    // 执行动作
21           out.setText(in.getText() + "欢迎光临！");
22       }
23       public static void main(String args[]) {
24           JFrame f = new ch6_3();
25           f.setSize(300, 150);
26           f.setVisible(true);
27       }
28   }
```

视频例 6-3

【运行结果】

运行结果如图 6-6 所示。

图 6-6 例 6-3 运行结果

6.3.1 AWT 事件及其相应的监听器接口

图形用户界面中每个可能产生事件的组件被称为事件源，不同事件源上发生的事件的种类不同。例如，当在文本框中输入文字并按 Enter 键时将产生一个以该 TextField 为源的 ActionEvent（触发事件）类代表的 actionPerformed 事件。所以，输入文本框为事件源，AWT 事件的事件体系结构如图 6-7 所示。

如果希望事件源上发生的事件被程序处理，就要为该事件源添加能够处理相应事件的监听器。例 6-3 中，文本框对象为自己添加了 ActionListener 监听器。

在 Java 语言的事件处理机制中，不同的事件由不同的监听者处理，所以 Java.awt.event 包中还定义了 11 个监听者接口，每个接口内部包含若干处理相关事件的抽象方法。一般来说，每个事件类都有一个监听者接口与之相对应，每个接口还要求定义一个或多个方法。当发生特定的事件时，就会调用这些方法。表 6-7 中列出了这些事件的类型，并给出了每个类型对应的接口名称及所要求定义的方法。

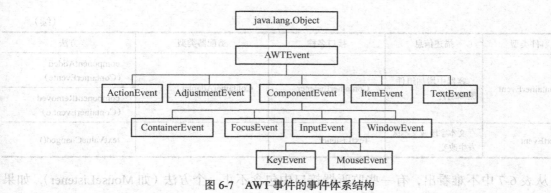

图 6-7　AWT 事件的事件体系结构

表 6-7　事件类型对应的方法类型和接口

事件类型	描述信息	接口名称	适配器类型	方法
ActionEvent	激活组件	ActionListener		actionPerformed()
ItemEvent	选择某些项目	ItemListener		itemStateChanged()
MouseEvent	鼠标移动	MouseMotionListener	MouseMotionAdapter	mouseDragged()
				mouseMoved()
	鼠标点击等	MouseListener	MouseAdapter	mousePressed()
				mouseReleased()
				mouseEntered()
				mouseExited()
				mouseClicked()
KeyEvent	键盘输入	KeyListener	KeyAdapter	keyPressed()
				keyReleased()
				keyTyped()
FocusEvent	组件收到或失去焦点	FocusListener	FocusAdapter	focusGained()
				focusLost()
AdjustmentEvent	移动滚动条等组件	AdjustmentListener		adjustmentValueChanged()
ComponentEvent	对象移动、缩放、显示、隐藏等	ComponentListener	ComponentAdapter	componentMoved()
				componentHidden()
				omponentResized()
				componentShown()
WindowEvent	窗口收到窗口级事件	WindowListener	WindowAdapter	windowClosing()
				windowOpened()
				windowIconified()
				windowDeiconified()
				windowClosed()
				windowActivated()
				windowDeactivated()

（续）

事件类型	描述信息	接口名称	适配器类型	方法
ContainerEvent	容器中增加组件、删除组件	ContainerListener	ContainerAdapter	componentAdded（ContainerEvente）
				componentRemoved（ContainerEvent e）
TextEvent	文本字段或文本区发生改变	TextListener		textValueChanged()

从表 6-7 中不难看出，有一些监听器接口中包含不止一个方法（如 MouseListener），如果想实现这些接口，就需要实现接口中的所有方法。实际应用中，当使用某个监听器时可能只需要用到其中的某一个方法，那么如何能简化代码编写呢？ Java 对包含一个以上方法的监听器接口配置了相应的适配器，只需要继承相应的适配器，然后重写需要的方法即可。AWT 中的适配器主要包括以下几种。

1）ComponentAdapter：组件适配器。

2）ContainerAdapter：容器适配器。

3）FocusAdapter：焦点适配器。

4）KeyAdapter：键盘适配器。

5）MouseAdapter：鼠标适配器。

6）MouseMotionAdapter：鼠标移动适配器。

7）WindowAdapter：窗口适配器。

6.3.2 Swing 事件及其相应的监听器接口

Swing 的事件处理机制继续沿用 AWT 的事件处理机制，但其除了使用 java.awt.event 包中的类进行实现之外，在 java.swing.event 包中还增加了一些新的事件及其监听器接口。Swing 中事件源及对应事件监听器接口和方法如表 6-8 所示。

表 6-8 Swing 中事件源及对应事件监听器接口和方法

事件源	接口名	方法
AbstractButton JTextField JDirectoryPane Timer	ActionListener	actionPerformed()
AbstractButton JComboBox	ItemListener	itemStateChanged()
JList	ListSelectionListener	valueChanged()
AbstractButton DefaultCaret JProgressBar JSlider JTabbedPane JViewport	ChangeListener	stateChanged()
JScrollBar	AdjustmentListener	adjustmentValueChanged()

（续）

事件源	接口名	方法
JMenu	MenuListener	menuSelected()
		menuDeselected()
		menuCanceled()
JPopupMenu	WindowListener	windowClosing()
		windowOpened()
		windowIconified()
		windowDeiconified()
		windowClosed()
		windowActivated()
		windowDeactivated()
JComponent	AncestorListener	
JTree	TreeSelectionListener	

6.3.3 ActionEvent 事件

最常用的事件监听器 ActionEvent 类只包含一个事件，即执行动作事件 actionPerformed。actionPerformed 是由某个动作引发的执行事件。能够触发该事件的动作如下。

1）单击。

2）双击一个列表中的选项。

3）选择菜单项。

4）在文本框中输入内容后按 Enter 键。

ActionEvent 类的主要方法如下。

（1）public String getActionCommand() 该方法返回引发事件的动作的命令名，这个命令名可以通过调用 setActionCommand() 方法指定给事件源组件，也可以使用事件源的默认命令名。

（2）publicObject getSource() 该方法能返回最初发生 Event 的对象。

【例 6-4】源程序名为 ch6_4.java，登录窗口，参看视频。

视频例 6-4

```
1   import javax.swing.*;
2   import java.awt.event.*;
3   public class ch6_4 extends JFrame implements ActionListener {
4       JPanel pane;
5       JLabel label1;
6       JLabel username;
7       JLabel password;
8       JTextField txuser;
9       JPasswordField txpass;
10      JButton bt1;
11      JButton bt2;
12      public ch6_4() {
```

```
13          this.setTitle(" 欢迎访问学生管理系统 ");
14          pane = new JPanel();
15          label1 = new JLabel(" 请输入用户名与密码 ");
16          username = new JLabel(" 用户名 ");
17          password = new JLabel(" 密      码 ");
18          txuser = new JTextField(10);
19          txpass = new JPasswordField(10);
20          bt1 = new JButton(" 登录 ");
21          bt2 = new JButton(" 重置 ");
22          pane.add(label1);
23          pane.add(username);
24          pane.add(txuser);
25          pane.add(password);
26          pane.add(txpass);
27          pane.add(bt1);
28          pane.add(bt2);
29          txpass.setEchoChar('\0');          // '\0' 密码框的文字会明文显示,
                                                //'*' 会显示 *
30          this.setContentPane(pane);
31          this.setSize(300, 200);
32          this.setLocation(50, 50);
33          this.setVisible(true);
34          bt1.addActionListener(this);
35          bt2.addActionListener(this);
36      }
37      public static void main(String args[]) {
38          new ch6_4();
39      }
40      public void actionPerformed(ActionEvent e)  // 执行动作
41              String command = e.getActionCommand();
42          if (command.equals(" 重置 ")) {
43              txuser.setText("");
44              txpass.setText("");
45          }
46  String pswd = new String(txpass.getPassword()).trim();
                                    // trim(): 删除字符串首尾的空格
47      if (e.getSource() == bt1) {
48          if((txuser.getText().equals("admin")) && (pswd.
        equals("123456")))
49          {   JOptionPane.showMessageDialog(null, " 登录成功 ");
50              new ch6_1();                // 要修改例 6-1 的第 4 句
51          } else
52              JOptionPane.showMessageDialog(null, " 用户名或密码不对 ");
53          }
54      }
55  }
```

【运行结果】

运行结果如图 6-8 所示。

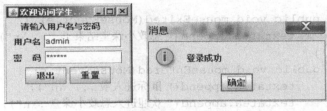

图 6-8　例 6-4 运行结果

6.3.4　鼠标、键盘事件

Java 中除了 Action 事件之外，常用的还有鼠标事件与键盘事件。

1. 鼠标事件

由于鼠标操作的动作较多，因此鼠标事件包括两个监听器接口：MouseMotionListener（鼠标移动事件）和 MouseListener（鼠标点击事件）。

【例 6-5】源程序名为 ch6_5.java，单击鼠标进入思政小课堂，参看视频。

视频例 6-5

```
1   package awtdemo;
2   import java.awt.Color;
3   import java.awt.event.*;
4   import javax.swing.*;
5   import javax.swing.border.LineBorder;
6   public class ch6_5 extends JFrame {
7       public ch6_5() {
8           this.setTitle(" 鼠标事件 ");                    // 设置窗体标题
9           this.setBounds(100, 100, 473, 321);            // 设置窗体显示坐标及窗体大小
10          this.setVisible(true);                         // 设置窗体可见
11          this.getContentPane().setLayout(null);         // 添加容器并设置容器布局
12          JLabel  label=new  JLabel("       -------- 来 点 我 啊 ---------");
                                                           // 标签
13          label.setBounds(240,57,160,200);
14          label.setBorder(new LineBorder(Color.red, 2));
15          getContentPane().add(label);
16          JLabel label1=new JLabel(" 鼠标点击区域 ");       // 标签
17          label1.setBounds(281, 32,84, 15);
18          getContentPane().add(label1);
19          JPanel scrollpane=new JPanel();                // 容器
20          scrollpane.setBounds(32, 27, 183, 216);
21          getContentPane().add(scrollpane);
22          JTextArea textatea=new JTextArea();            // 创建文本域
23          scrollpane.add(textatea);                      // 添加文本到
24          label.addMouseListener(new MouseListener() {
25              public void mouseReleased(MouseEvent e) {  // 鼠标释放监听
26                  textatea.append(" 鼠标释放啦 ....\n");
27              }
```

```
28          public void mousePressed(MouseEvent e) {      // 鼠标按下监听
29              textatea.append(" 鼠标按下啦 ....\n");
30              textatea.append(" 思政小课堂开始了 ....\n");
31          }
32          public void mouseExited(MouseEvent e) {      // 鼠标离开监听
33              textatea.append(" 思政小课堂结束了 ....\n");
34          }
35          public void mouseEntered(MouseEvent e) {      // 鼠标进入监听
36              textatea.append(" 鼠标进入啦 ....\n");
37              textatea.append(" 欢迎进入思政小课堂 :\n");
38          }
39          public void mouseClicked(MouseEvent e) {      // 鼠标单击监听
40              int btn=e.getButton();  // 记录鼠标哪一个键被按下,返回一
                                        // 个 int 值
41              switch(btn) {
42                  case  MouseEvent.BUTTON1:
43                      textatea.append(" 鼠标左键点击了 \n");
44                      break;
45                  case  MouseEvent.BUTTON2:
46                      textatea.append(" 鼠标滑轮点击了 \n");
47                      break;
48                  case  MouseEvent.BUTTON3:
49                      textatea.append(" 鼠标右键点击了 \n");
50                      break;
51              }
52              int count=e.getClickCount();  // 记录鼠标单击的次数,返回
                                              // 一个 int 值
53              textatea.append(" 鼠标单击了 "+count+" 次 \n");
54          }
55      });
56  }
57  public static void main(String[] args) {
58      new ch6_5();
59  }
60 }
```

【运行结果】

运行结果如图 6-9 所示。

【程序分析】

Java 具有复杂的文本及图形输出能力,在图形方式下输出文字可实现多种效果,还可利用 Graphics 类提供的一些方法进行图形的绘制。

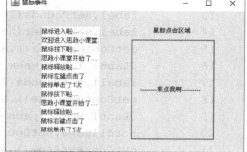

图 6-9　例 6-5 运行结果

Java 坐标系是一个二维网格,坐标单位是像素,一个像素是显示器的最小分辨单位,默认状态下原点位置在屏幕左上角(0,0),如图 6-10 所示。本书只对 Java 的图形绘制进行简单介绍,读者可参阅相关资料进行学习。

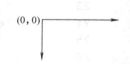

图 6-10　Java 坐标系

2. 键盘事件（KeyEvent）

KeyEvent 类包含如下 3 个具体的键盘事件，分别对应 KeyEvent 类的几个同名的静态整型常量。

1）KEY_PRESSED：键盘上按键被按下的事件。

2）KEY_RELEASED：键盘上按键被松开的事件。

3）KEY_TYPED：键盘上按键被敲击的事件。

KeyEvent 类的主要方法如下。

1）public char getKeyChar()：返回 KeyEvent 类的一个静态常量 KeyEvent.CHAR_UNDEFINED。

2）public String getKeyText()：返回按键的文本内容。

与 KeyEvent 相对应的监听器接口是 KeyListener，该接口中定义了 3 个抽象方法：keyPressed()、keyReleased()、keyTyped()，凡是实现了 KeyListener 接口的类都必须具体实现这 3 个抽象方法。

【例 6-6】源程序名为 ch6_6.java，键盘事件处理程序，参看视频。

视频例 6-6

```
1   import java.awt.*;
2   import java.awt.*;
3   import java.awt.event.*;
4   import javax.swing.*;
5   public class ch6_6 extends JFrame implements KeyListener{
6       JPanel panel;
7       Color c;
8       Label lb;
9       TextField tf;
10      public ch6_6(){
11          panel=new JPanel();
12          lb=new Label("轮流输入 r、g、b、y，可改变背景颜色 ");
13          tf=new TextField(10);
14          this.setContentPane(panel);
15          panel.add(lb);
16          panel.add(tf);
17          this.setSize(300, 200);
18          this.setVisible(true);
19          tf.addKeyListener(this) ;
20      }
21      public static void main(String[] args){
22          new ch6_6();
23      }
24      @Override
25      public void keyTyped(KeyEvent e) {
26      }
27      @Override
28      public void keyPressed(KeyEvent e) {
29          // TODO Auto-generated method stub
30          if (e.getKeyChar()=='r')              // 如果按 r 键，颜色为红色
31              c=Color.red;
```

```
32              else if (e.getKeyChar()=='g')
33                  c=Color.green;
34                  else if (e.getKeyChar()=='b')
35                      c=Color.blue;
36                      else if (e.getKeyChar()=='y')
37                          c=Color.yellow;
38          panel.setBackground(c);          // 设置背景颜色
39      }
40      @Override
41      public void keyReleased(KeyEvent e) {
42      }
43  }
```

【运行结果】

运行结果如图 6-11 所示。

【程序分析】

程序运行结果是键盘输入 r，背景色变为红色；键盘输入 g，背景色变为绿色；键盘输入 b，背景色变为蓝色；键盘输入 y，背景色变为黄色。

图 6-11　例 6-6 运行结果

6.4　布局管理器

Java 为了实现跨平台的特性并且获得动态的布局效果，将容器内的所有组件安排给布局管理器负责管理，如将排列顺序，组件的大小、位置，当窗口移动或调整大小后组件如何变化等功能授权给对应的容器布局管理器来管理。不同的布局管理器使用不同的算法和策略，容器可以通过选择不同的布局管理器来决定布局。布局管理器主要包括 FlowLayout、BorderLayout、GridLayout、CardLayout 和 GridBagLayout。

1. FlowLayout

FlowLayout 是 Panel 的默认布局管理器，其组件的放置规律是从上到下、从左到右进行放置。如果容器足够宽，则第一个组件先添加到容器中第一行的最左边，后续组件依次添加到上一个组件的右边；如果当前行已放置不下该组件，则将其放置到下一行的最左边。

（1）构造方法

1）FlowLayout()：生成一个默认的流式布局，居中对齐，组件间距横向间隔和纵向间隔都是默认值 5 像素。

2）FlowLayout（int alignment）：可以设定每一行组件的对齐方式（LEFT、CENTER、RIGHT），组件间间距为 5 像素。

3）FlowLayout（int alignment，int hora，int vert）；：可以设定组件的对齐方式、水平和垂直距离。

（2）常用方法　要给一个容器设置 FlowLayout 布局管理器，可使用 setLayout（FlowLayout 对象）方法；要向容器中添加组件，可使用 add（组件）方法。

2. BorderLayout

BorderLayout 是 Window、Frame 和 Dialog 的默认布局管理器。BorderLayout 布局管理器

把容器分成 5 个区域：North、South、East、West 和 Center，每个区域只能放置一个组件。各个区域的位置及大小如图 6-12 所示。

North		
West	Center	East
South		

图 6-12 各个区域的位置及大小

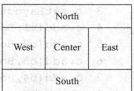

视频例 6-7

【例 6-7】源程序名为 ch6_7.java，为布局管理器示例。

1）FlowLayout() 布局管理器示例，参看视频。

```
1   import java.awt.*;
2   import javax.swing.*;
3   public class ch6_7 extends JFrame{
4       JButton b1,b2,b3,b4,b5;
5       public ch6_7(){
6           b1=new JButton("北 North");
7           b2=new JButton("南 South");
8           b3= new JButton("东 East");
9           b4=new JButton("西 West");
10          b5=new JButton("中心 Center");
11          This.setSize(500,200);
12          this.setVisible(true);
13          this.setDefaultCloseOperation(JFrame.EXIT_ON_CLOSE);
14          FlowLayout f=new FlowLayout();
15          Container c=this.getContentPane();
16          c.setLayout(f);
17          c.add(b1);
18          c.add(b2);
19          c.add(b3);
20          c.add(b4);
21          c.add(b5);
22      }
23      public static void main(String args[]){
24      new ch6_7();
25      }
26  }
```

【运行结果】

运行结果如图 6-13 所示。

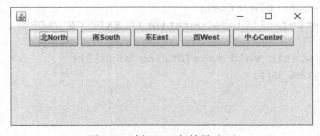

图 6-13 例 6-7 运行结果（一）

2）BorderLayout 布局管理器示例，将上述代码中的第 14 ~ 21 句替换为如下语句：

```
1   BorderLayout f=new BorderLayout();
2   Container c=this.getContentPane();
```

```
3     c.setLayout(f);
4     c.add(b1,BorderLayout.NORTH);
5     c.add(b2,BorderLayout.SOUTH);
6     c.add(b3,BorderLayout.EAST);
7     c.add(b4,BorderLayout.WEST);
8     c.add(b5,BorderLayout.CENTER);
```

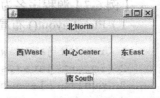

【运行结果】

运行结果如图 6-14 所示。

图 6-14 例 6-7 运行结果（二）

【程序分析】

在使用 BorderLayout 时，如果容器的大小发生变化，则其变化规律为组件的相对位置不变，大小发生变化。例如，容器变高，则 North、South 区域不变，West、Center、East 区域变高；如果容器变宽，则 West、East 区域不变，North、Center、South 区域变宽。不一定所有的区域都有组件，如果四周区域（West、East、North、South 区域）没有组件，则由 Center 区域补充；但如果 Center 区域没有组件，则保持空白。这种布局模式中，每一个方位只能放一个组件。

3. GridLayout

GridLayout 布局管理器使容器中各个组件呈网格状布局，平均占据容器的空间。

【例 6-8】源程序名为 ch6_8.java，为 GridLayout 布局管理器示例，参看视频。

```
1    import javax.swing.*;
2    import java.awt.GridLayout;
3    public class ch6_8{
4        JFrame f;
5        public ch6_8(){
6            f= new JFrame();
7            f.setLayout(new GridLayout(3,2));
8            f.add(new JButton(" 星期一 ")); // 添加到第一行的第一格
9            f.add(new JButton(" 星期二 ")); // 添加到第一行的下一格
10           f.add(new JButton(" 星期三 ")); // 添加到第二行的第一格
11           f.add(new JButton(" 星期四 ")); // 添加到第二行的下一格
12           f.add(new JButton(" 星期五 "));
13           f.add(new JButton(" 星期六 "));
14           f.setSize(300,200);
15           f.setVisible(true);
16           f.setDefaultCloseOperation(f.EXIT_ON_CLOSE);
17           }
18       public static void main(String args[]){
19           new ch6_8();
20       }
21   }
```

视频例 6-8

【运行结果】

运行结果如图 6-15 所示。

【程序分析】

图 6-15 例 6-8 运行结果

第 7 句：将容器平均分成 3 行 2 列共 6 格。

第 8 ～ 13 句：将 6 个按钮分布在容器中。

4. CardLayout

CardLayout 布局管理器能够帮助用户使两个以至更多的成员共享同一显示空间。CardLayout 把容器分成许多层，每层的显示空间占据整个容器的大小，但是每层只允许放置一个组件，当然每层都可以利用 Panel 来实现复杂的用户界面。牌布局管理器（CardLayout）就像一副叠得整整齐齐的扑克牌一样，有 54 张牌，但用户只能看见最上面的一张牌，每一张牌就相当于牌布局管理器中的每一层。

【例 6-9】源程序名为 ch6_9.java，为 CardLayout 布局管理器示例，参看视频。

视频例 6-9

```
1   import java.awt.*;
2   import java.awt.event.*;
3   import javax.swing.*;
4   @SuppressWarnings("serial")
5   public class ch6_9 extends JFrame implements ActionListener{
6       JButton but1,but2,but3;
7       CardLayout f;
8       Container c;
9       public ch6_9(){
10          super("CardLayout 演示程序 ");
11          but1=new JButton(" 按钮 1");
12          but2=new JButton(" 按钮 2");
13          but3=new JButton(" 按钮 3");
14          setSize(180,90);
15          this.setVisible(true);
16          CardLayout f=new CardLayout(10,10);
17          Container c=getContentPane();
18          c.setLayout(f);
19          c.add(but1);
20          but1.addActionListener(this);
21          c.add(but2);
22          but2.addActionListener(this);
23          c.add(but3);
24          but3.addActionListener(this);
25      }
26      public void actionPerformed(ActionEvent e){
27      if(e.getSource()==but1||e.getSource()==but2||e.getSource()==
        but3)
28              f.next(c);
29          }
30      public static void main(String args[]){
31          new ch6_9();
32      }
33  }
```

【运行结果】

运行结果如图 6-16 所示。

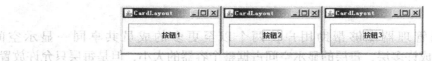

图 6-16 例 6-9 运行结果

【程序分析】

第 17 句：定义容器 c。

第 18 句：设置容器 c 采用 CardLayout 布局管理器。

第 19 ～ 24 句：在容器中添加 3 个按钮，并为它们添加 ActionListener。

程序运行结果是仅显示按钮 1，当单击按钮 1 时显示按钮 2，当单击按钮 2 时显示按钮 3，当单击按钮 3 时显示按钮 1，如此循环显示。

5. 空布局

Java 允许不使用布局管理器，而直接指定组件的位置，这种方法使窗口的布置更容易控制。可用 setLayout（null）将布局设为空布局。

【例 6-10】源程序名为 ch6_10.java，使用空布局的登录窗口。

```
1   import javax.swing.*;
2   public class ch6_10 extends JFrame {
3       JPanel pane;
4       JLabel label1;
5       JLabel username;
6       JLabel password;
7       JTextField txuser;
8       JPasswordField txpass;
9       JButton bt1;
10      JButton bt2;
11      public ch6_10() {
12          this.setTitle(" 欢迎访问学生管理系统 ");
13          pane = new JPanel();
14          label1 = new JLabel(" 请输入用户名与密码 ");
15          username = new JLabel(" 用户名 ");
16          password = new JLabel(" 密    码 ");
17          txuser = new JTextField(10);
18          txpass = new JPasswordField(10);
19          bt1 = new JButton(" 登录 ");
20          bt2 = new JButton(" 重置 ");
21          pane.add(label1);
22          pane.add(username);
23          pane.add(txuser);
24          pane.add(password);
25          pane.add(txpass);
26          pane.add(bt1);
27          pane.add(bt2);
28          txpass.setEchoChar('*');
29          this.setContentPane(pane);
30          this.setSize(300, 200);
```

```
31         this.setLocation(50, 50);
32         this.setVisible(true);
33         pane.setLayout(null);
34         label1.setBounds(30, 10, 200, 30);
35         username.setBounds(50, 40, 80, 30);
36         txuser.setBounds(100, 40, 100, 30);
37         password.setBounds(50, 80, 80, 30);
38         txpass.setBounds(100, 80, 100, 30);
39         bt1.setBounds(60, 120, 80, 30);
40         bt2.setBounds(150, 120, 80, 30);
41     }
42     public static void main(String args[]) {
43         new ch6_10();
44     }
45 }
```

【运行结果】

运行结果如图 6-17 所示。

【程序分析】

setBounds（int x，int y，int width，int height）方法移动
组件并调整其大小。由 x 和 y 指定距左上角的新位置，由
width 和 height 指定组件的大小。

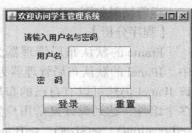

图 6-17　例 6-10 运行结果

6. 容器的嵌套

在复杂的图形用户界面设计中，为了使布局更加易于管理，具有简洁的整体风格，一个包
含多个组件的容器本身也可以作为一个组件添加到另一个容器中，容器中再添加容器，这样就
形成了容器的嵌套。

【例 6-11】源程序名为 ch6_11.java，是容器嵌套的示例。

```
1  import java.awt.*;
2  import javax.swing.*;
3  public class ch6_11{
4      JFrame f;
5      JPanel p1,p2;
6      JButton bw,bc;
7      JButton bfile,bhelp;
8      public ch6_11(){
9          f = new JFrame("GUI example");
10         bw=new JButton("West 西 ");
11         bc=new JButton(" 工作空间 ");
12         bfile= new JButton(" 文件 ");
13         bhelp= new JButton(" 帮助 ");
14         p1 = new JPanel();
15         p2 = new JPanel();
16         p1.add(bw);
17         p1.add(bc);
18         p2.add(bfile);
```

```
19          p2.add(bhelp);
20          Container c=new Container();
21          c.setLayout(new BorderLayout());
22          f.add(p2,BorderLayout.NORTH);
23          f.add(p1,BorderLayout.CENTER);
24          f.pack();
25          f.setVisible(true);
26      }
27      public static void main(String args[]){
28          new ch6_11();
29      }
30  }
```

【运行结果】

运行结果如图 6-18 所示。

【程序分析】

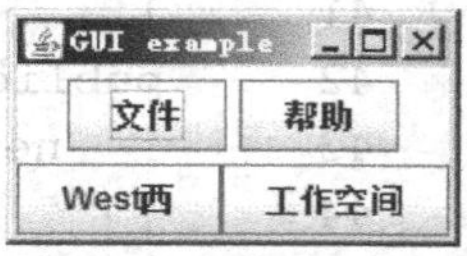

图 6-18 例 6-11 运行结果

Frame 的默认布局管理器为 BorderLayout。JPanel 无法单独显示，必须添加到某个容器中。JPanel 的默认布局管理器为 FlowLayout。当把 JPanel 作为一个组件添加到某个容器中后，该 JPanel 仍然可以有自己的布局管理器，可以利用 JPanel 使得 BorderLayout 中某个区域显示多个组件，达到设计复杂用户界面的目的。如用无布局管理器 setLayout（null），则必须使用 setLocation()、setSize()、setBounds() 等方法手动设置组件的大小和位置，此方法会导致平台相关，不鼓励使用。

6.5 复杂组件与事件处理

6.5.1 选择事件与列表、列表框

1. 选择事件（ItemEvent）

ItemEvent 类只包含一个事件，事件是在用户已选定项或取消选定项时由 ItemSelectable 对象（如 List）生成的。引发这类事件的动作如下。

1）改变列表类 JList 对象中选项的选中或不选中状态。

2）改变下拉列表类 JComboBox 对象中选项的选中或不选中状态。

3）改变复选框类 JCheckbox 对象的选中或不选中状态。

4）改变检测盒菜单项 JCheckboxMenuItem 对象的选中或不选中状态。

ItemEvent 类的主要方法如下。

1）public ItemSelectable getItemSelectable()：得到选中的事件源。

2）public Object getItem()：得到选中的选择项。

3）public int getStateChange()：得到选中项的状态变化类型。其返回值可能是下面两个静态常量之一。

① ItemEvent.SELECTED：代表选项被选中。

② ItemEvent.DESELECTED：代表选项被放弃。

ItemEvent 类产生的事件以 ItemListener 接口触发动作，再由 itemStateChanged() 方法完成这些动作。

2. 列表（JList）

JList 是 Swing 中的列表控件，它显示一个可选取的对象列表，可以支持三种选取模式：单选取、单间隔选取和多间隔选取。JList 把维护和绘制列表工作委托给一个对象来完成，一个列表的模型维护一个对象列表，列表单元绘制器将这些对象绘制在列表中。

JList 的常用的构造方法如下：

JList()：构造一个使用空模型的列表。

JList（List Model dataModel）：构造一个使用非空模型显示元素的列表。

JList（Object[] listDate）：构造一个列表，显示指定数组中的元素。

JList 的常用方法如表 6-9 所示。

表 6-9　JList 的常用方法

方法名称	方法说明
setVisibleRowCount(int n)	设置列表可见行数
getItemCount()	获取列表中的选项条数
getSelectedIndex()	获取选项的索引
getSelectedValue()	获取选项的值

与选择事件相关的接口是 ListSelectionListener，注册监视器的方法是 addListSelectionListener，接口的方法是 valueChanged（ListSelectionEvent e）。

3. 列表框（JComboBox）

列表框是将按钮或可编辑字段与下拉列表组合的组件。用户可以从下拉列表中选择值，下拉列表在用户请求时显示。如果使列表框处于可编辑状态，则列表框将包括用户可在其中输入值的可编辑字段。

JComboBox 常用的构造方法如下。

1）JComboBox()：创建具有默认数据模型的 JComboBox。

2）JComboBox（ComboBoxModel aModel）：创建一个 JComboBox，其项取自现有的 ComboBoxModel。

3）JComboBox（Object[] items）：创建包含指定数组中的元素的 JComboBox。

JComboBox 的常用方法如表 6-10 所示。

表 6-10　JComboBox 的常用方法

方法名称	方法说明
addItem（Object anObject）	为项列表添加项
insertItemAt（Object anObject，int index）	在项列表中的给定索引处插入项
setEnabled	启用列表框以便可以选择项
getItemCount()	返回列表框中项目的个数
getSelectedIndex()	返回列表框中所选项目的索引
getSelectedItem()	返回列表框中所选项目的值

【例 6-12】源程序名为 ch6_12.java，使用列表框显示"先天下之忧而忧，后天下之乐而乐。"，参看视频。

```
1   import java.awt.*;
2   import java.awt.event.*;
3   import javax.swing.*;
4   import javax.swing.event.*;
5   public class ch6_12 extends JFrame implements ItemListener {
6   JPanel panel1;
7   JComboBox<String> colCombo;        // 列表框：调整画笔颜色
8   JList lstSize;                     // 列表框：调整画笔颜色
9   Color c = new Color(0, 0, 0);
10  JTextPane jt;                      // 文本框：可以改变字体、大小、颜色
11  publicch6_12(String s) {
12      super(s);
13      panel1 = new JPanel();
14      jt=new JTextPane();
15      jt.setText(" 先天下之忧而忧，后天下之乐而乐。");
16      this.add(panel1, BorderLayout.NORTH);
17      this.add(jt, BorderLayout.CENTER);
18      String[] str = { "Black", "red", "green", "blue" };
19      colCombo = new JComboBox<String>(str);
20      String[] sizeStr = { "1", "2", "3", "4" };
21      lstSize = new JList<String>(sizeStr);
22      lstSize.setPreferredSize(new Dimension(100, 80));// 设置容器大小
23      panel1.add(colCombo);
24      panel1.add(lstSize);
25      this.setSize(800, 400);
26      this.setLocation(50, 50);
27      this.setVisible(true);
28      colCombo.addItemListener(this);
29      lstSize.addListSelectionListener(new ListSelectionListener() {
30          public void valueChanged(ListSelectionEvent arg0) {
31              int selected = lstSize.getSelectedIndex();
32              Font f=new Font(" 黑体 ",Font.PLAIN,selected*10+10);
33                  jt.setFont(f);
34          }
35      });
36  }
37  public static void main(String[] args) {
38      new ch6_12(" 思政小课堂 ");
39  }
40  public void itemStateChanged(ItemEvent e) {
41      if (e.getSource() == colCombo) {
42          String name = (String) colCombo.getSelectedItem();
43          if (name == "black") {
44              jt.setForeground(new Color(0,0,0));
45          } else if (name == "red") {
46              jt.setForeground(new Color(255, 0, 0));
47          } else if (name == "green") {
48              jt.setForeground(new Color(0, 255, 0));
```

```
49          } else if (name == "blue") {
50              jt.setForeground(new Color(0, 0, 255));
51          }
52      }
53  }
54 }
```

【运行结果】

运行结果如图 6-19 所示。

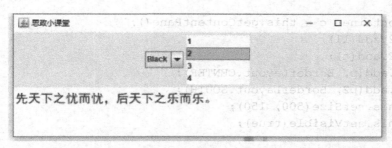

图 6-19　例 6-12 运行结果

6.5.2　复选框、单选按钮与滚动面板

1. 复选框（JCheckbox）

JCheckbox 组件提供了一种简单的开 / 关输入设备，其旁边有一个文本标签。

每个复选框只有两种状态：true 表示选中，false 表示未被选中。

创建复选框对象时可以同时指明其文本标签，该文本标签简要地说明了复选框的意义和作用。

复选框的常用构造方法为 JCheckbox() 和 JCheckbox（String str，Boolean tf）。其中，str 指明对应的文本标签；tf 是一个逻辑值，或为 true，或为 false。

如果想知道复选框的状态，可以调用 getState() 方法，若复选框被选中，则返回 true，否则返回 false。调用 setState() 方法可以在程序中设置是否选中复选框。例如，下面的语句将使复选框处于选中状态：

```
cx1.setState(true);   //cx1 为一复选框对象
```

当用户单击复选框使其状态发生变化时，就会引发 ItemEvent 类代表的选择事件。

【例 6-13】源程序名为 ch6_13.java，为选课页面。

```
1   import javax.swing.*;
2   import java.awt.*;
3   import java.awt.event.*;
4   @SuppressWarnings("serial")
5   public class ch6_13 extends JFrame implements ActionListener {
6   JPanel p,p2;
7   JLabel l1;
8   JTextField t;
9   JCheckBox c[] = new JCheckBox[3];
10  String s[] = { "Java ", "C ", "python" };
```

```
11  public ch6_13() {
12      p = new JPanel();
13      p2 = new JPanel();
14      l1 = new JLabel("选择结果 ");
15      t=new JTextField(20);
16      for (int i = 0; i < s.length; i++) {
17          c[i] = new JCheckBox(s[i]);
18          p.add(c[i]);
19          c[i].addActionListener(this);
20      }
21      Container c = this.getContentPane();
22      p2.add(l1);
23      p2.add(t);
24      c.add(p, BorderLayout.CENTER);
25      c.add(p2, BorderLayout.SOUTH);
26      this.setSize(500, 150);
27      this.setVisible(true);
28  }
29  public void actionPerformed(ActionEvent e) { // 执行动作
30      String ss = "";
31      for (int i = 0; i < s.length; i++)
32          if (c[i].isSelected()) {
33              ss = ss + c[i].getText();
34          }
35      }
36      t.setText("你感兴趣的是:" + ss);
37  }
38  public static void main(String[] args) {
39      new ch6_13();
40  }
41 }
```

【运行结果】

运行结果如图 6-20 所示。

图 6-20　例 6-13 运行结果

【程序分析】

第 9 句：定义 JCheckBox。

第 10 句：定义 s 字符串数组。

第 32 句：选择复选项。

2. 单选按钮

单选按钮通常位于一个 ButtonGroup 按钮组中，不在按钮组中的单选按钮就失去了单选按钮的意义。同组内的所有单选按钮是互斥的，即在任何时刻，这个按钮组中只有当前被选中的单选按钮的值是 true，其他均为 false。在程序中可以先创建 ButtonGroup 按钮组，再在这组中增加单选按钮，就可以完成单选按钮组的创建。

单选按钮组用 JRadioButton 类的对象表示。其常用构造方法如下。

1）JRadioButton()：创建一个初始化为未选择的单选按钮，其文本为指定。

2）JRadioButton（Icon icon）：创建一个初始化为未选择的单选按钮，其具有指定的图像但无文本。

3）JRadioButton（Icon icon，boolean selected）：创建一个具有指定图像和选择状态的单选按钮，但无文本。

4）JRadioButton（String text）：创建一个具有指定文本的状态为未选择的单选按钮。

5）JRadioButton（String text，boolean selected）：创建一个具有指定文本和选择状态的单选按钮。

6）JRadioButton（String text，Icon icon，boolean selected）：创建一个具有指定的文本、图像和选择状态的单选按钮。

在使用时通过创建一个 ButtonGroup 对象并使用 add() 方法将 JRadioButton 对象包含在单选按钮组中。ButtonGroup 对象为逻辑分组，不是物理分组。要创建按钮面板，仍需要创建一个 JPanel 类或类似的容器对象并将 Border 添加到其中。

3. 滚动面板

多行文本框不会自己产生滚动条，需要配合使用滚动面板 JScrollPane，方法如下：

```
JTextArea ta=new JTextArea (6,30);
JScrollPane sc=new JScrollPane(ta);
```

【例 6-14】源程序名为 ch6_14.java，为课表设置页面，参看视频。

```
1   import java.awt.event.*;
2   import javax.swing.*;
3   public class ch6_14 extends JFrame implements
    ItemListener {
4       JPanel panel;
5       JLabel label1,label2;
6       JCheckBox chkjava,chkJSP,chkweb;
7       ButtonGroup grpTeacher;
8       JRadioButton rbt1,rbt2,rbt3;
9       JTextArea ta;
10      JScrollPane sc;
11      public ch6_14(String s){
12          super(s);
13          panel=new JPanel();
14          label1=new JLabel("请选择选修的课程");
15          label2=new JLabel("请选择上课的教师");
16          ta=new JTextArea(4,30);
17          ta.setLineWrap(true);    // 设置换行
```

视频例 6-14

```
18          sc=new JScrollPane(ta); // 设置滚动条
19          chkjava=new JCheckBox("Java 程序设计 ");
20          chkJSP=new JCheckBox("JSP 案例课程 ");
21          chkweb=new JCheckBox("web 系统开发 ");
22          grpTeacher=new ButtonGroup();
23          rbt1=new JRadioButton(" 张红 ");
24          rbt2=new JRadioButton(" 李林 ");
25          rbt3=new JRadioButton(" 孙俪 ");
26          grpTeacher.add(rbt1);
27          grpTeacher.add(rbt2);
28          grpTeacher.add(rbt3);
29          this.setContentPane(panel);
30          panel.add(label1);
31          panel.add(chkjava);
32          panel.add(chkJSP);
33          panel.add(chkweb);
34          panel.add(label2);
35          panel.add(rbt1);
36          panel.add(rbt2);
37          panel.add(rbt3);
38          panel.add(sc);
39          chkjava.addItemListener(this);
40          chkJSP.addItemListener(this);
41          chkweb.addItemListener(this);
42          rbt1.addItemListener(this);
43          rbt2.addItemListener(this);
44          rbt3.addItemListener(this);
45          this.setSize(450,300);
46          this.setLocation(50,50);
47          this.setVisible(true);
48      }
49   public static void main(String[] args) {
50          new ch6_14(" 课表选择 ");
51      }
52   public void itemStateChanged(ItemEvent e) {
53          StringBuffer sb=new StringBuffer("");
54          String str="";
55          if(chkjava.isSelected()){
56              sb.append("java 程序设计 ");
57          }
58          if(chkJSP.isSelected()){
59              sb.append(" JSP 案例课程 ");
60          }
61          if(chkweb.isSelected()){
62              sb.append(" web 系统开发 ");
63          }
64          if(rbt1.isSelected()){
65          ta.setText(" 你好 , 你选择的课程为 :\n"+sb.toString()+
```

```
66                      "\n 授课教师为 :"+"\n"+" 张红 "+"\n"+
67              " 请 1-15 周周四下午 7、8 节在公教楼 B205 上课 !");
68           }else if(rbt2.isSelected()){
69           ta.setText(" 你好，你选择的课程为 :"+sb.toString()+
70           "，授课教师为 : 李林，请 1-15 周周三上午 1、2 节在 C401 上课 !");
71           }else if(rbt3.isSelected()){
72              ta.setText(" 你好，你选择的课程为 :"+sb.toString()+
73           "，授课教师为 : 孙俪，请 1-15 周周一下午 5、6 节在 B205 上课 !");
74           }else{
75              ta.setText(" 请选择上课教师 ");
76           }
77       }
78  }
```

【运行结果】

运行结果如图 6-21 所示。

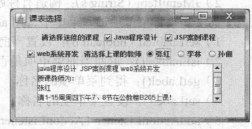

图 6-21　例 6-14 运行结果

6.6　菜单组件

　　Java 中存在 AWT 编程和 Swing 编程，所以菜单组件也存在 AWT 菜单和 Swing 菜单。因为 Swing 组件使用得比较多，所以本节主要讲解 Swing 菜单中的类。

　　Java 中 Swing 包内有菜单类，菜单类由菜单条（JMenuBar）、菜单（JMenu）和菜单项（JMenuItem）构成。

　　菜单条设置在框架 JFrame 的菜单挂靠区，是容纳菜单的一个容器；菜单用于提供下一级菜单；菜单项关联具体操作。

　　（1）创建菜单条

　　第 1 步，使用构造方法创建对象。例如：

```
JMenuBar mb= new JMenuBar();
```

　　第 2 步，将菜单条加入容器中，必须使用 JFrame 类中的 setJMenuBar() 方法。例如：

```
setJMenuBar(mb);
```

　　JMenuBar 的常用方法如下。

　　1）add（JMenu m）：将菜单 m 加入菜单条中。

　　2）countJMenus()：获取菜单条中的菜单条数。

　　3）getJMenu（int p）：获取菜单条中的菜单。

　　4）remove（JMenu m）：删除菜单条中的菜单 m。

　　（2）创建菜单

　　第 1 步，使用构造方法创建对象。

　　1）JMenu()：建立一个空标题的菜单。

　　2）JMenu（String s）：建立一个标题为 s 的菜单。

　　第 2 步，将菜单加入菜单条中，用 add（菜单对象）方法。

　　1）add（JMenuItem item）：向菜单增加由参数 item 指定的菜单选项。

2）add（JMenu menu）：向菜单增加由参数 menu 指定的菜单，实现在菜单中嵌入子菜单。

3）addSeparator()：在菜单选项之间绘制一条分隔线。

4）getItem（int n）：得到指定索引处的菜单项。

5）getItemCount()：得到菜单项数目。

6）insert（JMenuItem item，int n）：在菜单的位置 n 插入菜单项 item。

7）remove（int n）：删除菜单位置 n 的菜单项。

8）removeAll()：删除菜单的所有菜单项。

（3）创建菜单项

第 1 步，使用构造方法创建对象。

1）JMenuItem()：构造无标题的菜单项。

2）JMenuItem（String s）：构造有标题的菜单项。

第 2 步，将菜单项加入菜单中，用 add（菜单项对象）方法。

1）setEnabled（boolean b）：设置当前菜单项是否可被选择。

2）isEnabled()：返回当前菜单项是否可被用户选择。

3）getLabel()：得到菜单项的名称。

4）setLabel()：设置菜单项的名称。

5）addActionListener（ActionListener e）：为菜单项设置监视器。监视器接收点击某个菜单的动作事件。

（4）处理菜单事件　菜单的事件源是用鼠标点击某个菜单项。处理该事件的接口是 ActionListener，要实现的接口方法是 actionPerformed（ActionEvent e），获得事件源的方法是 getSource()。

6.7　项目案例——菜单综合案例

【例 6-15】源程序名为 ch6_15.java，为菜单选课，参看视频。

项目分析：首先设计菜单，通过菜单进行登录和选课，如图 6-22 所示。

视频例 6-15

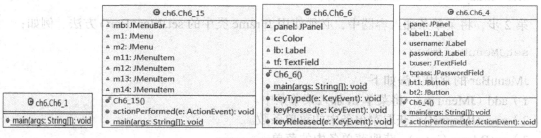

图 6-22　登录和选课

```
1   import java.awt.*;
2   import java.awt.event.*;
3   import javax.swing.*;
4   public class ch6_15 extends JFrame implements ActionListener{
5       JMenuBar mb= new JMenuBar();
6       JMenu m1=new JMenu(" 文件 ");
7       JMenu m2=new JMenu(" 编辑 ");
```

```
8      JMenuItem m11=new JMenuItem("登录");
9      JMenuItem m12=new JMenuItem("选课");
10     JMenuItem m13=new JMenuItem("保存");
11     JMenuItem m14=new JMenuItem("退出");
12     public ch6_15() {
13         Container c=this.getContentPane();
14         this.setJMenuBar(mb);
15         mb.add(m1);
16         mb.add(m2);
17         m1.add(m11);
18         m1.add(m12);
19         m1.add(m13);
20         m1.addSeparator();
21         m1.add(m14);
22         m11.addActionListener(this);
23         m12.addActionListener(this);
24     }
25     public void actionPerformed(ActionEvent e) {
26         if(e.getSource()==m11)
27         new ch6_4();    // 打开登录窗口
28         if(e.getSource()==m12)
29         new ch6_14();   // 打开选课窗口
30         if(e.getSource()==m14){
31             System.exit(0);
32         }
33     }
34     public static void main(String args[]) {
35         JFrame frame=new ch6_15();
36         frame.setVisible(true);
37         frame.setSize(300, 200);
38     }
39 }
```

【运行结果】

运行结果如图 6-23 所示。

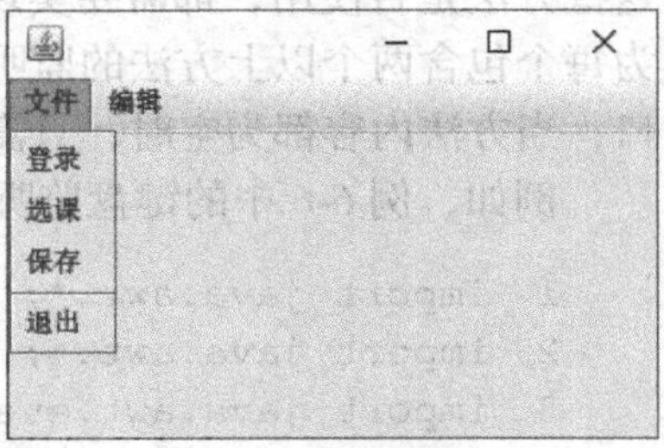

6.8　寻根求源

图 6-23　例 6-15 运行结果

1. 窗口不可见

分析原因：没有设置窗口的可见性。

解决方法：窗口 .setVisiable（true）;。

2. 添加事件监听器出错（见图 6-24）

分析原因：以 addActionListener 为例（所有的添加事件监听器都一样），可以发现 addAcitonListener（ActionListener a）方法中需要一个实现监听器接口的对象做参数（即 ActionListener 类型的参数）。添加所有的监听器，都需要创建一个实现该监听器接口的类，一般建议初学者，使用当前的类实现监听器接口即可。因为当前类自己实现了监听器接口，因此 addActionListener（ActionListener a）方法实参可以写 this，即 ***.addActionListener（this）。

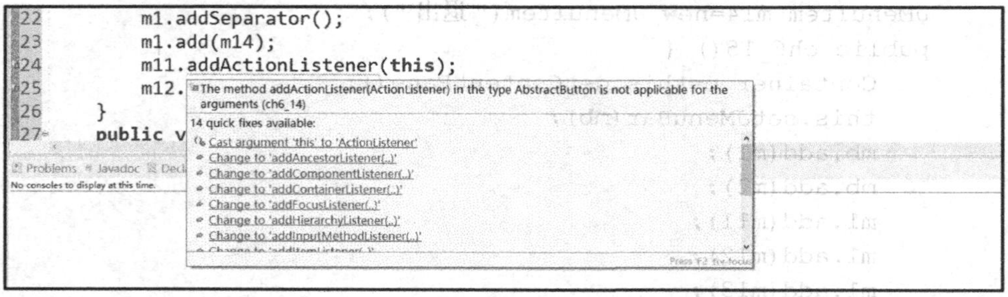

图 6-24　添加事件监听器错误提示

解决方法：使需要添加监听器的类实现对应的监听器接口，添加监听器方法的参数写成 this。

注意：实现接口后需要实现接口中的所有方法，Java 基础好的读者可以使用匿名内部类实现，如图 6-25 所示。

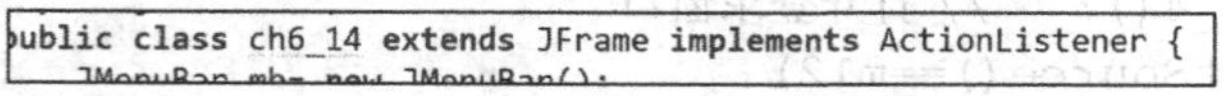

图 6-25　实现监听器接口

6.9　拓展思维

1. 事件适配器

有些监听器接口如 MouseLitener 和 KeyListener 等中包含多个方法，当实现接口时，不管这些方法是否使用，都需要实现，这为程序开发带来了很多不便，程序变得冗余。为此，Java 为每个包含两个以上方法的监听器接口提供了对应的事件适配器，这些适配器实现了相应的接口，当方法内容都为空时，只需要继承适配器，重写自己需要的方法即可。

例如，例 6-6 中的键盘监听器可以改为：

```
1   import java.awt.*;
2   import java.awt.*;
3   import java.awt.event.*;
4   import javax.swing.*;
5   public class ch6_6 extendsKeyAdapter{
6       JFrame f;
7       JPanel panel;
8       Color c;
9       Label lb;
10      TextField tf;
11      public ch6_6 (){
12          f=new JFrame();
13          panel=new JPanel();
14          lb=new Label(" 轮流输入 r、g、b、y, 可改变背景颜色 ");
15          tf=new TextField(10);
```

```
16          f.setContentPane(panel);
17          panel.add(lb);
18          panel.add(tf);
19          f.setSize(300, 200);
20          f.setVisible(true);
21          tf.addKeyListener(this ) ;
22      public void keyPressed(KeyEvent e){  // 重写 KeyAdapter 中的键
                                                            按下方法
23          if (e.getKeyChar()=='r')            // 如果按 r 键，颜色为红色
24              c=Color.red;
25              else if (e.getKeyChar()=='g')
26                  c=Color.green;
27                  else if (e.getKeyChar()=='b')
28                      c=Color.blue;
29                      else if (e.getKeyChar()=='y')
30                          c=Color.yellow;
31                          panel.setBackground(c);    // 设置背景颜色
32          }
33      }
34      public static void main(String[] args){
35          new ch6_6 ();
36      }
37  }
```

2. 基于内部类与匿名内部类的事件处理

通过对例 6-6 的修改可以看出，事件适配器给监听器的实现提供了新的解决方法，但是也限制了对其他类的继承（不能继承 JFrame 类，需要自己定义一个对象）。解决该问题最有效的方法就是采用内部类，即在 Keyevent 类的内部定义一个继承 KeyAbapter 的监听器类。修改后的程序如下：

```
1   import java.awt.*;
2   import java.awt.*;
3   import java.awt.event.*;
4   import javax.swing.*;
5   public class ch6_6 t extends JFrame{
6       JPanel panel;
7       Color c;
8       Label lb;
9       TextField tf;
10      public ch6_6 (){
11          panel=new JPanel();
12          lb=new Label(" 轮流输入 r、g、b、y, 可改变背景颜色 ");
13          tf=new TextField(10);
14          this.setContentPane(panel);
15          panel.add(lb);
16          panel.add(tf);
17          this.setSize(300, 200);
18          this.setVisible(true);
```

```
19                  tf.addKeyListener(new KeyHandle()) ;  // KeyHandle 是一个内部类
20         }
21      public static void main(String[] args){
22          newch6_6 ();
23       }
24      class KeyHandle extends KeyAdapter{
25          public void keyPressed(KeyEvent e){// 按键被按下后执行的方法
26                  if (e.getKeyChar()=='r')        // 如果按 r 键，颜色为红色
27                          c=Color.red;
28                              else if (e.getKeyChar()=='g')
29                                  c=Color.green;
30                              else if (e.getKeyChar()=='b')
31                                  c=Color.blue;
32                                  else if (e.getKeyChar()=='y')
33                                      c=Color.yellow;
34                              panel.setBackground(c);      // 设置背景颜色
35       }
36      }
37  }
```

还可以采用一种特殊形式的内部类——匿名类来进行事件处理。程序修改如下：

```
1   import java.awt.*;
2   import java.awt.*;
3   import java.awt.event.*;
4   import javax.swing.*;
5   public class ch6_6 extends JFrame{
6   JPanel panel;
7   Color c;
8   Label lb;
9   TextField tf;
10  public ch6_6 (){
11      panel=new JPanel();
12      lb=new Label(" 轮流输入 r、g、b、y, 可改变背景颜色 ");
13      tf=new TextField(10);
14      this.setContentPane(panel);
15      panel.add(lb);
16      panel.add(tf);
17      this.setSize(300, 200);
18      this.setVisible(true);
19      tf.addKeyListener(
20          new KeyAdapter(){
21          public void keyPressed(KeyEvent e){// 按键被按下后执行的方法
22              if(e.getKeyChar()=='r')              // 如果按 r 键，颜色为红色
23                      c=Color.red;
24                  else if(e.getKeyChar()=='g')
25                          c=Color.green;
26                      else if (e.getKeyChar()=='b')
27                          c=Color.blue;
```

```
28                                    else if (e.getKeyChar()=='y')
29                                         c=Color.yellow;
30                    panel.setBackground(c);        // 设置背景颜色
31          }});
32      }
33      public static void main(String[] args){
34          new ch6_6 ();
35      }
36  }
```

知识测试

一、判断题

1. 容器就是用来组织其他界面成分与元素的单元，它不能嵌套其他容器。 （   ）
2. 一个容器中可以混合使用多种布局策略。 （   ）
3. 在 Swing 图形用户界面的程序设计中，容器可以被添加到其他容器中去。 （   ）
4. 在使用 BorderLayout 布局管理器时，GUI 组件可以按任何顺序添加到面板上。 （   ）
5. 在使用 BorderLayout 布局管理器时，最多可以放入 5 个组件。 （   ）
6. 每个事件类对应一个事件监听器接口，每一个监听器接口都有相对应的适配器。（   ）
7. 用户自定义的图形用户界面元素也可以响应用户的动作，具有交互功能。 （   ）
8. 卡片布局管理器中只能放一个组件。 （   ）
9. 可以在一个组件上注册多个监听器。 （   ）
10. Swing 没有本地代码，不依赖操作系统的支持。 （   ）

二、单项选择题

1. （   ）布局管理器使用的是组件的尺寸。
A. FlowLayout　　　B. BorderLayout　　　C. GridLayout　　　D. CardLayout
2. Frame 的默认布局管理器是（   ）。
A. FlowLayout　　　B. BorderLayout　　　C. GridLayout　　　D. CardLayout
3. 下列（   ）图形用户界面组件在软件安装程序中是常见的。
A. 滑块　　　B. 进度条　　　C. 对话框　　　D. 标签
4. 包含可点击按钮的类的 Java 类库是（   ）。
A. AWT　　　B. Swing　　　C. 两者都有　　　D. 两者都没有
5. 下列事件处理机制中，（   ）不是机制中的角色。
A. 事件　　　B. 事件源　　　C. 事件接口　　　D. 事件处理者
6. 监听事件和处理事件（   ）。
A. 都由 Listener 完成　　　B. 都由相应事件 Listener 处登记过的构件完成
C. 由 Listener 和构件分别完成　　　D. 由 Listener 和窗口分别完成
7. 下列（   ）是创建一个标识有"关闭"按钮的语句。
A. TextField b = new TextField（"关闭"）;　　　B. TextArea b = new TextArea（"关闭"）;
C. Button b = new Button（"关闭"）;　　　D. Checkbox b = new Checkbox（"关闭"）;
8. 下列关于 Frame 类的说法不正确的是（   ）。
A. Frame 是 Window 类的直接子类　　　B. Frame 对象显示的效果是一个窗口

C. Frame 被默认初始化为可见   D. Frame 的默认布局管理器为 BorderLayout

9. 下列（   ）是非容器的构件。

A. JFrame   B. JButton   C. JPanel   D. JApplet

10. 类 Panel 默认的布局管理器是（   ）。

A. GridLayout   B. BorderLayout   C. FlowLayout   D. CardLayout

三、填空题

1. 在 AWT 包中，创建一个具有 10 行 45 列的多行文本区域对象 ta 的语句为_____。

2. 对话框（Dialog）是_____类的子类。

3. Swing 的事件处理机制包括_____、事件和事件处理者。

4. 容器里组件的位置和大小由_____决定。

5. 可以使用 setLocation()、setSize() 或_____中任何一个方法设置组件的大小或位置。

四、综合应用题

1. 图 6-26 是程序运行结果。

图 6-26 运行结果

该程序是不完整的，请在下画线处填入正确内容，然后删除下画线并调试成功。请勿删除注释行或改动其他已有语句内容。

```java
import java.awt.*;
import java.awt.font.FontRenderContext;
import java.awt.geom.Rectangle2D;
import javax.swing.*;
public class Java_3{
    public static void main(String[] args){
    FontFrame frame = new FontFrame();
    frame.setDefaultCloseOperation(JFrame.EXIT_ON_CLOSE);
    frame.setVisible(true);
    }
}
 //**********Found1*******
class FontFrame _____ JFrame{
   public FontFrame(){
      setTitle("沁园春 . 雪 ");
      setSize(DEFAULT_WIDTH, DEFAULT_HEIGHT);
      FontPanel panel = new FontPanel();
      Container contentPane = getContentPane();
      //*****Found2*******
      contentPane.add(_____);
      }
      public static final int DEFAULT_WIDTH = 300;
      public static final int DEFAULT_HEIGHT = 200;
```

```
    }
//*********Found3*******
class FontPanel extends _____{
    public void paintComponent(Graphics g){
        super.paintComponent(g);
        Graphics2D g2 = (Graphics2D)g;
        String message = " 数风流人物，还看今朝！";
        Font f = new Font(" 隶书 ", Font.BOLD, 24);
        g2.setFont(f);
        FontRenderContext context = g2.getFontRenderContext();
        Rectangle2D bounds = f.getStringBounds(message, context);
        double x = (getWidth() - bounds.getWidth()) / 2;
        double y = (getHeight() - bounds.getHeight()) / 2;
        double ascent = -bounds.getY();
        double baseY = y + ascent;
        g2.setPaint(Color.RED);
        //***********Found4**********
        g2._____(message, (int)x, (int)(baseY));
    }
}
```

2. 定义一个窗体，使用布局管理器将面板、按钮等组合在一个窗体内，实现容器的嵌套。

3. 窗口设有一个按钮，当按钮处于打开窗口状态时，单击将打开一个窗口。窗口设有 1 个菜单条，菜单条中有 2 个菜单，每个菜单中又各有 3 个菜单项。当 1 个菜单项被选中时，菜单项监视方法在文本框中显示相应菜单项被选中字样。

第 7 章

输入与输出

学习目标

1. 掌握：输入 / 输出的处理、字节流的处理、字符流的处理。
2. 理解：字节流和字符流、文件处理。

重点

1. 理解：流和文件的概念。
2. 掌握：正确使用各种输入 / 输出流。

难点

掌握：不同情况下使用适当的字符输入流。

输入 / 输出操作是计算机的基本功能，如从键盘输入数据、从文件中读出数据等。数据在输入 / 输出处理时会进行连续传递，与水流很相似，所以 Java 把数据流称为流（Stream）。Java 程序可以打开一个从数据源（如磁盘文件、网上资源等）到程序的流，从该流中读取数据，称为输入流（Input Streams）。Java 提供了一套丰富的流类，专门负责处理各种方式的输入 / 输出，这些类都放在 java.io 包中。

7.1 输入 / 输出流概述

按流的运动方向来分，流分为输入流和输出流（Output Streams）。其中，输入流代表从外部设备流入计算机的数据序列，输出流代表从计算机流向外部设备的数据序列。

流的输入 / 输出特点：每个数据都必须等待排在它前面的数据读入或送出之后才能被读写，每次读写操作处理的都是序列中剩余的未读写数据中的第一个，而不是随意选择输入 / 输出的位置。

计算机使用的外部设备有磁盘、键盘、屏幕、显示器等，由于不可能针对每一种设备都使用一种专用的输入 / 输出方法，因此需要使用一种称为"流"的逻辑设备来屏蔽这些设备的差异性。在行为上，所有的流都是类似的。

将计算机设备看成一个文件，打开文件时，建立流与特定文件的联系，可以在程序和文件之间交换信息；关闭流时，会使其相关缓冲区中所有内容写到外部设备。在程序终止前，应该关闭所有打开的流。程序、流、外部设备之间的关系如图 7-1 所示。

图 7-1　程序、流、外部设备之间的关系

在 Java 程序中，流是程序内数据流动的路径，流中的数据可以是未加工的原始二进制数据，也可以是按一定编码处理后符合某种格式规定的特定数据，如字符数据。按照流的基本数据单位大小分类，Java 中的流有字节流和字符流之分，如图 7-2 所示。

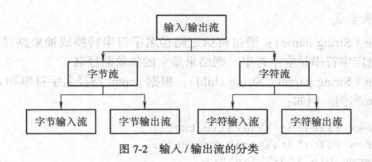

图 7-2　输入 / 输出流的分类

1. 字节流

字节流是以字节为单位进行的数据读写操作。InputStream 和 OutputStream 是处理字节流的两个基本类。java.io 包中的所有以 InputStream 和 OutputStream 结尾的类都是处理字节流的类。这类流以字节为基本处理单位，如下所示。

1）InputStream、OutputStream。

2）FileInputStream、FileOutputStream。

3）PipedInputStream、PipedOutputStream。

4）ByteArrayInputStream、ByteArrayOutputStream。

5）FilterInputStream、FilterOutputStream。

6）DataInputStream、DataOutputStream。

7）BufferedInputStream、BufferedOutputStream。

2. 字符流

字符流是以字符为单位进行的读写操作。字符流处理的信息是基于文本的信息。字符流支持 Unicode 中的任何字符，Reader 和 Writer 是处理字符流的两个基本类。java.io 包中所有以 Reader 和 Writer 结尾的类都是处理字符流的类。从 Reader 和 Writer 派生出的一系列类以 16 位的 Unicode 码表示的字符为基本处理单位，这类流如下所示。

1）Reader、Writer。

2）InputStreamReader、OutputStreamWriter。

3）FileReader、FileWriter。

4）CharArrayReader、CharArrayWriter。

5）PipedReader、PipedWriter。

6）FilterReader、FilterWriter。

7）BufferedReader、BufferedWriter。

8）StringReader、StringWriter。

7.2 File 类与文件信息

File 类是 java.io 包中唯一代表磁盘文件本身的对象，即如果希望在程序中操作文件和目录，则都可以通过 File 类来完成。

File 类提供文件管理功能，如文件的查询、修改、删除等。下面介绍 File 类和其中的一些主要方法。

1. 文件或目录生成

1）public File（String name）：通过将给定路径名字符串转换成抽象路径名来创建一个新 File 实例。如果给定字符串是空字符串，则结果是空的抽象路径名。

2）public File（String parent，String child）：根据 parent 路径名字符串和 child 路径名字符串创建一个新 File 实例。例如：

```
File file1=new File("d: \\java\\c.txt");
File file2=new File("d:\\java","c.txt");
File myDir=new file ("d:\\java");
Filefile3=new File(myDir,"c.txt");
```

其中，路径也可以是相对路径。如果在应用程序里只用一个文件，则 file1 创建文件的结构是最容易的；但如果在同一目录里打开数个文件，则 file2 或 file3 结构更好一些。

2. 文件名处理

```
String getName ();                    // 得到一个文件的名称（不包括路径）
String getPath ();                    // 得到一个文件的路径名
String getAbsolutePath ();            // 得到一个文件的绝对路径名
String getParent ();                  // 得到一个文件的上一级目录名
String renameTo (File newName);       // 将当前文件名更名为给定文件的完整路径
```

3. 文件属性测试

```
boolean exists ();                    // 测试当前 File 对象指示的文件是否存在
boolean canWrite ();                  // 测试当前文件是否可写
boolean canRead ();                   // 测试当前文件是否可读
boolean isFile ();                    // 测试当前文件是否是文件（不是目录）
boolean isDirectory ();               // 测试当前文件是否是目录
```

4. 普通文件信息和工具

```
long lastModified ();                 // 得到文件最近一次修改的时间
long length ();                       // 得到文件的长度，以字节为单位
boolean delete ();                    // 删除当前文件
```

5. 目录操作

```
boolean mkdir();        // 根据当前对象生成一个由该对象指定的路径
```

```
void   delete();        // 删除 File 对象对应的文件或目录
String []list ();       // 列出当前目录下的文件
```

【例 7-1】源程序名为 ch7_1.java，在 D 盘根目下建立目录 myDir，并对目录进行操作，参看视频。

```
1  import java.io.*;
2  public class ch7_1{
3      public static void main(String[] args)throws java.io.
       IOException {
4      try {
5             File dir1 = new File("d:\\myDir");
6             dir1.mkdir();
7             if (dir1.exists()) {
8             System.out.println(dir1.getPath());      // 获取目录的路径
9             System.out.println(File.separator);      // 获取分隔符
10            System.out.println(dir1.isDirectory());   // 判断是否为目录
11            } else
12                System.out.println(" 目录不存在 !!");
13      } catch (Exception e) {
14                System.out.println("error!!");
15      }
16      }
17  }
```

视频例 7-1

【运行结果】

运行结果如图 7-3 所示。

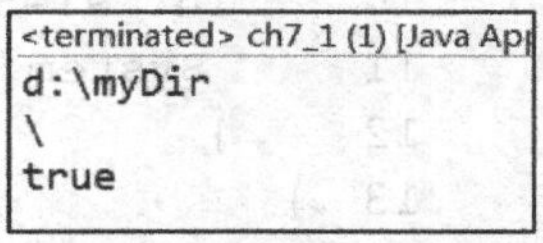

【程序分析】

第 6 句：创建目录。

第 7 句：判断目录存在与否。

第 10 句：dir1.isDirectory() 判断 dir1 是否为目录。

```
<terminated> ch7_1 (1) [Java Ap
d:\myDir
\
true
```

图 7-3　例 7-1 运行结果

7.3　字节流

处理字符或字符串时一般应使用字符流类，处理字节或二进制数时一般应使用字节流类。InputStream 类和 OutputStream 类为字节流设计，Reader 类和 Writer 类则为字符流设计。

InputStream 类和 OutputStream 类虽然提供了一系列与读写数据有关的方法，但是这两个类都是抽象类，不能被实例化。因此，针对不同的功能，InputStream 和 OutputStream 提供了不同的子类，下面就来介绍开发时，常用流的具体用法。

1. InputStream 类

InputStream 类中包括所有输入流都需要使用的方法，用以从输入流中读取数据。InputStream 类的常用方法如表 7-1 所示。

表 7-1　InputStream 类的常用方法

方法名称	方法说明
public int read()	读取一个字节，返回值为所读的字节的整型表示。如果返回值为 –1，则表明文件结束
public int read（byte[] b）	读取多个字节，放置到字节数组 b 中。通常读取的字节数量为 b 的长度，返回值为实际读取的字节数量
public int read（byte[] b，int off，int len）throws IOException	读取 len 个字节，放置到下标 off 开始的字节数组 b 中，返回值为实际读取的字节数量
public void close ()	关闭输入流

注意：read() 方法读出的都是二进制字节数据，并不是整数或字符等具体数据。read() 方法会产生 IOException 异常，使用时应注意对异常的处理。

【例 7-2】源程序名为 ch7_2.java，使用 read() 方法从键盘输入字符（字节），参看视频。

```
1  import java.io.*;
2  public class ch7_2 {
3    public static void main(String[] args)throws java.io.
       IOException {
4      byte buf[]=new byte[64];
5      System.out.println(" 请输入： ");
6      System.in.read(buf);         // 从键盘读入多个字符（字节）
7      String s=new String(buf);    // 将 buf 中的字节数据转换为字符串
8      System.out.println("s="+s);
9      System.out.println(" 请输入：");
10     int s1=System.in.read();      // 从键盘读入一个字节到 s1
11      System.out.println("s1="+(char)s1);   // 将字节数据转换为字符
12    }
13 }
```

视频例 7-2

【运行结果】

运行结果如图 7-4 所示。

【程序分析】

第 6 句：buf 需要是一个字节类型的数组，读入时按 Enter 键读入结束。

第 10 句：System.in.read() 方法接收的是字节 0 ~ 255，输入 1 以后，其实返回的是 ASCII 码，也就是 49。当输入 A，返回的是 65。

图 7-4　例 7-2 运行结果

2. OutputStream 类

OutputStream 是一个定义了输出流的抽象类，该类中的所有方法的返回值均为 void，并在遇到错误时引发 IOException 异常。OutputStream 类的常用方法如表 7-2 所示。

表 7-2　OutputStream 类的常用方法

方法名称	方法说明
public void write（int b）	将指定的字节写入此输出流
public void write（byte[] b）	将 b.length 个字节从指定的字节数组写入此输出流
public void write（byte[] b，int off，int len）	将指定字节数组中从偏移量 off 开始的 len 个字节写入此输出流
public void flush ()	刷新此输出流并强制写出所有缓冲的输出字节
public void close ()	流操作完毕后必须关闭

【例 7-3】源程序名为 ch7_3.java，使用 write() 方法向屏幕输出字符（字节），参看视频。

```
1  import java.io.*;
2  public class ch7_3 {
3    public static void main(String[] args)throws
     IOException {
4    byte b=97,buf[]={65,66,67,68};
5    System.out.write(b);            // 向屏幕输出一个字符（字节）数据
6    System.out.write(buf);          // 向屏幕输出多个字符（字节）数据
7    System.out.write(buf,1,3);      // 从字节数组 buf 中取出部分字符（字节）数据
8    }
9  }
```

视频例 7-3

【运行结果】

运行结果如图 7-5 所示。

【程序分析】

第 5 句：向屏幕输出一个 a。

第 6 句：向屏幕输出一个 ABCD。

第 7 句：向屏幕输出一个 BCD。

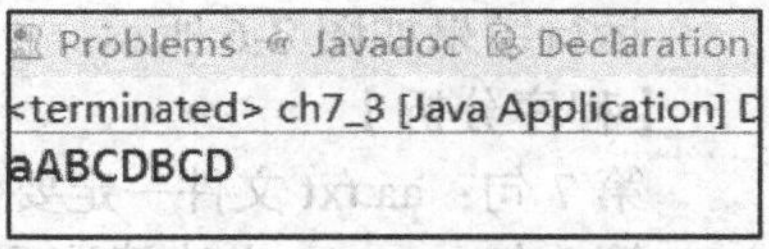

7.3.1　文件字节流

1. FileInputStream 类（文件字节输入流）

FileInputStream 类创建一个能从文件中读取字节的
InputStream 类，其有以下两个常用的构造函数。

```
Problems  Javadoc  Declaration
<terminated> ch7_3 [Java Application] □
aABCDBCD
```

图 7-5　例 7-3 运行结果

（1）public FileInputStream（File file）throws FileNotFoundException　通过打开一个到实际文件的连接来创建一个 FileInputStream，该文件通过文件系统中的 File 对象 file 指定。创建一个新 FileDescriptor 对象来表示此文件连接。如果指定文件不存在，或者它是一个目录，而不是一个常规文件，又或因为其他某些原因而无法打开进行读取，则抛出 FileNotFoundException 异常。file 为要打开以供阅读的文件。

（2）public FileInputStream（String name）throws FileNotFoundException　通过打开一个到实际文件的连接来创建一个 FileInputStream，该文件通过文件系统中的路径名 name 指定或创建一个新 FileDescriptor 对象来表示此文件连接。其中，name 是与系统有关的文件名。例如：

```
FileInputStream fl =new FileInputStream("c.txt");
File f=new File("c.txt");
FileInputStream f2=new FileInputStream(f);
```

【例 7-4】源程序名为 ch7_4.java，通过一个案例实现字节流对文件数据的读取。在当前目录下创建一个文本文件 test.txt，在文件中输入内容 hello，创建一个 FileInputStream 类对象读取文件中的内容，使用循环判断是否到达文件结尾，未到达则按字节输出，参看视频。

字节流读取文件的操作步骤如下。

1）创建目标对象：建立 aa.txt。

2）创建输入 / 输出流对象：FileInputStream in = new FileInputStream（"aa.txt"）;。

3）具体的 I/O 操作：调用读取文件数据并显示 for\while\if。

4）关闭资源：close();。

具体代码如下。

```
1   import java.io.FileInputStream;
2   public class ch7_4{
3   public static void main(String[] args) throws java.
io.IOException {
4       int a=0;                       // 记住每次读取的一个字节
5       FileInputStream f;
6       // 创建一个文件字节输入流
7       f = new FileInputStream("D:\\Java\\ch7\\aa.txt");
8       do {
9           a = f.read();              // 记住读取的一个字节
10          if (a != -1)
11              System.out.println(a+"  "+(char)a);
12              } while (a != -1);   // 如果读取的字节为 -1, 则跳出 while 循环
13      f.close();
14  }
15  }
```

视频例 7-4

【运行结果】

运行结果如图 7-6 所示。

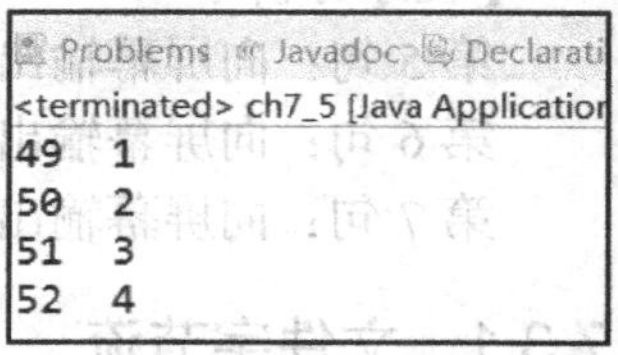

【程序分析】

图 7-6　例 7-4 运行结果

第 7 句：aa.txt 文件一定要保存在 D:\java\ch7 目录下。

第 9 句：read() 方法读取到硬盘上的文件是以字节的形式存在的。在 aa.text 中 1234 各占一个字节，因此最终显示 ASCII。

第 11 句，输出 a 是 ASCII，(char) 转换为数字。

2. FileOutputStream 类（文件字节输出流）

FileOutputStream 类是 OutputStream 类的子类，其重载了 OutputStream 类的方法，即用 write () 方法向文件写入字节数据。其有以下两个常用的构造函数。

（1）public FileOutputStream（File file）throws FileNotFoundException　创建一个向指定 File 对象表示的文件中写入数据的文件输出流。创建一个新 FileDescriptor 对象来表示此文件连接。如果该文件存在，但它是一个目录，而不是一个常规文件，或者该文件不存在，但无法创建它，又或因为其他某些原因而无法打开，则抛出 FileNotFoundException 异常。

（2）public FileOutputStream(File file) throws FileNotFoundException　创建文件输出流以写入由指定的 File 对象表示的文件。创建一个新 FileDescriptor 对象来表示此文件连接。如果有安全管理器，则调用 checkWrite 方法，并将 file 参数表示的路径作为其参数。例如：

```
FileOutputStream ofile1=new FileOutputStream ("mytxt.Txt");
File f=new File ("mytxt.txt");
FileOutputStream ofile2=new FileOutputStream (f);
```

【例 7-5】源程序名为 ch7_5.java，创建一个在指定文件名中写入数据的输出文件流，参看视频。

将数据写入文件，字节流操作步骤如下。

视频例 7-5

1）与输入对比，不用提前创建文件，如果文件已存在，输入时会先将文件内容清空。

2）创建输入 / 输出流对象：new FileOutputStream（"***"），参数是文件的地址和名称。

3）具体的 I/O 操作：写入数据。

4）关闭资源：调用输出流 close()。

```
1  import java.io.*;
2  public class ch7_5{
3  public static void main(String args[])throws IOException{
4       String s="welcome to you !";
5       byte b[]=s.getBytes();
6       FileOutputStream fo=new FileOutputStream("d:\\aa.txt");
7       fo.write(b);
8       fo.close();
9       }
10  }
```

【运行结果】

执行程序后，可以将字符串写入 aa.txt 替换原来的文本内容。查看 aa.txt 文件结果如图 7-7 所示。

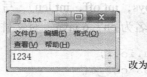 改为

图 7-7　例 7-5 运行结果

【程序分析】

第 7 句：写入新的数据，并覆盖原来的文件。

若希望在已存在的文件内容之后追加新内容，则可使用 FileOutputStream 的构造函数 FileOutputStream（String fileName，boolean append）来创建文件输出流对象，并把 append 参数的值设置为 true，即将第 6 句改为

```
FileOutputStream fo=new FileOutputStream("d:\\aa.txt",true);
```

7.3.2　字节缓冲流

当读取数据量大的文件时，读取的速度会很慢，影响程序的效率，JDK 中提供了一套缓冲流，可提高输入 / 输出流的读写速度。缓冲流按传输数据的最基本单位大小分为字节缓冲流和字符缓冲流。使用缓冲流的原理是先将数据缓冲，然后一起写入或者读取出来。例如，快递公司就好比缓冲区，快速公司将要寄的快递暂时存放，并统一于当天下午规定时间寄出，而不是收到一个物品就发一次快递。字节缓冲流根据流的方向分为字节缓冲输出流（BufferedOutputStream）和字节缓冲输入流（BufferedInputStream）。

1. BufferedInputStream

构造方法：

```
public BufferedInputStream(InputStream in)
```

例如：

```
FileInputStream in=new FileInputStream("D:\\java\\a2.txt");
BufferedInputStream bin=new BufferedInputStream(in);
```

BufferedInputStream 常用的成员方法如下。

1）intread()：一次读取一个字节。

2）intread（byte[] bys）：一次读取一个字节数组。

2. BufferedOutputStream

构造方法：

```
public BufferedOutputStream(OutputStream out)
```

例如：

```
FileOutputStream  out=new FileOutputStream("E:\\java\\demo.txt");
BufferedOutputStream bout=new BufferedOutputStream(out);
```

BufferedOutputStream 常用的成员方法如下。

1）write（inti）：写出单个字节。

2）write（byte[]bys）：写出一个字节数组。

3）write（byte[]bys，int off，int len）：写出字节数组的一部分。

【例 7-6】源程序名为 ch7_6.java，对文件进行复制，参看视频。

视频例 7-6

```
1  import java.io.*;
2  public class ch7_6{
3      public static void main (String [] args) throws
         IOException {
4          // 创建一个带缓冲区的输入流
5          FileInputStream in=new FileInputStream("D:\\java\\ch7\\aa.
           zip");
6          BufferedInputStream bin=new BufferedInputStream(in);
7          // 创建一个带缓冲区的输出流
8          FileOutputStream  out=new FileOutputStream("D:\\Java\\
           ch7\\a3.zip ");
9          BufferedOutputStream bout=new BufferedOutputStream(out);
10         int len;
11         double f=System.currentTimeMillis();// 获取复制文件前的系统时间
12         while((len=bin.read())!=-1){
13             bout.write(len);
14         }
15         double e=System.currentTimeMillis();// 获取文件复制结束时的系统时间
16         System.out.println(" 复制文件的时间是 :"+((e-f)+" 毫秒 "));
17         bin.close();
18         bout.close();
19     }
20  }
```

【运行结果】

运行结果如图 7-8 所示。

【程序分析】

图 7-8 例 7-6 运行结果（一）

第 6 和第 9 句：创建 BufferedInputStream 和 BufferedOutputStream 两个缓冲流对象。当调用 read() 或者 write() 方法读写数据时，首先将读写的数据存入定义好的字节流中，然后将字节流中的数据一次性读写到文件中，提高效率。

将第 6 和第 9 句删除，修改第 12 句中的变量 bin 为 in，修改第 13 句中的变量 bout 为 out，具体如下：

```
1  import java.io.*;
2  public class ch7_6x{
3      public static void main (String [] args) throws IOException {
4          FileInputStream in=new FileInputStream("D:\\java\\ch7\\aa.
           zip");
5          FileOutputStream out=new FileOutputStream("D:\\Java\\ch7\\
           a3.zip ");
6          int len;
7          double f=System.currentTimeMillis();// 获取复制文件前的系统时间
8          while((len=in.read())!=-1){
9              out.write(len);
10         }
11         double e=System.currentTimeMillis();// 获取文件复制结束时的系统
                                               // 时间
12         System.out.println(" 复制文件的时间是 :"+((e-f)+" 毫秒 "));
13         in.close();
14         out.close();
15     }
16 }
```

【运行结果】

运行结果如图 7-9 所示。

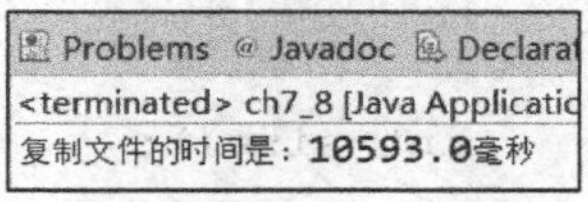

图 7-9　例 7-6 运行结果（二）

【程序分析】

对比图 7-8 与图 7-9 的运行结果，时间上有差别，说明字符缓冲流能提高效率。

7.3.3　数据流

DataInputStream 类和 DataOutputStream 类创建的对象称为数据输入流和数据输出流。都是 Java 中输入 / 输出流的装饰类。它们允许程序按与机器无关的风格读取 Java 原始数据，即当读取一个数值时，不必再关心该数值应当是多少字节。

1. DataInputStream

构造方法：

```
DataInputStream(InputStream in);
```

其他方法：

```
int read(byte[] b);              // 从输入流中读取一定的字节 ,存放到缓冲数组 b 中
int read(byte[] buf,int off,int len);    // 从输入流中一次读入从 off 开始的
                                         //len 个字节
boolean readBoolean;         // 读布尔类型数据
int readInt();               // 读 int 类型数据
byte readByte();             // 读 byte 类型数据
char readChar();             // 读字符类型数据
```

2. DataOutputStream

构造方法：

```
DataOutputStream(OutputStream out);          // 创建一个将数据写入指定输出流 out
                                             // 的数据输出流
```

其他方法：

```
void write(byte[] b,int off,int len);        // 将 byte 数组从 off 角标开始的
                                             //len 个字节写到 OutputStream 输出
                                             // 流对象中
void write(int b);                           // 将指定字节的最低 8 位写入基础输出流
void writeBoolean(boolean b);                // 将一个 boolean 值写入基本输出流
void writeByte(int v);                       // 将一个 byte 值以 1-byte 值形式写入基
                                             // 本输出流
void writeBytes(String s);                   // 将字符串按字节顺序写入基本输出流
void writeChar(int v);                       // 将 char 值以 2-byte 形式写入基本输出流，
                                             // 先写入高字节
void writeInt(int v);                        // 将一个 int 值以 4-byte 值形式写入输出流，
                                             // 先写高字节
void writeUTF(String str);                   // 以机器无关的方式用 UTF-8 修改版将一个字
                                             // 符串写到基本输出流。该方法先用
                                             //writeShort() 写入 2 字节，表示后面的字节数
int size();                                  // 返回 written 的当前值
```

【例 7-7】源程序名为 ch7_7.java，输入和输出不同类型的数据，参看视频。

```
1   import java.io.*;
2   public class ch7_7{
3       public static void main(String args[])throws
          IOException{
4   DataInputStream ips=new DataInputStream(System.in);
5   DataOutputStream ops=new DataOutputStream(System.
       out);
6       System.out.println(" 输入一个 int 类型数据：");
7       int i=ips.readInt();
8       System.out.println(" 输入一个 double 类型数据：");
9       double d=ips.readDouble();
10      System.out.println("/n");
11      System.out.println(" 输入一个字符串：");
12      byte b[]=new byte[10];
13      ips.read(b);
14      ops.writeInt(i);
15      ops.writeDouble(d);
16      ops.write(b);
17      }
18  }
```

【运行结果】
运行结果如图 7-10 所示。

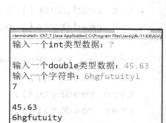

图 7-10 例 7-7 运行结果

【程序分析】

第 7 句：从键盘输入 7。

第 9 句：从键盘输入 45.63。

第 13 句：从键盘输入 6hgfutuityi。

7.4　字符流

字符流是在字节流的基础上加上编码形成的数据流，因为字节流在操作字符时可能会有中文导致的乱码，所以由字节流引申出了字符流。字符流主要处理以 16 位的 Unicode 码表示的字符。JDK 提供了 Reader 和 Writer 两个专门操作字符流的类，这两个类也是抽象类，不能生成这两个类的实例，只能通过使用由它们派生出来的子类生成的对象来处理字符流。字符流常用的子类有文件字符流 FileWriter 和 FileReader。

7.4.1　文件字符流

1. FileReader

文件字符输入流 FileReader 类按字符读取文件中的数据，操作 Unicode 字符，每个字符占 2 字节。

（1）常用 read 的构造方法

```
public FileReader(String fileName);     //用文件名fileName创建一个文件字符
                                        //输入流对象
public FileReader(File file) ;          //用File对象创建一个文件字符输入流对象
```

例如：

```
FileReader in=new FileReader("aa.txt");
File file=new File ("aa.txt");
FileReader in=new FileReader(file);
```

（2）FileReader 的读方法　FileReader 类的对象调用 read() 方法顺序地读取文件，直到文件末尾或者流被关闭。read() 方法如下：

```
int read()throws IOException                            //读取一个字符,返回的int值低
                                                       //16位有效
int read(char[] cbuf) throws IOException    //读取字符数组的 cbuf 个字符
int read(char[]cbuf,int off,int len)throws IOException    //读取字符数组片段
```

2. FileWriter

文件字符输出流 FileWriter 类按字符将数据写到文件中。

（1）常用 write 的构造方法

```
public FileWriter(String name);     //用文件名 name 创建一个文件字符输出流
public File Writer(File file);      //用File对象创建一个文件字符输出流对象
```

例如：

```
File Writer out = new File Writer ("a.txt");
```

```
File file=new File("java\\b.txt");
File Writer out = new File Writer (file);
```

（2）File Writer 的写方法

```
void write(int b)                           // 写一个字符
void write(char[] b, int off, int len)      // 写数组片段
void write(String str)                      // 写全部字符串
void write(String str, int off, int len)    // 写字符片段
```

【例 7-8】源程序名为 ch7_8.java，对文件写并读取文件，输出到屏幕上。要求用文件字符输入流 FileReader 和文件字符输出流 FileWriter 实现，参看视频。

```
1  import java.io.*;
2  public class ch7_8 {
3  public static void main(String[] args) {
4      FileWriter fw = null;
5        FileReader fr = null;
6        try {
7            int len = 0;                         // 获取复制文件前的系统时间
8            long beginTime = System.currentTimeMillis();
9            fw = new FileWriter("D:\\java\\ch7\\ 劝学 .txt");  // 绝对路径
10           fw.write(" 三更灯火五更鸡 \t 正是男儿读书时 \t ");
11           fw.write(" 黑发不知勤学早 \t 白首方悔读书迟 \n");
12           fw.close();
13           fr = new FileReader("D:/java/ch7/ 劝学 .txt");
14           int i;
15           while ((i = fr.read()) != -1) {
16               System.out.print((char) i);
17           }
18           fr.close();
19           long endTime = System.currentTimeMillis();  // 输出复制文件
                                                          // 花费时间
20           System.out.println(" 花费时间为 :" + (endTime - beginTime) + " 毫秒");
21       } catch (IOException e) {
22           e.printStackTrace();
23       }
24  }
25 }
```

视频例 7-8

【运行结果】
运行结果如图 7-11 所示。

```
三更灯火五更鸡        正是男儿读书时        黑发不知勤学早        白首方悔读书迟
花费时间为:2.0毫秒
```

图 7-11 例 7-8 运行结果

【程序分析】
第 9 句：建立一个写文件流，首先在 D:\java\ch7 目录下建立一个空文件 "劝学 .txt"。

第 10 和 11 句：写入文件的内容。

第 13 句：建立一个读取"劝学 .txt"内容的输入流。

7.4.2 字符缓冲流

输入 / 输出流与内存的关系如图 7-12 所示。输入 / 输出流的源或者目的地并不仅限于磁盘、网络，内存也可以作为输入 / 输出流的来源和目的地。以内存作为源或者目的地的流称为内存流，字符缓冲流属于内存流。字符缓

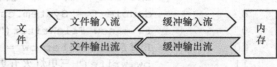

图 7-12 输入 / 输出流与内存的关系

冲流分为字符缓冲输入流 BufferedReader 和字符缓冲输出流 BufferedWriter，能够减少访问磁盘次数，可以一次性读取一行字符，完成文本数据的高效地写入与读取操作。

1. BufferedReader

（1）常用的构造方法

```
public BufferedReader(Reader in);          // 创建一个默认缓冲区大小为 8KB 的
                                           // 字符缓冲输入流
public BufferedReader(Reader in, int sz)   // 创建一个使用指定大小输入缓冲区的
                                           // 缓冲字符输入流
```

例如：

```
FileReader inOne=new FileReader("aa.txt");
BufferedReader  inTwo=newBufferedReader (inOne);
```

（2）BufferedReader 的常用方法

```
public String readLine() throws IOException;
```

BufferedReader 读取字符时，一次性读取一行，并将游标指向下一行。通过下列字符之一即可认为某行已终止：换行（'\n'）、回车（'\r'）。

2. BufferedWriter

（1）常用的构造方法

```
BufferedWriter(Writer out);  // 创建一个默认缓冲区大小为 8KB 的字符缓冲输出流
```

例如：

```
FileWriter outOne=new FileWriter("a1.txt");
BufferedWriter outTwo=new BufferedWriter(outOne);
```

（2）BufferedWriter 的其他写方法

```
public void newLine();           // 写入字符是在一行，调用该方法可实现文本换行
```

【例 7-9】源程序名为 ch7_9.java，对例 7-8 进行修改，增加缓冲流，提高文件的复制效率，参看视频。

```
1  import java.io.*;
2  public class ch7_9 {
```

视频例 7-9

```
3      public static void main(String[] args) {
4          FileWriter fw = null;
5          FileReader fr = null;
6          try {
7              int len = 0;      // 获取复制文件前的系统时间
8              double f = System.currentTimeMillis();
9              fw = new FileWriter("D:\\java\\ch7\\ 劝学 h.txt"); // 绝对路径
10             BufferedWriter bw = new BufferedWriter(fw);
11             bw.write(" 三更灯火五更鸡 \t 正是男儿读书时 \t");
12             bw.write(" 黑发不知勤学早 \t 白首方悔读书迟 \n");
13             bw.close();
14             fw.close();
15             fr = new FileReader("D:/java/ch7/ 劝学 h.txt");
16             BufferedReader br = new BufferedReader(fr);
17             String s = null;
18             while ((s = br.readLine()) != null) {
19                 System.out.print(s);
20             }
21             fr.close();
22             br.close();
23             double e = System.currentTimeMillis();// 输出复制花费时间
24             System.out.println("\n" + " 花费时间为 :" + (e - f) + " 毫秒 ");
25         } catch (IOException e) {
26             e.printStackTrace();
27         }
28     }
29  }
```

【运行结果】

运行结果如图 7-13 所示。

三更灯火五更鸡	正是男儿读书时	黑发不知勤学早	白首方悔读书迟

花费时间为：**1.0**毫秒

图 7-13 例 7-9 运行结果

【程序分析】

第 10 句：建立输出缓冲流。

第 16 句：建立输入缓冲流。

7.4.3 交换流

前面讲到了将输入 / 输出流分成字节流和字符流，但实际应用中，有时字符流和字节流之间需要进行转换。在 JDK 中，提供了两个类 InputStreamReader 和 OutputStreamWriter 用于实现将字节流转换为字符流。其中，InputStreamReader 类是 Reader 的子类，它可以将一个字节输入流转换成字符输入流，方便读取字符。OutputStreamWriter 类是 Writer 的子类，它用于将字节输出流转换成字符输出流，方便直接写入字符。

1. InputStreamReader 类的主要构造函数

（1）InputStreamReader（InputStream in） 创建一个使用默认字符集的 InputStreamReader。

（2）InputStreamReader（InputStream in，String charsetName） 创建一个使用指定 charset 的 InputStreamReader。

2. OutputStreamWriter 类的主要构造函数

（1）OutputStreamWriter（OutputStream out） 创建使用默认字符编码的 OutputStreamWriter。

（2）OutputStreamWriter（OutputStream out，String charsetName） 创建使用指定 charset 的 OutputStreamWriter。

3. InputStreamReader 类和 OutputStreamWriter 类的方法

（1）读入和写出字符　InputStreamReader 和 OutputStreamWriter 的读入和写出字符的方法基本与 Reader 和 Write 相同。

（2）获取当前编码方式

```
public String getEncoding ();          // 返回此流使用的字符编码的名称
```

（3）关闭流

```
public void close () throws IOException;          // 关闭该流
```

为了避免频繁地进行字符和字节之间的转换，达到较高的效率，最好不要直接使用这两个类来进行读写，应尽量使用 BufferedReader 类包装 InputStreamReader，使用 BufferedWriter 类包装 OutputStreamWriter 类。

【例 7-10】源程序名为 ch7_10.java，通过文件复制，实现字节流与字符流的转换，参看视频。

```
1  import java.io.*;
2  public class ch7_10 {
3  public static void main(String[] args) throws Exception {
4      FileInputStream in = new FileInputStream("D:/java/ch7/
   a5.txt");
5      InputStreamReader zfr = new InputStreamReader(in);
6      BufferedReader br = new BufferedReader(zfr);
7      FileOutputStream out = new FileOutputStream("D:/java/ch7/
        a6.txt");
8      OutputStreamWriter zfw = new OutputStreamWriter(out);
9      BufferedWriter bw = new BufferedWriter(zfw);
10     String line = null;                  // 定义一个字符串变量
11     while ((line = br.readLine()) != null) {  // 通过循环判断是否读到文
                                                //    件末尾
12         bw.write(line);                  // 输出读取到的文件
13         bw.newLine();                    // 写出回车换行符
14         bw.write("\r\n");                // 只支持 Windows 操作系统
15     }
16     br.close();
17     bw.close();
18  }
19  }
```

视频例 7-10

【运行结果】

运行结果如图 7-14 所示。

【程序分析】

第 4 句：创建字节输入流对象 in，获取源文件 a5.tx。

第 5 句：将字节输入流对象转换成字符输入流对象 zfr。

第 6 句：创建字符输入缓冲流对象 br。

第 7 句：创建字节输出流对象，指定目标文件 out。

第 8 句：将字节输出流对象转换成字符输出流对象 zfw。

第 9 句：创建字符输出缓冲流对象 bw。

图 7-14 例 7-10 运行结果

7.5 项目案例——复制与读写学生信息文件

【例 7-11】源程序名为 ch7_11.java，使用 Java 的文件流，将学生党员的信息写入计算机并读出。可通过学生信息文件复制与读写完成。

项目分析：利用输入 / 输出流，从键盘输入学生信息，保存到指定位置，然后进行文件复制。类的设计如图 7-15 所示。

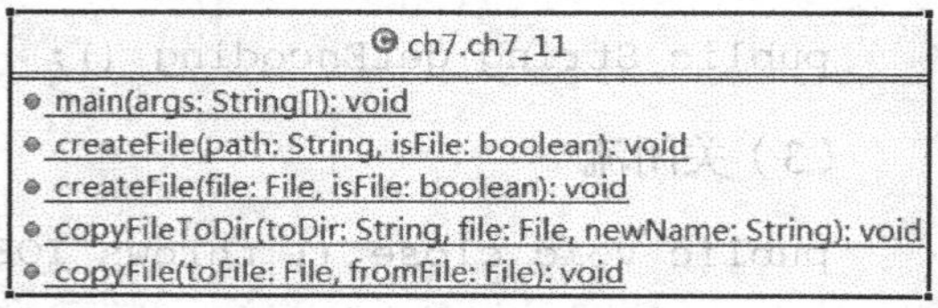

```
ch7.ch7_11
● main(args: String[]): void
● createFile(path: String, isFile: boolean): void
● createFile(file: File, isFile: boolean): void
● copyFileToDir(toDir: String, file: File, newName: String): void
● copyFile(toFile: File, fromFile: File): void
```

图 7-15 类的设计

```java
1  import java.io.*;
2  public class ch7_ 11{
3      public static void main(String[] args) throws Exception {
4          File f = new File("stu.txt");
5          BufferedWriter out1 = new BufferedWriter(new FileWriter(f));
6          String s;
7          // 创建一个从键盘输入的流
8  BufferedReader in1=new   BufferedReader(new InputStreamReader(System.in));
9          s=in1.readLine();
10         while(!s.equals("exit")) {   // 从键盘输入学生信息，输入 exit 退出
11             out1.write(s);            // 信息写入文件
12             s=in1.readLine();
13         }
14         in1.close();
15         out1.close();
16         copyFileToDir("d:/ 党员信息 ",f,"copystu.txt");
17     }
18  public static void createFile(String path,boolean isFile) {
                                              // 创建文件或目录
19      createFile(new File(path),isFile);    // 按 path 给出的路径创建新
                                              // 文件或目录
20  }
21  public static void createFile(File file, boolean isFile) {
                                              // 创建文件或目录
```

```
22          // TODO Auto-generated method stub
23          if(!file.exists()) {                       // 如果文件不存在
24              if(!file.getParentFile().exists()) {   // 如果文件父目录不存在
25                  createFile(file.getParentFile(),false);
26              }else {                                 // 存在文件父目录
27                  if(isFile) {                        // 创建文件
28                      try {
29                          file.createNewFile();       // 创建新文件
30                          }catch(IOException e) {
31                          e.printStackTrace();
32                          }
33                      }else {
34                      file.mkdir();                   // 创建目录
35                      }
36              }
37          }
38      }
39      // 复制文件到指定目录
40          public static void copyFileToDir(String toDir, File file, String
             newName) {
41              // TODO Auto-generated method stub
42              String newFile="";
43              if(newName!=null&&!"".equals(newName)) {
44                  newFile=toDir+"/"+newName;
45              }else {
46                  newFile=toDir+"/"+file.getName();
47              }
48              File tFile=new File(newFile);
49              copyFile(tFile,file);                   // 调用方法复制文件
50          }
51      public static void copyFile(File toFile, File fromFile) {
                                                        // 复制文件
52          // TODO Auto-generated method stub
53          if(toFile.exists()) {                       // 判断目标目录中文件是否存在
54              System.out.println("文 件"+toFile.getAbsolutePath()+"已 经
                                存在，跳过该文件!");
55              return;
56          }else {
57              createFile(toFile,true);                // 创建文件
58          }
59          System.out.println("复制文件"+fromFile.getAbsolutePath()+"到
60                              "+toFile.getAbsolutePath());
61          try {// 创建文件输入流
62              InputStream is=new FileInputStream(fromFile);
63              FileOutputStream fos =new FileOutputStream(toFile);
                                                        // 文件输出流
64              byte[]buffer=new byte[1024];            // 字节数组
65              while(is.read(buffer)!=-1) {            // 将文件内容写到文件中
```

```
66                    fos.write(buffer);
67              }
68              is.close();                        // 输入流关闭
69              fos.close();                       // 输出流关闭
70          }catch(FileNotFoundException e) {      // 捕获文件不存在异常
71              e.printStackTrace();
72          }catch(IOException e) {                // 捕获异常
73              e.printStackTrace();
74          }
75      }
76  }
```

7.6 寻根求源

1）当读文件时出现输入 / 输出错误（见图 7-16），如，

```
f = new FileInputStream(" d:\\aa.txt" );
```

terminated> Ch7_4 [Java Application] C:\Program Files\Java\jdk-11.0.6\bin\javaw.exe (2021年1月25日 下午8:09:04)
Exception in thread "main" java.io.FileNotFoundException: d:\aa.txt （系统找不到指定的文件。）

图 7-16　输入 / 输出错误

之所以出现上述错误，是因为只有在写入时，如果文件不存在，系统才会自动创建新文件；而当读文件时，如果文件不存在，系统就会报错。另外，这里没有进行异常处理，而是在方法中直接抛出异常。其解决方法是文件读写操作一定要做异常处理。将以上语句修改为

```
try{
        f = new FileInputStream("d:\\aa.txt");
    }catch(FileNotFoundException e){
            System.out.println("File not Found");
            return;
    }catch(ArrayIndexOutOfBoundsException e){
            System.out.println("Usage:ShowFile File");
            return;
    }
```

这样，当文件不存在时，运行结果如图 7-17 所示。

2）在写文件时，有时因为写入的内容过少，导致不能及时显示写入的内容，程序员误认为没有写入。这是因为字符被写入缓冲区，没有从缓冲区输出，可以用 Writer 类中的 flush() 方法强制输出缓冲区中的内容，并将缓冲区清空。

Problems @ Javadoc Declaratio
<terminated> Ch7_4 [Java Application] C:\Progra
File not Found

图 7-17　运行结果

7.7 拓展思维

1. 根据要求编写程序

1）创建类 Student，内含学号、姓名、年龄、班级等属性。重写父类的 toString() 方法，

用于输出学生信息。

2）建立测试类，建立 Student 类的对象数组 stuArray，其中放置若干个学生对象，将数组中的数据依次写入文件 stu.dat；读取该文件中的信息，依次还原出数组中各 Student 对象的信息。

提示：需要学生类的全参构造函数和无参构造函数，需要使用 ObjectOutputStream 和 ObjectInputStream 类对数组对象进行读写。

思考：你能将学生数组写入文档吗？单独的学生对象能够写入吗？

问题拓展：尝试将一个学生对象写入文档。

2. 对象串行化

想一想如何将 Java 程序中的对象保存在外存中？将对象保存在外存中称为对象的串行化或序列化。Java 中定义了两种类型的字节流，即 ObjectInput Stream 和 ObjectOutputStream 支持对象的读和写，这两种流一般称为对象流。除了对象流外，还有其他有关对象串行化的类和接口。

对象串行化是将对象的状态用一种串行格式表示出来，以便以后读该对象时能够将其重构出来。串行化对于大多数 Java 应用是非常重要和基本的，那么如何来构造一个类使其对象可被串行化呢？实现了 Serializable 接口的类，它的对象可以被串性化。Serializable 是一个空接口，其目的只是简单地标识一个类的对象可以被串行化。

Serializable 接口的完整定义如下：

```
package java.io;
public interface Serializable{
}
```

【例 7-12】将学生类型的数组写入文件并读出。

```
1   import java.io.*;
2   import java.util.*;
3   class Student implements Serializable{
4       String id;
5       String name;
6       int age;
7       String Class;
8       public Student(String id, String name, int age, String class1) {
9           super();
10          this.id = id;
11          this.name = name;
12          this.age = age;
13          Class = class1;
14      }
15      @Override          //toString() 方法是对类本身的描述
16      public String toString() {
17        return "Student [id=" + id + ", name=" + name + ", age=" + age
              + ", Class=" + Class + "]";
18      }
19  }
20  public class Ch7_12{
21      public  static  void  main(String [] args)  throws
          FileNotFoundException, IOException, ClassNotFoundException
```

```
22          {
23              Student stu1 = new Student("001", "bo", 20, "ruanjian1704");
24              Student stu2 = new Student("002", "wen", 20, "ruanjian1705");
25              Student stuArray[] = new Student[] {stu1, stu2};
26              ObjectOutputStream os = new ObjectOutputStream(new
27                              FileOutputStream("stu.dat"));
28              ObjectInputStream is = new ObjectInputStream(new
29                              FileInputStream("stu.dat"));
30              os.writeObject(stuArray);
31              Object object = is.readObject();
32              if(object instanceof Student[]){
33                  Student [] stu = (Student[])object;
34                  for(Student id : stu)
35                  {
36                      System.out.println(id);
37                  }
38              }
39              os.close();
40              is.close();
41          }
42  }
```

【运行结果】

运行结果如图 7-18 所示。

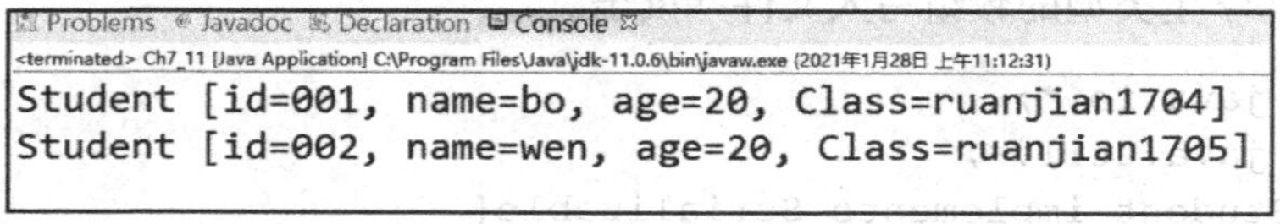

图 7-18　例 7-12 运行结果

知识测试

一、判断题

1. 程序员必须创建 System.in，System.out 和 System.err 对象。　　　　　　　　（　　　）

2. 如果顺序文件中的文件指针不是指向文件头，那么必须先关闭文件，然后打开，才能从文件头开始读。　　　　　　　　　　　　　　　　　　　　　　　　　　　　　　（　　　）

3. seek() 方法必须以文件头为基准进行查找。　　　　　　　　　　　　　　　　（　　　）

4. Java 中的每个文件均以一个文件结束标记（EOF），或者以记录在系统管理数据结构中的一个特殊的字节编号结束。　　　　　　　　　　　　　　　　　　　　　　　　（　　　）

5. 如果要在 Java 中进行文件处理，则必须使用 Java.swing 包。　　　　　　　　（　　　）

6. Java 系统的标准输入对象是 System.in；标准输出对象有两个，分别是标准输出 System.out 和标准错误输出 System.err。　　　　　　　　　　　　　　　　　　　　　　（　　　）

7. InputStream 和 OutputStream 都是抽象类。　　　　　　　　　　　　　　　　（　　　）

8. Java 的字符类型采用的是 ASCII 编码。　　　　　　　　　　　　　　　　　　（　　　）

9. 管道流可以实现线程间数据的直接传输。　　　　　　　　　　　　　　　　　（　　　）

10. Java 中的字符流以 8 字节为单位进行读写。　　　　　　　　　　　　　　　（　　　）

二、单项选择题

1. 能向内部直接写入数据的流是（   ）。

A. FileOutputStream   B. FileInputStream

C. ByteArrayOutputStream   D. ByteArrayInputStream

2. 为实现多线程之间的通信，需要使用（   ）。

A. Filter stream   B. File stream

C. Random access stream   D. Piped stream

3. 在读取二进制数据文件的记录时，为了提高效率，常常使用的一种辅助类是（   ）。

A. InputStream   B. FileInputStream   C. StringBuffer   D. BufferedReader

4. 计算机处理的最小数据单元称为（   ）。

A. 位   B. 字节   C. 兆   D. 文件

5. 字母、数字和特殊符号称为（   ）。

A. 位   B. 字节   C. 字符   D. 文件

6. 下列 InputStream 类中的（   ）方法可以用于关闭流。

A. skiP()   B. close()   C. mark ()   D. reset()

7. 删除 File 实例对应文件的方法是（   ）。

A. mkdir   B. exists   C. delete   D. isHidden

8. 要从文件 file.dat 中读出第 10 个字节到变量 C 中，下列方法中正确的是（   ）。

A. FileInputStream in=new FileInputStream（"file.dat"）; in.skip（9）; int c=in.read();

B. FileInputStream in=new FileInputStream（"file.dat"）; in.skip（10）; int c=in.read();

C. FileInputStream in=new FileInputStream（"file.dat"）; int c=in.read();

D. RandomAccessFile in=new RandomAccessFile（"file.dat"）; in.skip（9）; int c=in.
readByte();

9. Character 流与 Byte 流的区别是（   ）。

A. 每次读入的字节数不同   B. 前者带有缓冲，后者没有

C. 前者是块读写，后者是字节读写   D. 两者没有区别，可以互换使用

10. File 类中以字符串形式返回文件绝对路径的方法是（   ）。

A. getParent()   B. getName()   C. getAbsolutePath()   D. getPath()

三、填空题

1. Java 输入 / 输出流包括_____、字符流、文件流、对象流以及多线程之间通信的管道。

2. 所有字符输出流都是_____的子类。

3. 文件类_____是 java.io 中的一个重要的非流类，其中封装了对文件系统进行操作的功能。

4. 使用输入流的 read() 方法会产生_____异常。

5. InputStreamReader 流用来将字节转换为_____。

四、综合应用

1. 解释程序中语句的含义并写出结果。

纯文本文件 f1.txt 中的内容是 abcd，下面的程序将 f1.txt 文件中的内容写到 f2.txt 文件中和屏幕上。

```java
import java.io.*;
public class filecopy {
public static void main(String[] args) {
```

```
try {
    StringBuffer str=new StringBuffer(  );
    FileInputStream fin=new FileInputStream("f1.txt");
    // 含义 :_____
    FileOutputStream fout=new FileOutputStream("f2.txt");
    // 含义 :_____
    int c;
    while((c=fin.read(  ))!=-1){
        fout.write(c); // 含义 : _____
        str.append((char)c); // 含义 : _____
        fin.close(  ); fout.close(  );
        String str2=str.toString(  );
        System.out.println(str2); // 显示的结果是 :_____
        }catch(Exception c) {
        System.out.println(c); } } }
```

2. 有文件名为 Java_2.java 的文件，该程序是不完整的，请在下画线处填入正确内容，并删除下画线。请勿删除注释行或其他已有语句内容。

下列程序的功能是：基于 Java 文件的输入 / 输出流实现将 in.txt 文件的内容复制到 out.txt 文件中。

```
import java.io.*;
public class Java_2 {
public static void main(String[] args) {
try {
//*********Found**********
    FileInputStream in = new FileInputStream("_____");
    FileOutputStream out = new FileOutputStream("out.txt");
    BufferedInputStream bufferedIn = new BufferedInputStream(in);
//*********Found**********
    BufferedOutputStream bufferedOut = new _____(out);
//*********Found**********
    byte[] data = new _____[1];
//*********Found**********
    _____ (bufferedIn.read(data) != -1){
    bufferedOut.write(data);
}
bufferedOut.flush();
bufferedIn.close();
//*********Found**********
    _____.close();
//*********Found**********
} _____ (ArrayIndexOutOfBoundsException e) {
        e.printStackTrace();
} catch (IOException e) {
        e.printStackTrace();
    }
  }
}
```

Chapter

第8章

多 线 程

学习目标

1. 掌握：线程有关的类以及线程的优先级。
2. 掌握：线程的生命周期。
3. 掌握：线程的同步方法。
4. 了解：进程、线程的定义以及它们的区别。

重点

掌握：线程的实现方法。

难点

掌握：线程的同步实现方法。

多线程就是多任务，多任务就是在同一时间内做多件事情。目前的操作系统大多属于多任务、分时的操作系统。Windows、Linux 就属于此类操作系统，其可以同一时间执行多个程序，如边听歌、边聊天，同时还可以看网页。而现今计算机都具有双核架构，多线程的程序会让多个 CPU 同时工作，整体执行效能会大幅度提高，所以多线程的程序设计日益重要，本章即详细介绍线程的基本知识。

8.1 线程概述

在 Java 语言中，多线程技术是一个重要的特性。通过编制多线程程序，可以让计算机在同一段时间内并行处理多个不同的工作任务。

8.1.1 进程与线程

在介绍线程之前必须先知道进程。一般来说，把正在计算机中运行的程序称为进程，如QQ、微信等。

线程就是在进程内部并发运行的过程（方法）。在进程内又进一步细化分出了线程的概念，线程是比进程更小的执行单位，线程几乎不拥有任何资源，它在执行时使用的是所在进程的资源。因此，线程的切换减少了（或没有）操作系统的资源调度开销，从而可以提高系统的整体运行速度。

一个进程可能容纳了多个同时执行的线程，线程就是执行中的一段程序。生活中很多事情都可以看作线程，如吃饭、睡觉、看书、工作等。有时为了提高效率，人们可能同时做几件事，每一件事就称为一个进程，此时就工作在多进程状态下。

假设你正在准备晚餐，微波炉里正烤着面包，咖啡壶里正煮着咖啡，你也许正在煤气灶边忙着煎鸡蛋。你得不时地关照着微波炉和咖啡壶，还得注意不要把鸡蛋煎煳了，如果电话铃响了，你还得接电话。你简直就是效率专家，你就在完成多进程任务。

在前面的程序中，代码都是按照调用顺序依次往下执行的，没有出现两段或更多的程序段交替执行的效果，这样的程序称为单线程程序。如果要在程序中实现多段程序交替执行，则需要创建多个线程，即多线程。多线程是指一个进程执行过程中可产生多个线程，多个线程运行时相互独立，可以并发执行。这多个线程执行时看起来像是同时进行的，但其实它们和一个进程一样，也是由 CPU 轮流执行的，只不过 CPU 执行速度过快，给人们的感觉是在同时执行一样。通过采用并发执行机制，可以大大提高程序的执行效率。知道了一些基本概念后，下面介绍在 Java 中怎样创建线程。创建线程主要有两种方式：一是继承 Thread 类，二是实现 Runnable 接口。

8.1.2　Thread 类

要启动一个新的线程，首先要建立一个对象，并通过调用 stat() 方法启动线程。star() 方法定义在 Thread 类内。

1. 构造方法

（1）public Thread()

功能：创建一个系统线程类的对象。

（2）public Thread（Runnable target）

参数说明：target 是 Runnable 系统接口的实例对象。

功能：创建一个系统线程类的对象，该线程可以调用指定 Runnable 接口对象的 run() 方法。

（3）public Thread（ThreadGroup group，String name）

参数说明：group 是 ThreadGroup（线程组）的实例对象；name 是新线程名字，可以用 null 作为线程名。

功能：创建一个指定名字的系统线程类的对象，并将该线程加入指定的线程组中。

（4）public Thread（String name）

功能：创建一个指定名字的系统线程类的对象。

（5）public Thread（ThreadGroup group，Runnable target）

功能：创建一个系统线程类的对象，并将该线程加入指定的线程组中，同时该线程可以调用指定 Runnable 接口对象的 run() 方法。

（6）public Thread（ThreadGroup group，Runnable target，String name）

功能：创建一个指定名字的系统线程类的对象，并将该线程加入指定的线程组中，同时该线程可以调用指定 Runnable 接口对象的 run() 方法。

利用构造方法创建新对象之后，该对象中的有关数据被初始化，从而进入线程的新建状态。

2. 常用方法

利用 Thread 类定义的方法可以创建线程、控制线程等。Thread 类中常用的方法如表 8-1 所示。

表 8-1　Thread 类中常用的方法

方法名称	方法说明
public static int activeCount()	返回线程组中目前活动线程的数目
public static native Thread currentThread()	返回目前正在执行的线程
public void destroy()	销毁线程
public static int enumerate（Thread tarray[]）	将活动线程复制至指定的线程数组
public final String getName()	返回线程的名称
public final int getPriority()	返回线程的优先级
public final ThreadGroup getThreadGroup()	返回线程的线程组
public static boolean interrupted()	判断目前线程是否被中断，返回逻辑值
public final native boolean isAlive()	判断线程是否在活动，返回逻辑值
public boolean isInterrupted()	判断线程是否被中断，返回逻辑值
public final void join() throws InterruptedException	等待线程终止
public final synchronized void join（long millis）throws InterruptedException	等待 millis 毫秒后，线程终止
public final synchronized void join（long millis，int nanos）throws InterruptedException	等待 millis 毫秒加上 nanos 微秒后，线程终止
public void run()	执行线程
public final void setName()	设定线程名称
public final void setPriorrity（int newPriority）	设定线程的优先值
public static native void sleep（long millis）throws InterruptedException	使正在执行的线程休眠 millis 毫秒
public static void sleep（long millis，int nanos）throws InterruptedException	使正在执行的线程休眠 millis 毫秒加上 nanos 微秒
public native synchronized void start()	线程开始执行
public String toString()	返回代表线程的字符串
public static native void yield()	暂停目前正在执行的线程，允许其他线程执行

3. 线程优先级

Java 虚拟机允许一个应用程序拥有多个正在执行的线程。在众多线程中，哪一个线程先执行，哪一个线程后执行，取决于线程的优先级。线程的优先级是一个整数值，值越大，越先执行；值越小，越慢执行。在 Thread 类中有 3 个有关线程优先级的静态常量。

1）MAX_PRIORITY：线程拥有最大优先级，值为 10。

2）MIN_PRIORITY：线程拥有最小优先级，值为 1。

3）NORM_PRIORITY：标准的优先级，它为一般线程的默认级，值为 5。

8.2　线程的实现

在 Java 中实现一个线程有两种方法：①继承 Thread 类，覆盖它的 run() 方法；②通过 Runnable 接口实现它的 run() 方法。

1. 通过继承 Thread 类实现多线程（直接方式）

创建一个线程，最简单的方法就是从 Thread 类直接继承。Thread 类包含创建和运行线程所需的一切内容。由于系统的 Thread 类中的 run() 方法没有具体内容，因此用户在创建自己的 Thread 类的子类时，需要在子类中重新定义自己的 run() 方法，该 run() 方法中包含用户线程的操作。定义了 Thread 子类后，只需要创建一个已定义好的 Thread 子类的实例对象即可。直接方式创建线程的步骤如下。

1）定义一个线程（Thread）子类。
2）在该线程子类中定义 run() 方法。
3）在 run() 方法中定义此线程的具体操作。
4）在其他类的方法中创建此线程的实例对象，并用 start() 方法启动线程。

视频例 8-1

【例 8-1】源程序名为 ch8_1.java，通过继承 Thread 实现多线程，参看视频。

```
1  class Animal extends Thread{
2      int waterAmount;                                    // 用 int 变量模拟用水量
3      public void setWaterAmont(int waterAmont) {         // 设置数量的大小
4          this.waterAmount = waterAmont;
5      }
6      public void run() {
7          int m=1;
8          while(true){
9              if(waterAmount<=0){
10                 return;
11             }
12             waterAmount=waterAmount-m;
13             System.out.print("\n"+Thread.currentThread().getName()+
14                             " 剩 "+waterAmount+" 克 \t");      }
15         }
16     }
17 public class ch8_1{
18     public static void main(String[] args) {            // 主线程
19         Animal cat=new Animal();                        // 创建线程
20         Animal dog=new Animal();                        // 创建线程
21         cat.setName(" 猫 ");                            // 给线程命名
22         dog.setName(" 狗 ");
23         cat.setWaterAmont(5);                           // 设置线程中的水量
24         dog.setWaterAmont(5);
25         cat.start();
26         dog.start();
27     }
28 }
```

猫剩4克
狗剩4克
狗剩3克
狗剩2克
狗剩1克
猫剩3克
狗剩2克
狗剩1克
猫剩2克
猫剩1克
猫剩0克
狗剩0克

【运行结果】
运行结果如图 8-1 所示。

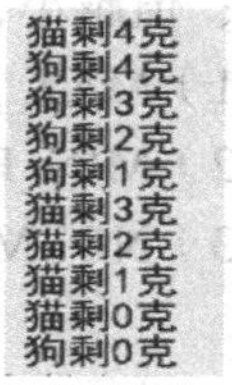

图 8-1 例 8-1 运行结果

【程序分析】
1）Java 虚拟机将 CPU 的资源给主线程，主线程执行如下语句：

```
Animal cat=new Animal();      // 创建线程
```

```
Animal dog=new Animal();        // 创建线程
cat.setName(" 猫 ");             // 给线程命名
dog.setName(" 狗 ");
cat.setWaterAmont(5);           // 设置线程中的水量
dog.setWaterAmont(5);
cat.start();
dog.start();
```

2）主线程中创建了两个线程，这时 Java 虚拟机中一共有 3 个线程：主线程、cat 和 dog。但是，现在主线程已经执行到最后一句，所以只有 cat、dog 随机切换使用 CPU 资源，才会出现不一样的结果。

3）cat 线程先使用资源执行 run() 方法，如下：

```
int m=1;
while(true){
        if(waterAmount<=0){
            return;
        }
    waterAmount=waterAmount-m;
    System.out.print(Thread.currentThread().getName()+
    " 剩 "+waterAmount+" 克 \t");
}
```

该循环每次将水量减少 1，直到没有水为止。按照设定的水量 5，应该执行 5 次，但是输出结果却为"猫剩 4 克"；执行到第 2 次后，输出结果为"狗剩 4 克"。该线程之所以没有执行完，是因为 CPU 资源又轮到 dog 使用，然后这两个线程轮流使用资源，整体的运行结果就如图 8-1 所示。

2. 通过 Runnable 接口实现多线程（间接方式）

由于 Java 不支持多继承性，因此如果用户需要类以线程方式运行且继承其他所需要的类，就必须实现 Runnable 接口。Runnable 接口包含与 Thread 类一致的基本方法。事实上，Runnable 接口只有一个 run() 方法，所以实现该接口的程序必须要定义 run() 方法的具体内容，用户新建线程的操作也由该方法来决定。定义好接口类后，程序中如果需要使用线程，只要以这个实现了 run() 方法的类为参数创建系统类 Thread 的对象，就可以把实现的 run() 方法继承过来。间接方式创建线程的步骤如下。

1）定义一个 Runnable 接口类。

2）在此接口类中定义一个 run() 方法。

3）在 run() 方法中定义线程的操作。

4）在其他类的方法中创建此 Runnable 接口类的实例对象，并以此实例对象作为参数创建线程类对象。

5）用 start() 方法启动线程。

【例 8-2】源程序名为 ch8_2.java，通过 Runnable 接口间接实现多线程，参看视频。

视频例 8-2

```
1  public class ch8_2 {
2      public static void main(String[] args) {
```

```
3          House house=new House();
4          house.setWaterAmont(5);
5          Thread dog,cat;
6          dog=new Thread(house);
7          cat=new Thread(house);              //cat 和 dog 的目标对象相同
8          cat.setName(" 猫 ");
9          dog.setName(" 狗 ");
10          cat.start();
11          dog.start();
12      }
13  }
14  class House implements Runnable{
15      int waterAmount;
16      public void setWaterAmont(int waterAmont) {
17          this.waterAmount = waterAmont;
18      }
19      public void run() {
20          int m=1;
21          while(true){
22              if(waterAmount<=0){
23                  return;
24              }
25              waterAmount=waterAmount-m;
26              System.out.print("\n"+Thread.currentThread().getName()+
27                      " 剩 "+waterAmount+" 克 \t");
28      }
29  }
```

【运行结果】

运行结果如图 8-2 所示。

【程序分析】

猫剩3克
狗剩3克
狗剩2克
狗剩1克
狗剩0克

图 8-2 例 8-2 运行结果

1）与例 8-1 相比，线程类不是使用 Thread 子类来创建，而是采用实现 Runnable 接口的方法。使用 Thread 类创建了猫、狗两个线程，猫和狗共享同一间屋子里的一桶水，猫和狗轮流喝水，当水没有时线程结束。

2）按照"house.setWaterAmont（5）;"把水量设为 5 克，每次喝水的量为 1 克，猫和狗一共可以喝 5 次水。通过执行结果可以看出，循环执行了 5 次，并且在猫和狗轮换使用 CPU 资源时，猫和狗一共喝了 5 克水。为什么会这样呢？因为它们同时访问了这一水资源，这种情况在现实中是不允许的。

3）请读者思考一个问题：如何避免多个线程同时访问同一资源？

8.3   线程生命周期

8.3.1   线程的状态

每个 Java 程序都有一个默认的主线程，对于 Java 应用程序，主线程是 main() 方法执行的线索；对于 Applet 程序，主线程是指挥浏览器加载并执行 Java Applet 程序的线索。要想实现多线程，必须在主线程中创建新的线程对象。线程的状态表示线程正在进行的活动以及在此时间段内所能完成的任务。线程一般具有 5 种状态，即新建、就绪、运行、堵塞、终止，表示线程从开始创建到消亡的全过程，称为线程的一个生命周期。

1. 新建状态

在程序中用构造方法创建了一个线程对象后，新生的线程对象便处于新建状态。此时，它已经有了相应的内存空间和其他资源，但还处于不可运行状态。新建一个线程对象可采用线程构造方法，如 Thread thread=new Thread(); 。

2. 就绪状态

新建线程对象后，调用该线程的 start() 方法即可启动线程。当线程启动时，线程进入就绪状态，并且进入线程就绪队列排队，等待 CPU 服务，这表明它已经具备了运行条件。

3. 运行状态

当就绪状态的线程被调用并获得处理器资源时，线程进入运行状态，此时自动调用该线程对象的 run() 方法。run() 方法定义了该线程的操作和功能，用来定义线程对象被调度后执行的操作，它是系统自动调用而用户程序不得使用的方法。

4. 堵塞状态

一个正在执行的线程在某些特殊情况下，如被人为挂起或需要执行耗时的输入 / 输出操作时，将让出 CPU 并暂时中止自己的执行，进入堵塞状态。在可执行状态下，如果调用 sleep()、suspend()、wait() 等方法，线程都将进入堵塞状态。堵塞时，线程不能进入就绪队列排队，而转入相应的阻塞队列排队，只有当引起堵塞的原因被消除后，线程才可以转入就绪状态。

5. 终止状态

线程调用 stop() 方法时或 run() 方法执行结束后，线程即处于终止状态。处于终止状态的线程不具有继续运行的能力。

8.3.2 线程的常用方法

线程在使用过程中常用的方法如下。

1. start()

调用 start() 方法启动线程，使线程从新建状态进入就绪状态，一旦轮到该线程享用 CPU 资源，就可以脱离创建它的线程开始自己的生命周期。

注意：只有处于新建状态的线程才能调用 start() 方法。

2. run()

run() 方法用来定义线程对象被调度后执行的操作，是系统自动调用而用户程序不得使用的方法。系统的 Thread 类中，run() 方法没有具体内容，所以用户需要创建自己的 Thread 类子类重写父类的 run() 方法或实现接口 Runnable 的 run() 方法。当 run() 方法执行完毕后，线程就变成终止状态，即线程释放了实体。在线程没有结束 run() 方法之前，不建议让线程再调用 start() 方法。

3. sleep（int milsecound）

线程的调度是按照优先级的高低顺序进行的，当高级线程为终止状态时，低级线程没有机会获得 CPU 资源。有时，高级线程需要低级线程做一些工作来配合它，此时高级线程需要让出资源，使低级线程有机会执行。为了达到这个目的，高级线程在它的 run() 方法中调用 sleep() 方法放弃 CPU 资源，休眠一段时间。休眠时间的长短由参数决定，millsecond 是以毫秒为单位的休眠时间。如果线程在休眠中被打断，Java 虚拟机会抛出 InterruptedException 异常，因此必须在 try-catch 中调用 sleep() 方法。

4. currentThread()

currentThread() 是一个类方法，可以直接用 Thread 类名调用，返回当前正在使用 CPU 资源的线程。

5. interrupt()

interrupt() 方法用于"吵醒"休眠的线程。当一些线程调用 sleep() 方法进入休眠后，一个占有 CPU 资源的线程可以让休眠的线程调用 interrupt() 方法"吵醒"自己。

【例 8-3】源程序名为 ch8_3.java，有两个线程 student 和 teacher，其中 student 希望玩一个小时后再学习，当 teacher 大喊三声"学习"后，"吵醒"休眠的线程 student，参看视频。

视频例 8-3

```
1  class School implements Runnable{
2      Thread attachThread;
3      public void setAttachThread(Thread attachThread) {
4          this.attachThread = attachThread;
5      }
6      public void run() {
7          String name=Thread.currentThread().getName();
8          if(name.equals(" 学生 ")){
9              try {
10                 System.out.println(" 我是 "+name+" 在学校学习 ");
11                 System.out.println(" 我想玩一个小时再学习 ");
12                 Thread.sleep(1000*60*60);
13             } catch (InterruptedException e) {
14                 System.out.println(" 学生停止玩 ");
15             }
16             System.out.println(" 继续学习 ");
17         }
18         if(name.equals(" 老师 ")){
19             for(int i=0;i<3;i++){
20                 System.out.println(name+" 喊：学习！");
21                 try {
22                     Thread.sleep(500);
23                 } catch (InterruptedException e) {
24                     e.printStackTrace();
25                 }
26             }
27             attachThread.interrupt();;
28         }
29     }
```

```
30    }
31 public classch8_3{
32    public static void main(String[] args) {
33        School school=new School();        // 创建线程
34        Thread student,teacher;
35        student=new Thread(school);
36        teacher=new Thread(school);
37        student.setName(" 学生 ");
38        teacher.setName(" 老师 ");
39        school.setAttachThread(student);
40        student.start();
41        teacher.start();
42    }
43 }
```

【运行结果】

运行结果如图 8-3 所示。

```
我是学生在学校学习
我想玩一个小时再学习
老师喊：学习！
老师喊：学习！
老师喊：学习！
学生停止玩
继续学习
```

图 8-3　例 8-3 运行结果

【程序分析】

第 7 句：获得当前线程的名字。

第 8 句：判断当前线程的名字是不是学生，如果是学生线程就执行第 11 ～ 18 句。

第 18 句：判断当前线程的名字是不是老师，如果是老师线程就执行第 19 ～ 28 句。

8.4　线程同步

前面讲过，多线程的并发执行可以提高程序的执行效率。但是，当同一进程的多个线程访问同一个资源时也会带来访问冲突，甚至安全问题。Java 语言对此提供了专门机制，有效避免了同一个数据对象被多个线程同时访问带来的问题。下面通过银行转账案例来说明这个问题，进一步理解线程的同步概念。在例 8-4 中使用了一个简化版本的 BankAccount 类，代表一个银行账户的余额是 2000 元。在主程序设计中首先生成了两个线程，然后启动它们，其中一个线程对该账户进行存款操作，每次存 1000 元，存款 6 次；另外一个线程对该账户进行取款操作，每次取 1000 元，取款 6 次。对于此账户来说，账户的余额应该是每次增加 1000 元，然后又减少 1000 元，最终余额应该仍为 2000 元，但其运行结果却不是这样。

【例 8-4】源程序名为 ch8_4.java，为银行转账示例，参看视频。

```
1  class BankAccount{                          // 定义银行账户类 BankAccount
2      private static int amount=2000;         // 账户余额最初为 2000 元
3      public void despoit(int m) {            // 定义存款的方法
4          amount=amount+m;
5          System.out.println(" 小明存入 ["+m+" 元 ]");
6      }
7      public void withdraw(int m){            // 定义取款的方法
8          amount=amount-m;
9          System.out.println(" 张新取走 ["+m+" 元 ]");
10         if(amount<0)
11         System.out.println("*** 余额不足 !***");
12     }
13     public int balance(){                   // 定义得到账户余额的方法
```

视频例 8-4

```
14              return amount;
15          }
16      }
17  class Customer extends Thread {
18      String name;
19      BankAccount bs;                      //定义一个具体的账户对象
20      public Customer(BankAccount b,String s) {
21          name=s;
22          bs=b;
23      }
24      public static void cus (String name,BankAccount bs) {
                                             // 具体的账户操作方法
25          if(name.equals("小明")) {         // 判断用户是不是小明
26              try {
27                  for(int i=0;i<6;i++){    // 如果用户是小明,则向银行存款6
                                             //次,每次1000元
28                      Thread.currentThread().sleep((int)(Math.
                        random()*300));
29                      bs.despoit(1000);
30                  }
31              } catch(InterruptedException e){}
32          }
33          else {
34              try{
35                  for(int i=0;i<6;i++){    // 如果用户不是小明,则取款6次,
                                             // 每次1000元
36                      Thread.currentThread().sleep((int)(Math.
                        random()*300));
37                      bs.withdraw(1000);
38                  }
39              } catch(InterruptedException e){}
40          }
41      }
42      public void run(){                   //定义run()方法
43          cus(name,bs);
44      }
45  }
46  public class ch8_4 {
47      public static void main(String[] args)throws
        InterruptedException {
48          BankAccount bs=new BankAccount();
49          Customer customer1=new Customer(bs,"小明");
50          Customer customer2=new Customer(bs,"张新");
51          Thread t1=new Thread(customer1);
52          Thread t2=new Thread(customer2);
53          t1.start();
54          t2.start();
55          Thread.currentThread().sleep(500);
```

```
56        }
57    }
```

【运行结果】

运行结果如图 8-4 所示。

【程序分析】

1）第 1 ～ 16 句：定义一个银行账户类，用来模拟银行的一个账户，并在其中定义了存款、取款以及获得账户余额的方法，实现对银行账户的存款、取款操作。

2）第 17 ～ 45 句：定义一个顾客类，用来模拟顾客对银行取款、存款的具体行为。

3）第 46 ～ 57 句：定义一个测试账户类，并在其中定义了两个具体的线程对象，然后启动它们。

```
张新取走[1000元]
小明存入[1000元]
张新取走[1000元]
张新取走[1000元]
小明存入[1000元]
张新取走[1000元]
小明存入[1000元]
张新取走[1000元]
张新取走[1000元]
***余额不足！***
小明存入[1000元]
小明存入[1000元]
小明存入[1000元]
```

图 8-4　例 8-4 运行结果

由运行结果可以看到这并不是我们预想的结果，为什么会出现这样的问题？这就是多线程并发执行引起的异常。由于没有线程同步机制，当小明对账户进行操作的同时，张新也对账户进行操作，因此就出现了错误的结果。为了解决这个问题，对 cus() 方法进行同步，添加修饰符 synchronized，修改后的程序代码如例 8-5 所示。

【例 8-5】源程序名为 ch8_5.java，为银行转账同步示例，参看视频。

```
1  class BankAccount {                          // 定义银行账户类 BankAccount
2      private static int amount = 2000;  // 账户余额最初为 2000 元
3      public void despoit(int m) {            // 定义存款的方法
4          amount = amount + m;
5          System.out.println(" 小明存入 [" + m + " 元 ]");
6      }
7      public void withdraw(int m) {           // 定义取款的方法
8          amount = amount - m;
9          System.out.println(" 张新取走 [" + m + " 元 ]");
10         if (amount < 0)
11             System.out.println("*** 余额不足 !***");
12     }
13     public int balance() {                  // 定义得到账户余额的方法
14         return amount;
15     }
16 }
17 class Customer extends Thread {
18     String name;
19     BankAccount bs;                          // 定义一个具体的账户对象
20     public Customer(BankAccount b, String s) {
21         name = s;
22         bs = b;
23     }
24     public synchronized static void cus(String name, BankAccount
        bs) {
25         if (name.equals(" 小明 ")) {         // 判断用户是不是小明
```

视频例 8-5

```
26              try {
27                  for (int i = 0; i < 6; i++) {
28                      Thread.currentThread().sleep((int) (Math.random()
                         * 300));
29                      bs.despoit(1000);
30                  }
31              } catch (InterruptedException e) {
32              }
33          } else {
34              try {
35                  for (int i = 0; i < 6; i++) {
36                      Thread.currentThread().sleep((int) (Math.random()
                         * 300));
37                      bs.withdraw(1000);
38                  }
39              } catch (InterruptedException e) {
40              }
41          }
42      }
43      public void run() {                    // 定义 run() 方法
44          cus(name, bs);
45      }
46  }
47  public class ch8_5{
48      public static void main(String[] args) throws
         InterruptedException {
49          BankAccount bs = new BankAccount();
50          Customer customer1 = new Customer(bs, "小明");
51          Customer customer2 = new Customer(bs, "张新");
52          Thread t1 = new Thread(customer1);
53          Thread t2 = new Thread(customer2);
54          t1.start();
55          t2.start();
56          Thread.currentThread().sleep(500);
57      }
58  }
```

```
小明存入[1000元]
小明存入[1000元]
小明存入[1000元]
小明存入[1000元]
小明存入[1000元]
小明存入[1000元]
张新取走[1000元]
张新取走[1000元]
张新取走[1000元]
张新取走[1000元]
张新取走[1000元]
张新取走[1000元]
```

【运行结果】

运行结果如图 8-5 所示。

【程序分析】

1）为了避免多人同时对一个账号进行操作，在 cus() 方法前加入了 synchronized，实现该方法的同步。也就是说，每次只能有一个线程访问该方法，只有当访问线程离开后，其他线程才能调用该方法。

2）运行该程序，即可得到正确的结果。这是因为对该方法加上 synchronized 修饰符后，相当于加了一把锁，只有当存款操作全部结束后，才能进行取款操作。

图 8-5 例 8-5 运行结果

上述定义线程同步的机制是 synchronized 关键字，其包括两种用法：synchronized 方法和 synchronized 块。

1）synchronized 方法。通过在方法声明中加入 synchronized 关键字来声明 synchronized 方法。例如：

　　public synchronized void accessVal（int newVal）;

synchronized 方法控制对类成员变量的访问：每个类实例对应一把锁，每个 synchronized 方法都必须获得调用该方法的类实例的锁方能执行，否则所属线程阻塞。方法一旦执行，就独占该锁，直到从该方法返回时才将锁释放，此后被阻塞的线程方能获得该锁，重新进入可执行状态。这种机制确保了同一时刻对于每一个类实例，其所有声明为 synchronized 的成员函数中至多只有一个处于可执行状态（因为至多只有一个能够获得该类实例对应的锁），从而有效避免了类成员变量的访问冲突（只要所有可能访问类成员变量的方法均被声明为 synchronized）。

在 Java 中，不只是类实例，每一个类也对应一把锁，这样也可将类的静态成员函数声明为 synchronized，以控制其对类的静态成员变量的访问。

synchronized 方法的缺陷：若将一个大的方法声明为 synchronized，将会大大影响效率。典型地，若将线程类的 run() 方法声明为 synchronized，由于在线程的整个生命期内它一直在运行，因此将导致它对本类任何 synchronized 方法的调用都永远不会成功。当然，可以通过将访问类成员变量的代码放到专门的方法中，将其声明为 synchronized，并在主方法中调用来解决这一问题。但是，Java 提供了更好的解决办法，即 synchronized 块。

2）synchronized 块。通过 synchronized 关键字来声明 synchronized 块，语法如下：

```
synchronized(syncObject) {
// 允许访问控制的代码
}
```

synchronized 块中的代码必须获得对象 syncObject（如前所述，可以是类实例或类）的锁方能执行，具体机制同前所述。由于 synchronized 块可以针对任意代码块，且可任意指定上锁的对象，因此其灵活性较高。

8.5　项目案例——龟兔赛跑

本节通过编写程序来模拟龟兔赛跑。

【例 8-6】源程序名为 ch8_6.java，为龟兔赛跑示例，参看视频。

视频例 8-6

```
1  public class ch8_6 implements Runnable{
2  private String winner;                        // 定义胜利者
3      public void run() {
4          for (int step=1; step<=100; step++) {
5          // 判断线程是不是兔子，如果是，让它每 20 步睡一觉，异常捕获处理
6              if (Thread.currentThread().getName().equals("小 白 兔") &&
step%20==0){
7                  try {
8                      Thread.sleep(20);
9                  } catch (InterruptedException e) {
10                     e.printStackTrace();
11                     System.out.println("run 方法内部异常 ");
```

```
12                    }
13                }
14            boolean flag = getFlag(step);//写一个获取标记的方法，传入步数
15            // 如果有了胜利者，则比赛结束，break 跳出循环
16            if (flag){
17                break;
18        }
19            // 输出谁跑了多少步
20            System.out.println(Thread.currentThread().getName()+" 跑
了 "+step+" 步 ");
21        }
22    }
23    private boolean getFlag(int step) {
24        // 判断有没有胜利者，如果有，则返回 true,让循环停止，比赛结束
25        if (winner!=null){
26            return true;
27        }
28        // 如果步数走完了，就结束比赛，并将胜利者的名字赋给 winner
29        if (step>=100){
30            winner=Thread.currentThread().getName();
31            System.out.println(" 胜利者是 :"+winner);
32            return true;
33        }
34    return false;
35    }
36    public static void main(String[] args) {
37        ch8_6 race = new ch8_6();              // 获取比赛的对象
38        new Thread(race," 乌龟 ").start();
39        new Thread(race, " 小白兔 ").start();
40    }
41 }
```

【运行结果】

运行结果如图 8-6 所示。

【程序分析】

1）第 4 句：定义赛道距离 100，然后通过循环确定离终点距
离来判断比赛是否结束。

2）第 38、39 句：龟兔赛跑开始。

```
乌龟跑了 93 步
乌龟跑了 94 步
乌龟跑了 95 步
乌龟跑了 96 步
乌龟跑了 97 步
乌龟跑了 98 步
乌龟跑了 99 步
胜利者是: 乌龟
```

图 8-6　例 8-6 运行结果

3）第 20 句：兔子比赛中间需要睡觉，所以通过 sleep() 函数模拟兔子睡觉，最终乌龟赢
得比赛。

4）第 29 ～ 33 句：输出胜利者。

8.6　寻根求源

在 Java 程序中有两种方式可以建立线程：一种是创建 Thread 类的子类（直接方式），代码
示例如下：

```
public class DoSomething implements Runnable {
public void run(){…}
  }
```

另一种是实现 Runnable 接口（间接方式），代码示例如下：

```
public class DoAnotherThing extends Thread {
public void run(){…}
}
```

这两种方法的区别如下：如果类已经继承了其他的类，那么只能选择实现 Runnable 接口，因为 Java 只允许单继承。那么如果一个类已经继承了一个父类，同时要实现多线程时，显然不能再通过同时继承 Thread 类来实现，此时应该如何实现多线程呢？

其解决办法就是通过直接实现接口 Runnable 来实现，其中 run() 方法是该接口 Runnable 中所声明的唯一的方法。

多个线程并发操作会引起异常，出现意想不到的问题。解决线程并发操作引起得异常的方法一般有两种：在方法声明中加入 synchronized 关键字，声明 synchronized 方法；或者通过 synchronized 关键字声明 synchronized 块的方法来实现线程同步。

8.7　拓展思维

编写一个简单的购票系统，假设一共有 10 张车票，现在有 5 个窗口可以同时卖票，当没有票时，卖票结束。其具体要求如下。

1）要求输出每个售票点卖出的票号。

2）各售票点不能售出相同票号的火车票。

项目分析：如果 5 个窗口同时卖票，则需要创建 5 个线程。创建线程有两种方法，一种是通过写 Thread 的子类来创建线程，另一种是实现 Runnable 接口。

1）使用第一种方法模拟火车售票系统。

【例 8-7】源程序名为 ch8_7.java，模拟火车售票系统，参看视频。

视频例 8-7

```
1  class TicketWindow1 extends Thread{
2      private int tickets = 10;                  // 车票总量
3      @Override
4      public void run(){
5          while(true){
6              if(tickets>0){
7                  System.out.println(Thread.currentThread().getName() +
8                      "准备出票，剩余票数：" + tickets + "张");
9                  tickets--;
10                 System.out.println(Thread.currentThread().getName() +
11                     "卖出一张，剩余票数：" + tickets + "张");
12                 try {
13                     Thread.sleep(100);
14                 } catch (InterruptedException e) {}
15             }
16             else{
```

```
17                System.out.println(Thread.currentThread().getName()
18                    + " 余票不足，停止售票！");
19                break;
20            }
21        }
22    }
23  }
24  public class ch8_7{
25      public static void main(String[] args) {
26          for(int i=1; i<6; i++){
27              TicketWindow1 tw = new TicketWindow1();
28              tw.setName("TicketWindow-" + i);
29              tw.start();
30          }
31      }
32  }
```

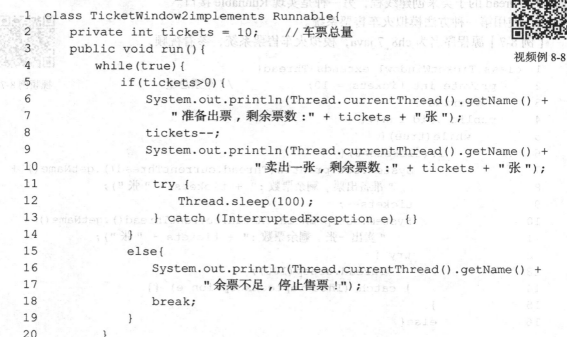

```
TicketWindow-1准备出票,剩余票数:10张
TicketWindow-4准备出票,剩余票数:10张
TicketWindow-4卖出一张,剩余票数:9张
TicketWindow-3准备出票,剩余票数:10张
TicketWindow-3卖出一张,剩余票数:9张
TicketWindow-2准备出票,剩余票数:10张
TicketWindow-2卖出一张,剩余票数:9张
TicketWindow-1卖出一张,剩余票数:9张
TicketWindow-5准备出票,剩余票数:10张
TicketWindow-5卖出一张,剩余票数:9张
```

图 8-7　例 8-7 运行结果

【运行结果】

运行结果如图 8-7 所示。

【程序分析】

由图 8-7 可以看出，5 个窗口每个都是一个单独的线程，都独立地卖 10 张车票，不能达到题目中 5 个窗口共卖 10 张票的要求。

2）为了能使 5 个线程共享资源，下面改进程序，使用实现 Runnable 接口的方式创建线程。用类 TicketWindow 实现 Ruannable，5 个线程都通过一个 TicketWindow 创建，这 5 个线程即可共享一个 TicketWindow 的资源，如例 8-8 所示。

【例 8-8】源程序名为 ch8_8.java，模拟火车售票系统，参看视频。

视频例 8-8

```
1  class TicketWindow2implements Runnable{
2      private int tickets = 10;      // 车票总量
3      public void run(){
4          while(true){
5              if(tickets>0){
6                  System.out.println(Thread.currentThread().getName() +
7                      " 准备出票，剩余票数：" + tickets + " 张 ");
8                  tickets--;
9                  System.out.println(Thread.currentThread().getName() +
10                     " 卖出一张，剩余票数：" + tickets + " 张 ");
11                 try {
12                     Thread.sleep(100);
13                 } catch (InterruptedException e) {}
14             }
15             else{
16                 System.out.println(Thread.currentThread().getName() +
17                     " 余票不足，停止售票！");
18                 break;
19             }
20         }
```

```
21        }
22  }
23  public class ch8_8{
24      public static void main(String[] args) {
25          TicketWindow2  ticketWindow=new TicketWindow2();
26          for(int i=1; i<6; i++){
27              Thread tw = new Thread(ticketWindow);
28              tw.setName("TicketWindow-" + i);
29              tw.start();
30          }    }
31  }
```

【运行结果】

运行结果如图 8-8 所示。

【程序分析】

由图 8-8 可以看出，窗口 1、4 重复卖出第 10
张票，但是第 8 张票没有卖出，直接卖了第 7 张

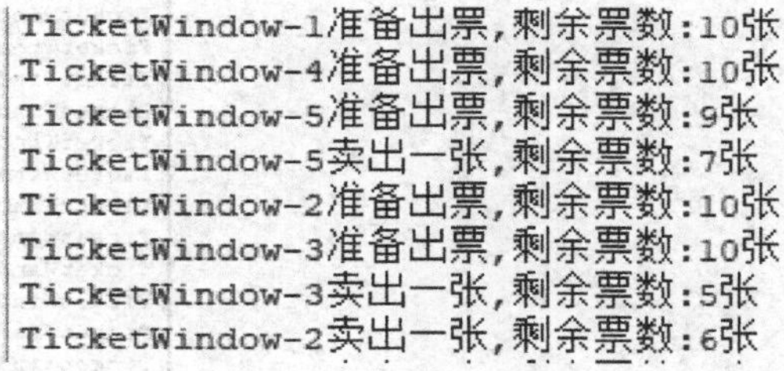

```
TicketWindow-1准备出票,剩余票数:10张
TicketWindow-4准备出票,剩余票数:10张
TicketWindow-5准备出票,剩余票数:9张
TicketWindow-5卖出一张,剩余票数:7张
TicketWindow-2准备出票,剩余票数:10张
TicketWindow-3准备出票,剩余票数:10张
TicketWindow-3卖出一张,剩余票数:5张
TicketWindow-2卖出一张,剩余票数:6张
```

图 8-8　例 8-8 运行结果

票，为什么会出现这种情况？这是因为同时访问资源导致的问题。其解决方法是在 run() 方法中卖票的一段程序中加上 synchronized 同步锁，如下所示：

```
1   class TicketWindow3implements Runnable{
2       private int tickets = 10;     // 车票总量
3       public void run(){
4           while(true){
5               synchronized(this){    //this 的意思是锁住的类是自己
6                   if(tickets>0){
7                       System.out.println(Thread.currentThread().
                        getName() +
8                           "准备出票，剩余票数:" + tickets + "张");
9                       tickets--;
10                      System.out.println(Thread.currentThread().
                        getName() +
11                          "卖出一张，剩余票数:" + tickets + "张");
12                      try {
13                          Thread.sleep(100);
14                      } catch (InterruptedException e) {  }
15                  }
16                  else{
17                      System.out.println(Thread.currentThread().
                        getName() +
18                          "余票不足，停止售票!");
19                      break;
20                  }
21              }
22          }
23      }
24  }
```

【运行结果】

运行结果如图 8-9 所示。

```
TicketWindow-1准备出票,剩余票数:10张
TicketWindow-1卖出一张,剩余票数:9张
TicketWindow-5准备出票,剩余票数:9张
TicketWindow-5卖出一张,剩余票数:8张
TicketWindow-5准备出票,剩余票数:8张
TicketWindow-5卖出一张,剩余票数:7张
TicketWindow-5准备出票,剩余票数:7张
TicketWindow-5卖出一张,剩余票数:6张
TicketWindow-5准备出票,剩余票数:6张
TicketWindow-5卖出一张,剩余票数:5张
TicketWindow-5准备出票,剩余票数:5张
TicketWindow-5卖出一张,剩余票数:4张
TicketWindow-4准备出票,剩余票数:4张
TicketWindow-4卖出一张,剩余票数:3张
TicketWindow-4准备出票,剩余票数:3张
TicketWindow-4卖出一张,剩余票数:2张
TicketWindow-3准备出票,剩余票数:2张
TicketWindow-3卖出一张,剩余票数:1张
TicketWindow-3准备出票,剩余票数:1张
TicketWindow-3卖出一张,剩余票数:0张
TicketWindow-3余票不足,停止售票!
TicketWindow-2余票不足,停止售票!
TicketWindow-4余票不足,停止售票!
TicketWindow-5余票不足,停止售票!
TicketWindow-1余票不足,停止售票!
```

图 8-9　运行结果

知识测试

一、判断题

1. 进程和线程都是实现并发性的一个基本单位。　　　　　　　　　　　　　　　　　　（　　）
2. 多个线程是同时执行的。　　　　　　　　　　　　　　　　　　　　　　　　　　　（　　）
3. 线程通过 run() 方法来启动。　　　　　　　　　　　　　　　　　　　　　　　　　（　　）
4. ThreadGroup 类常用于管理一组线程。　　　　　　　　　　　　　　　　　　　　　（　　）
5. 一个进程可以包含多个线程。　　　　　　　　　　　　　　　　　　　　　　　　　（　　）
6. 多个线程并发执行时，各个线程中语句的执行顺序是确定的。　　　　　　　　　　　（　　）
7. 多个线程并发执行时，各个线程之间的相对执行顺序是确定的。　　　　　　　　　　（　　）
8. 多线程程序设计的意义是可以将程序任务分成几个并行的任务。　　　　　　　　　　（　　）
9. 线程就是程序，程序就是线程。　　　　　　　　　　　　　　　　　　　　　　　　（　　）
10. 新建的线程调用 start() 方法就能立即进入运行状态。　　　　　　　　　　　　　　（　　）

二、单项选择题

1. 线程调用了 sleep() 方法后将进入（　　　）状态。

A. 运行　　　　　　　　　B. 新建　　　　　　　　　C. 堵塞　　　　　　　　　D. 终止

2. 关于 Java 线程，下列说法错误的是（　　　）。

A. 线程是以 CPU 为主体的行为

B. 线程是比进程更小的执行单位

C. 创建线程有两种方法：继承 Thread 类和实现 Runnable 接口

D. 新线程一旦被创建，将自动开始运行

3. 线程控制方法中，yield() 方法的作用是（　　　）。

A. 返回当前线程的引用　　　　　　　　B. 使比其低的优先级线程开始启动

C. 强行终止线程　　　　　　　　　　　D. 只让给同优先级线程开始执行

4. 实现线程同步时，应加关键字（　　　）。

A. public　　　　　　B. class　　　　　　C. synchronized　　　D. main

5. （　　　）方法使等待队列中的第一个线程进入就绪状态。

A. wait()　　　　　　B. yield()　　　　　　C. notify()　　　　　D. sleep()

6. Runnable 接口定义了（　　　）方法。

A. start()　　　　　　B. stop()　　　　　　C. resume()　　　　　D. run()

7. 终止线程使用（　　　）方法。

A. sleep()　　　　　　B. yield()　　　　　　C. wait()　　　　　　D. destroy()

8. 一个线程中可以包括（　　　）进程。

A. 只能 1 个　　　　　B. 0 个　　　　　　C. 多个　　　　　　D. 2 个

9. 给出代码如下：

```
public class MyRunnable implements Runnable {
    public void run(){
        --------------------------------
    }
}
```

在虚线处，语句（　　　）可以创建并启动线程。

A. new Runnable（MyRunnable）.start();　　B. new Thread（new MyRunnable()）.start();

C. new Thread（MyRunnable）.run();　　　　D. new MyRunnable().start();

10. 下列说法中错误的一项是（　　　）。

A. 一个线程是一个 Thread 类的实例

B. 线程从传递给它的 Runnable 实例的 run() 方法中开始执行

C. 线程操作的数据来自 Runnable 实例

D. 新建的线程调用 start() 方法就能立即进入运行状态

三、填空题

1. 代码如下：

```
①Thread  myThread = new Thread ();
②myThread.start();
③try{
④    myThread.sleep(10000);
⑤}catch(InterruptedException e){
⑥}
⑦myThread.stop();
```

程序执行完第①行后进入_____状态，执行完第②行后进入_____状态，执行完第④行后进入_____状态，执行完第⑦行后进入_____状态。（新建、运行、堵塞、终止）

2. 在操作系统中，被称为轻型的进程是_____。

3. 在 Java 程序中，run() 方法的实现有两种方式：_____和_____。

4. 线程的优先级是在 Thread 类的常数_____和_____之间的一个值。

5.处于新建状态的线程可以使用的控制方法是_____和_____。

四、简答题

1.简述线程的概念及与进程的区别。

2.简述线程的基本概念及基本状态。

3.启动一个线程是用 run() 还是 start() 方法？为什么？

4.sleep() 和 wait() 方法有什么区别？

5.多线程有几种实现方法？都是什么？同步方法用什么关键字修饰？

五、综合应用

模拟 3 个老师同时给 50 个小朋友发礼品，每个老师相当于一个线程。

第 9 章

集 合

学习目标

1. 掌握：Set、List、Map 接口及相关类的使用。
2. 理解：各类接口之间的关系。
3. 了解：集合类的框架。

重点

掌握：HashSet 和 TreeSet 的使用，LinkedList 和 ArrayList 的使用，HashMap 和 TreeMap 的使用。

难点

掌握：LinkedList 和 ArrayList 的使用、HashMap 的使用。

集合和数组很相似，都像一个容器，可存放大量的元素。集合与数组相比，其优点是不需要指定集合的空间大小，集合会根据存放元素的多少自动调整大小，是具有弹性的容器。Java 中设计了集合，并形成了一个集合框架。本章详细解释了 Java 中的集合框架是如何实现的，以及它们的实现原理。集合框架是为表示和操作集合而规定的一种统一的标准的体系结构。任何集合框架都包含三大块内容：对外的接口、接口的实现和对集合运算的算法。

9.1 集合概述

集合可以存储任意类型的对象，并且长度可变。集合由一组用来操作对象的接口组成。不同的接口用来描述不同类型的组，也称它们为容器类库。在很大程度上，其使用方法类似于接口。虽然总要创建接口特定的实现类，但访问实际集合的方法应该限制在接口方法的使用上。Java 集合框架接口层次结构如图 9-1 所示。

按照存储结构，集合可分为两大类，分别是 Collection（单列集合）和 Map（双列集合）。

1）Collection：一组对立的元素，通常这些元素都服从某种规则。其中，List 以特定的顺序保存一组元素，每个位置只能保存一个元素（对象）；Set 则是元素不能重复。

2）Map：一组成对的键值对对象。Map 容易扩展成多维 Map，无须增加新的概念，只要让 Map 中的键值对的每个值也是一个 Map 即可。

图 9-1 Java 集合框架接口层次结构

在使用集合时，要注意以下内容。

1）Collection：对象之间没有指定的顺序，允许重复元素。

2）Set：对象之间没有指定的顺序，不允许重复元素。

3）List：对象之间有指定的顺序，允许重复元素，并引入位置下标。

4）Map：Map 接口用于保存关键字（key）和数值（value）的集合，集合中的每个对象加入时都提供关键字和数值。Map 接口既不继承 Set，也不继承 Collection。

9.2 Collection 接口

9.2.1 常用方法

Collection 是所有单列集合的父接口，它定义了单列集合（如 List 和 Set）的一些通用方法。表 9-1 所示为 Collection 接口的常用方法。

表 9-1 Collection 接口的常用方法

方法名称	方法说明
boolean add（Object）	保证容器有自己的参数，如没有添加参数，则返回 false，为可选项
boolean addAll（Collection）	添加参数内的所有元素，如添加成功，则返回 true，为可选项
void clear()	删除容器内所有元素，为可选项
boolean contains（Object）	若容器包含参数，则返回 true
boolean containsAll（Collection）	若容器包含参数内的所有元素，则返回 true
boolean isEmpty()	若容器没有参数，则返回 true
Iterator iterator()	返回一个迭代器，用它遍历容器内的各个元素
boolean remove（Object）	如参数在容器里，则删除那个元素的一个实例。如果进行了一次删除，则返回 true，为可选项。
boolean removeAll（Collection）	删除参数里包含的所有元素。如果进行了一次删除，则返回 true，为可选项。
boolean retainAll（Collection）	只保留那些包含在一个参数里的元素（集合理论中的一个"交集"）。如果进行了这样的改变，则返回 true，为可选项。
int size()	返回容器内的元素数量

注：这些方法必须有参数，且其中的参数不能是基本数据类型。

Collection 接口支持添加和删除等基本操作。当删除一个元素时，删除的是集合中此元素

的一个实例。例如:

1) boolean add (Object element);

2) boolean remove (Object element)。

Collection 接口支持的其他操作,要么是作用于元素组的任务,要么是同时作用于整个集合的任务。

1) boolean containsAll (Collection collection): 查找当前集合是否包含另一个集合的所有元素,即另一个集合是否是当前集合的子集。其余方法是可选的,因为特定的集合可能不支持集合更改。

2) boolean addAll (Collection collection): 确保另一个集合中的所有元素都被添加到当前集合中,通常称为并。

3) void clear(): 从当前集合中除去所有元素。

4) void removeAll (Collection collection): 类似于 clear(),但只除去元素的一子集。

5) void retainAll (Collection collection): 类似于 removeAll() 方法,它从当前集合中除去不属于另一个集合的元素。

【例 9-1】源程序名为 ch9_1.java,为集合类的使用示例,参看视频。

视频例 9-1

```java
1   import java.util.*;
2   public class ch9_1 {
3     public static void main (String [] args) {
4       Collection  c1=new ArrayList ();   // 创建一个集合对象
5       c1.add("000");                      // 添加对象到 Collection 集合中
6       c1.add("111");
7       c1.add("222");
8       System.out.println(" 集合 c1 的大小 :"+c1.size());
9       System.out.println(" 集合 c1 的内容 :"+c1);
10      c1.remove("000");                   // 从集合 c1 中移除掉 "000" 对象
11      System.out.println(" 集合 c1 移除 000 后的内容 :"+c1);
12      System.out.println(" 集合 c1 中是否包含 000 :"+c1.contains("000"));
13      System.out.println(" 集合 c1 中是否包含 111 :"+c1.contains("111"));
14      Collection  c2=new ArrayList();;
15      c2.addAll(c1);                      // 将 c1 集合中的元素全部加到 c2 中
16      System.out.println(" 集合 c2 的内容 :"+c2);
17      c2.clear();                         // 清空集合 c1 中的元素
18      System.out.println(" 集合 c2 是否为空 :"+c2.isEmpty());
19                                          // 将集合 c1 转换为数组
20      Object s[]= c1.toArray();
21      for(int i=0;i<s.length;i++){
22        System.out.println(s[i]);
23      }
24    }
25  }
```

【运行结果】

运行结果如图 9-2 所示。

【程序分析】

注意:Collection 仅仅只是一个接口,使用时应

```
集合collection1的大小: 3
集合collection1的内容: [000, 111, 222]
集合collection1移除 000 后的内容: [111, 222]
集合collection1中是否包含000 : false
集合collection1中是否包含111 : true
集合collection2的内容: [111, 222]
集合collection2是否为空 : true
111
222
```

图 9-2　例 9-1 运行结果

创建该接口的一个实现类。作为集合的接口，Collection 定义了所有属于集合的类都应该具有的一些方法。

9.2.2 迭代器

迭代器（Iterator）本质上是一个对象，如图 9-3 所示，它的工作就是遍历并选择集合序列中的对象，而客户端的程序员不必知道或关心该序列底层的结构。

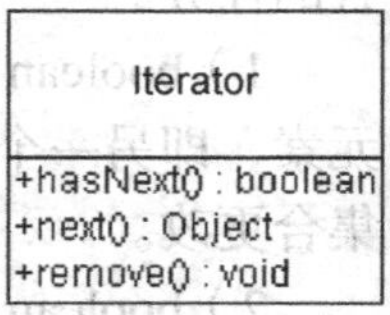

利用 Collection 接口的 iterator() 方法返回一个 Iterator。使用 Iterator 接口方法可以从头至尾遍历集合，并安全地从底层 Collection 中除去元素。

```
Iterator
+hasNext() : boolean
+next() : Object
+remove() : void
```

图 9-3　迭代器

【例 9-2】源程序名为 ch9_2.java，为迭代器的使用示例，参看视频。

视频例 9-2

```java
1  import java.util.ArrayList;
2  import java.util.Collection;
3  import java.util.Iterator;
4    public class ch9_2 {
5        public static void main(String[] args) {
6        Collection collection =new ArrayList();
7        collection.add("s1");
8        collection.add("s2");
9        collection.add("s3");
10       Iterator iterator = collection.iterator(); // 得到一个迭代器
11       while (iterator.hasNext()) {              // 遍历
12           Object element = iterator.next();
13           System.out.println("iterator = " + element);
14       }
15       if(collection.isEmpty())
16           System.out.println("collection is Empty!");
17       else
18           System.out.println("collection is not Empty! size="+collection.size());
19       Iterator iterator2 = collection.iterator();
20       while (iterator2.hasNext()) {             // 移除元素
21           Object element = iterator2.next();
22           System.out.println("remove: "+element);
23           iterator2.remove();
24       }
25       Iterator iterator3 = collection.iterator();
26       if (!iterator3.hasNext()) {               // 查看是否还有元素
27           System.out.println(" 还有元素 ");
28       }
29       if(collection.isEmpty())
30           System.out.println("collection is Empty!");
31                                                 // 使用 collection.isEmpty() 方法来判断
32       }
33  }
```

【运行结果】

运行结果如图 9-4 所示。

【程序分析】

第 11 ～ 14 句：使用 iterator() 方法返回一个
Iterator 。第一次调用 Iterator 的 next() 方法，返回集合
序列的第一个元素。

第 11 句：使用 hasNext() 方法检查序列中是否存
在元素。

第 12 句：使用 next() 方法获得集合序列中的下一
个元素。

第 23 句：使用 remove() 方法将迭代器新返回的元素删除。

注意：remove() 方法删除由 next() 方法返回的最后一个元素，在每次调用 next() 方法时，
remove() 方法只能被调用一次。

```
iterator = s1
iterator = s2
iterator = s3
collection is not Empty! size=3
remove: s1
remove: s2
remove: s3
还有元素
collection is Empty!
```

图 9-4 例 9-2 运行结果

9.3 List 接口

List 接口继承自 Collection 接口，并进行了扩展。当存储的数据不知道有多少时，可以使
用 List 来实现数据存储。List 的最大的特点就是能够自动地根据插入的数据量动态改变容器的
大小。

9.3.1 常用方法

List 作为 Collection 接口的一种，可以定义一个允许重复项的有序集合。该接口不但能够
对列表的一部分进行处理，还添加了面向位置的操作。List 是按对象的进入顺序保存对象的，
而不做排序或编辑操作。它除了拥有 Collection 接口的所有方法外，还拥有一些其他方法，
例如：

1）void add（int index，Object element）：添加对象 element 到位置 index 上。

2）boolean addAll（int index，Collection collection）：在 index 位置后添加容器 collection 中
所有的元素。

3）Object get（int index）：取出下标为 index 的位置的元素。

4）int indexOf（Object element）：查找对象 element 在 List 中第一次出现的位置。

5）int lastIndexOf（Object element）：查找对象 element 在 List 中最后出现的位置。

6）Object remove（int index）：删除 index 位置上的元素。

7）Object set（int index，Object element）：将 index 位置上的对象替换为新对象 element。

【例 9-3】源程序名为 ch9_3.java，为 List 接口的使用示例，参看视频。

```
1  import java.util.*;
2  public class ch9_3 {
3  public static void main(String[] args) {
4      List list = new ArrayList();
5      list.add("aaa");
6      list.add("bbb");
7      list.add("ccc");
8      list.add("ddd");
```

视频例 9-3

```
9        System.out.println("下标0开始:"+list.listIterator(0).next());
10       System.out.println("下标1开始:"+list.listIterator(1).next());
11       System.out.println("子List 1-3:"+list.subList(1,3));// 子列表
12       ListIterator it = list.listIterator();// 默认从下标0开始
13       // 隐式光标属性 add 操作，插入当前的下标的前面
14       it.add("sss");
15       while(it.hasNext()){
16           System.out.println("next Index="+it.nextIndex()+",Object="+it.
             next());
17       }
18       ListIterator it1 = list.listIterator();
19       it1.next();
20       it1.set("ooo");
21       ListIterator it2 = list.listIterator(list.size());  // 下标
22       while(it2.hasPrevious()){
23           System.out.println("previousIndex="+it2.previousIndex()+",
             Object="+it2.previous());
24       }
25   }
26 }
```

【运行结果】

运行结果如图 9-5 所示。

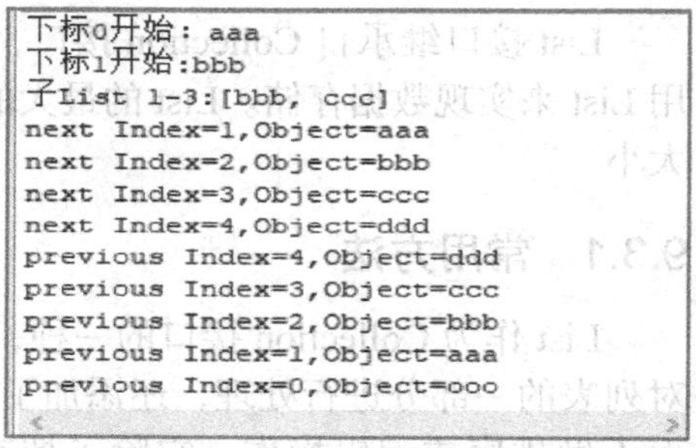

【程序分析】

第 5 ～ 8 句：使用 add() 方法添加一个对象到 list
集合。

第 9 和 10 句：使用 next() 方法使光标往下移动一
个位置。

第 15 句：使用 hasNext() 方法检查序列中是否存
在元素。

```
下标0开始: aaa
下标1开始:bbb
子List 1-3:[bbb, ccc]
next Index=1,Object=aaa
next Index=2,Object=bbb
next Index=3,Object=ccc
next Index=4,Object=ddd
previous Index=4,Object=ddd
previous Index=3,Object=ccc
previous Index=2,Object=bbb
previous Index=1,Object=aaa
previous Index=0,Object=ooo
```

图 9-5　例 9-3 运行结果

9.3.2 实现原理

List 的明显特征是它的元素都有一个确定的顺序。在集合框架中有 ArrayList 和 LinkedList
两种常规的 List 实现，使用哪种实现方式取决于实际需要。如果要支持随机从列表中插入或
删除元素，ArrayList 提供了可选的方法集合来实现。如果要频繁的从列表的中间位置添加和
删除元素，则需要顺序访问列表元素，LinkedList 实现起来效率更高。

1）ArrayList：为可变长的动态数组，可以用来动态维护数组。

2）LinkedList：采用链表数据结构实现，便于元素的插入和删除。

【例 9-4】源程序名为 ch9_4.java，为 ArrayList 的使用示例，参看视频。

视频例 9-4

```
1 import java.util.*;
2 public class ch9_4 {
3     public static void main(String[] argv) {
4         ArrayList al = new ArrayList();
5         al.add(new Integer(11));
6         al.add(new Integer(12));
```

```
7            al.add(new Integer(13));
8            al.add(new String("hello"));
9            System.out.println("Retrieving by index:");
10           for (int i = 0; i<al.size(); i++) {
11               System.out.println("Element " + i + " = " + al.get(i));
12           }
13       }
14   }
```

【运行结果】

运行结果如图 9-6 所示。

```
Retrieving by index:
Element 0 = 11
Element 1 = 12
Element 2 = 13
Element 3 = hello
```

图 9-6　例 9-4 运行结果

【程序分析】

从运行结果可以看出，Java 集合框架中的 ArrayList 类的使用方法继承了 list 类，使用方法和 list 类似。

9.4　Set 接口

9.4.1　常用方法

Set 接口也继承自 Collection 接口，它不允许集合中存在重复项。Set 最大的特性就是不允许在其中存放重复元素。根据该特点，Set 可被用来过滤在其他集合中存放的元素，从而得到一个不包含重复元素的新的集合。

Set 接口中的方法都是现成的，没有引入新方法。具体的 Set 实现类依赖添加的对象的 equals() 方法来检查等同性。Set 接口的常用方法如下。

1）public int size()：返回 set 中元素的数目。

2）public boolean isEmpty()：判断 set 是否为空。

3）public boolean contains（Object o）：如果 set 中包含指定元素，则返回 true。

4）public Iterator iterator()：返回 set 中元素的迭代器。

5）public Object[] toArray()：返回包含 set 中所有元素的数组。

6）public boolean add（Object o）：如果 set 中不存在指定元素，则向 set 加入。

7）public boolean addAll（Collection c）：如果 set 中不存在指定集合的元素，则向 set 中加入所有元素。

8）public boolean remove（Object o）：如果 set 中存在指定元素，则从 set 中删除。

9）public boolean removeAll（Collection c）：如果 set 中包含指定集合，则从 set 中删除指定集合的所有元素。

10）public void clear()：从 set 中删除所有元素。

9.4.2 实现原理

Java 集合支持 Set 接口的 HashSet、TreeSet 和 LinkedHashSet 3 种实现类,如表 9-2 所示。

表 9-2 Set 接口的实现类

	简述	实现	操作特性	成员要求
Set	成员不能重复	HashSet	外部无序地遍历成员	成员可为任意 Object 子类的对象,但如果覆盖了 equals() 方法,应同时注意修改 hashCode() 方法
		TreeSet	外部有序地遍历成员;附加实现了 SortedSet,支持子集等要求顺序的操作	成员要求实现 Comparable 接口,或者使用 Comparator 构造 TreeSet。其成员一般为同一类型
		LinkedHashSet	外部按成员的插入顺序遍历成员	成员与 HashSet 成员类似

上述 3 种实现类中,以 HashSet 和 TreeSet 更为常用。

1. HashSet

HashSet 类是 Set 接口的一个实现类,其存储的元素是不可重复的,并且元素都是无序的。当向 HashSet 集合中添加一个对象时,首先会调用该对象的 hashCode() 方法确定元素的存储位置,然后调用该对象的 equals() 方法确保该位置没有重复元素。

2. TreeSet

TreeSet 类是 Set 接口的另一个实现类,其内部采用平衡二叉树存储元素。这样的结构可以保证 TreeSet 集合中没有重复元素,并且可以对元素进行排序。

【例 9-5】源程序名为 ch9_5.java,为 Set 接口的使用示例,参看视频。

视频例 9-5

```
1   import java.util.*;
2   public class ch9_5 {
3       public static void main(String[] args) {
4           Set set1 = new HashSet();
5           if (set1.add("a")) {              // 添加成功
6               System.out.println("1 add true");
7           }
8           if (set1.add("a")) {              // 添加失败
9               System.out.println("2 add true");
10          }
11          set1.add("000");                   // 添加对象到 Set 集合中
12          set1.add("111");
13          set1.add("222");
14          System.out.println(" 集合 set1 的大小 :"+set1.size());
15          System.out.println(" 集合 set1 的内容 :"+set1);
16          set1.remove("000");               // 从集合 set1 中移除 "000" 对象
17          System.out.println(" 集合 set1 移除 000 后的内容 :"+set1);
18          System.out.println(" 集合 set1 中是否包含 000 :"+set1.contains("000"));
19          System.out.println(" 集合 set1 中是否包含 111 :"+set1.contains("111"));
20          Set set2=new HashSet();
21          set2.add("111");
22          set2.addAll(set1);                 // 将 set1 集合中的元素全部加到 set2 中
```

```
23        System.out.println("集合set2的内容:"+set2);
24        set2.clear();                        // 清空 set2 集合中的元素
25        System.out.println("集合set2是否为空:"+set2.isEmpty());
26        Iterator iterator = set1.iterator();          // 得到一个迭代器
27        while (iterator.hasNext()) {                  // 遍历
28            Object element = iterator.next();
29            System.out.println("iterator = " + element);
30        }
31                                          // 将 set1 集合转换为数组
32        Object s[]= set1.toArray();
33        for(int i=0;i<s.length;i++){
34        System.out.println(s[i]);
35        }
36  }
37  }
```

```
1 add true
集合set1的大小: 4
集合set1的内容: [000, a, 111, 222]
集合set1移除000 后的内容: [a, 111, 222]
集合set1中是否包含000 : false
集合set1中是否包含111 : true
集合set2的内容: [111, a, 222]
集合set2是否为空 : true
iterator = a
iterator = 111
iterator = 222
a
111
222
```

【运行结果】

运行结果如图 9-7 所示。

【程序分析】

Set 中的方法基本与直接使用 Collection 中的方法一样，唯一需要注意的就是 Set 中存放的元素不能重复。

图 9-7　例 9-5 运行结果

9.5　Map 接口

数学中的映射关系在 Java 中是通过 Map 接口来实现的。Map 接口与 List、Set 接口不同，它是由一系列键值对组成的集合，提供了 key 到 value 的映射。同时它也没有继承 Collection。

9.5.1　常用方法

Map 接口不是 Collection 接口的继承，而是从自己的用于维护键值关联的接口层次结构入手。按定义，该接口描述了从不重复的键到值的映射，其常用方法如图 9-8 所示。

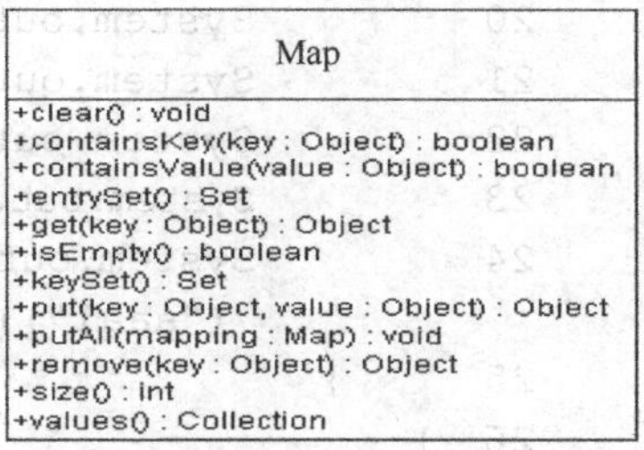

可以把 Map 接口的常用方法分成 3 组操作：改变、查询和提供可选视图。

1）改变操作：可以从映射中添加和删除键值对。键和值都可以为 null。

① Object put（Object key，Object value）：存放一个键值对到 Map 中。

② Object remove（Object key）：根据键，移除一个键值对，并将值返回。

③ void putAll（Map mapping）：将另一个 Map 中的元素存入当前的 Map 中。

④ void clear()：清空当前 Map 中的元素。

2）查询操作：可以检查映射内容。

① Object get（Object key）：根据键取得对应的值。

```
                Map
+clear() : void
+containsKey(key : Object) : boolean
+containsValue(value : Object) : boolean
+entrySet() : Set
+get(key : Object) : Object
+isEmpty() : boolean
+keySet() : Set
+put(key : Object, value : Object) : Object
+putAll(mapping : Map) : void
+remove(key : Object) : Object
+size() : int
+values() : Collection
```

图 9-8　Map 接口的常用方法

② boolean containsKey（Object key）：判断 Map 中是否存在某键。

③ boolean containsValue（Object value）：判断 Map 中是否存在某值。

④ int size()：返回 Map 中键值对的个数。

⑤ boolean isEmpty()：判断当前 Map 是否为空。

3）提供可选视图操作：可以把键或值的组作为集合来处理。

① public Set keySet()：返回所有的键，并使用 Set 容器存放。

② public Collection values()：返回所有的值，并使用 Collection 存放。

③ public Set entrySet()：返回一个实现 Map.Entry 接口的元素 Set。

因为映射中键的集合必须是唯一的，所以使用 Set 来支持；因为映射中值的集合可能不唯一，所以使用 Collection 来支持；最后一个方法返回一个实现 Map.Entry 接口的元素 Set。

【例 9-6】源程序名为 ch9_6.java，为 Map 接口的使用示例，参看视频。

视频例 9-6

```java
1    import java.util.*;
2    public class ch9_6 {
3        public static void main(String[] args) {
4            Map map1 = new HashMap();
5            Map map2 = new HashMap();
6            map1.put("1","aaa1");
7            map1.put("2","bbb2");
8            map2.put("10","aaaa10");
9            map2.put("11","bbbb11");
10           // 根据键 "1" 取得值 :"aaa1"
11           System.out.println("map1.get(\"1\")="+map1.get("1"));
12           // 根据键 "1" 移除键值对 "1"-"aaa1"
13           System.out.println("map1.remove(\"1\")="+map1.remove("1"));
14           System.out.println("map1.get(\"1\")="+map1.get("1"));
15           map1.putAll(map2);              // 将 map2 的全部元素放入 map1 中
16           map2.clear();                   // 清空 map2
17           System.out.println("map1 IsEmpty?="+map1.isEmpty());
18           System.out.println("map2 IsEmpty?="+map2.isEmpty());
19           System.out.println("map1 中的键值对的个数 size = "+map1.size());
20           System.out.println("KeySet="+map1.keySet());           //Set
21           System.out.println("values="+map1.values());//Collection
22           System.out.println("entrySet="+map1.entrySet());
23           System.out.println("map1 是否包含键 :11 = "+map1.containsKey("11"));
24           System.out.println("map1 是否包含值 :aaa1 = "+map1.containsValue
                 ("aaa1"));
25       }
26   }
```

【运行结果】

运行结果如图 9-9 所示。

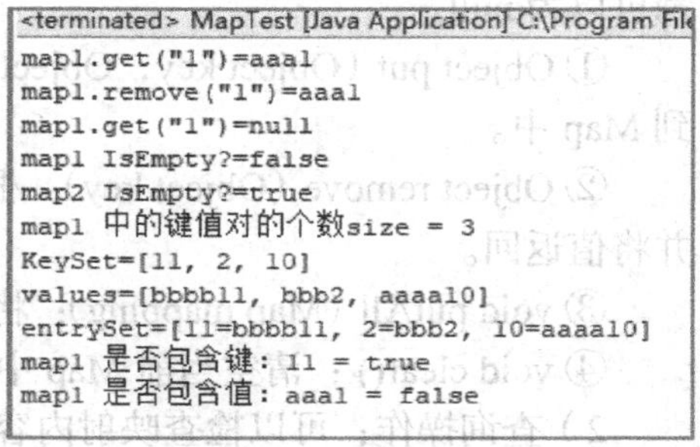

【程序分析】

该程序使用 Map 类实现对数据的操作。

第 4 和 5 句：新建 Map 对象。

第 6 ～ 9 句：将指定值依次存入对象的键中。

```
<terminated> MapTest [Java Application] C:\Program File
map1.get("1")=aaa1
map1.remove("1")=aaa1
map1.get("1")=null
map1 IsEmpty?=false
map2 IsEmpty?=true
map1 中的键值对的个数size = 3
KeySet=[11, 2, 10]
values=[bbbb11, bbb2, aaaa10]
entrySet=[11=bbbb11, 2=bbb2, 10=aaaa10]
map1 是否包含键: 11 = true
map1 是否包含值: aaa1 = false
```

图 9-9 例 9-6 运行结果

【上机错误分析】

修改第 23 句为

```
System.out.println("map1 是否包含键 :11 = "+map1.containsKey(11));
```

结果为

```
map1 是否包含键 :11 = false
```

原因如下：Map 的 key 和 value 的类型都是 Object，我们加入的 key 是字符串 "11"，而查找的是整数 11，所以显示找不到该键。

9.5.2　实现原理

Map 接口的常用实现类如表 9-3 所示。

表 9-3　Map 接口的常用实现类

实现	操作特性	成员要求
HashMap	能满足用户对 Map 的通用需求	键成员可为任意 Object 子类的对象，但如果覆盖了 equals() 方法，应同时注意修改 hashCode() 方法
TreeMap	支持对键有序地遍历，使用时建议先用 HashMap 增加和删除成员，最后从 HashMap 生成 TreeMap；附加实现了 SortedMap 接口，支持子 Map 等要求顺序的操作	键成员要求实现 Comparable 接口，或者使用 Comparator 构造 TreeMap。键成员一般为同一类型
LinkedHashMap	保留键的插入顺序，用 equals() 方法检查键和值的相等性	成员可为任意 Object 子类的对象，但如果覆盖了 equals() 方法，应同时注意修改 hashCode() 方法

1. HashMap

HashMap 类是 Map 接口的一个实现类，它用于存储键值映射关系，以哈希表为内核实现 Map 接口，但必须保证不出现重复的键。

2. LinkedHashMap

LinkedHashMap 类以哈希表和链表为内核实现 Map 接口，键值顺序为存放的先后顺序，键不能重复。

3. TreeMap

TreeMap 类以二叉树为内核实现 Map 接口，键值顺序是按照键升序进行排列，键也不能重复。

【例 9-7】源程序名为 ch9_7.java，为 HashMap 的使用示例，参看视频。

```
1  import java.util.*;
2  public class ch9_7 {
3    public static void main(String[] argv) {
4      HashMap h = new HashMap();
5      h.put("Adobe", "Mountain View, CA");
6      h.put("IBM", "White Plains, NY");
7      h.put("Sun", "Mountain View, CA");
```

视频例 9-7

```
8          String queryString = "Adobe";
9          String resultString = (String)h.get(queryString);
10         System.out.println("They are located in: " +  resultString);
11      }
12  }
```

【运行结果】
运行结果如图 9-10 所示。

```
They are located in: Mountain View, CA
```

图 9-10　例 9-7 运行结果

【程序分析】
本程序利用 HashMap 类实现数据的操作，利用 key-value 的方式存入数据。具体键值的顺序和放入的顺序无关。

9.6　项目案例——随机抽出 N 个学生背诵唐诗

【例 9-8】源程序名为 ch9_8.java，随机抽出 N 个学生背诵唐诗，要求抽取的学生不能重复。
项目分析：首先将学生编号，然后获取 1 ～ N 的随机数，随机数不能重复，将抽出的数字放入集合中。

```
1  import java.util.*;
2  public class ch9_8{
3    public static void main(String[] args) {
4        int t=1;
5                                       // 创建产生随机数的对象
6        Random r = new Random();
7                                       // 创建一个存储随机数的集合
8        ArrayList<Integer> array = new ArrayList<Integer>();
9        while(t!=0) {
10                                       // 定义一个统计变量，从 0 开始
11       System.out.print(" 输入最多参加比赛的人数:");
12       Scanner sc=new Scanner(System.in);
13       int num = sc.nextInt();
14       int count=0;
15                                       // 判断统计遍历是否小于最多参加比赛的人数
16       while (count < num) {
17                                       // 产生一个随机数
18           int number = r.nextInt(10) +1 ;
19                                       // 判断该随机数在集合中是否存在
20           if(!array.contains(number)){
21                                       // 如果不存在，则添加，统计变量 ++
22               array.add(number);
23               count++;
24           }
25       }
26       System.out.print(" 抽取人为 :"+array);
27       System.out.print("\n\n 继续进行比赛吗 ?(1/0)");
28       t=sc.nextInt();
29    }
```

```
30        }
31 }
```

【运行结果】

运行结果如图 9-11 所示。

【程序分析】

第 20 句：contains() 方法用于判断某一个 list 集合是否包含某一个对象时，防止数字重复。

该结果还可以优化，如已经抽取过的学生可以不再显示，有兴趣的读者可自行优化。

输入最多参加比赛的人数：2
抽取人为：[6, 5]

继续进行比赛吗？（1/0）1
输入最多参加比赛的人数：3
抽取人为：[6, 5, 3, 2, 8]

继续进行比赛吗？（1/0）

图 9-11　例 9-8 运行结果

9.7　寻根求源

Set 接口继承 Collection 接口，但不允许重复；List 接口继承 Collection 接口，允许重复，并引入位置下标；Map 接口既不继承 Set 接口，也不继承 Collection 接口，其存取的是键值对。Set、List 和 Map 可以看作集合的三大类。

1）List 集合是有序集合，集合中的元素可以重复，可以根据元素的索引访问集合中的元素。

2）Set 集合是无序集合，集合中的元素不可以重复，只能根据元素本身访问集合中的元素（也是集合里元素不允许重复的原因）。

3）Map 集合中保存 key-value 对形式的元素，只能根据每项元素的 key 来访问其 value。

对于 Set、List 和 Map 3 种集合，最常用的实现类分别是 HashSet、ArrayList 和 HashMap。

9.8　拓展思维

1. 泛型

通过前面的学习，了解到集合中可以存储任意类型的元素。但是，当把一个对象存入集合后，集合会"忘记"该对象的类型，当再将该对象从集合中取出时，该对象的类型就统一变成了 Object 类型。这是因为在 Java 程序中无法确定一个集合中的元素到底是什么类型，在取出元素时，如果进行强制类型转换，就很容易出错。接下来通过一个案例来演示这种情况，如例 9-9 所示。

【例 9-9】源程序名为 ch9_9.java，为泛型的使用示例，参看视频。

```
1  import java.util.ArrayList;
2  public class ch9_8 {
3      public static void main(String[] args) {
4          ArrayList list = new ArrayList();
5          list.add("I");
6          list.add("love");
7          list.add("china");
8          list.add(100);
9          for (int i = 0; i < list.size(); i++) {
10             String name = (String) list.get(i);
```

视频例 9-9

```
11              System.out.println("name:" + name);
12          }
13      }
14  }
```

本例中定义了一个 List 类型的集合，先向其中加入了 3 个字符串类型的值，随后加入一个 Integer 类型的值。因为此时 list 中存储的元素的默认类型为 Object，在之后的循环中由于忘记了之前在 list 中也加入了 Integer 类型的值或其他编码原因，在运行时会出现 java.lang. ClassCastException 异常，如图 9-12 所示。

```
name:I
name:love
name:china
Exception in thread "main" java.lang.ClassCastException:
        at com.ch9_8.main(ch9_8.java:11)
```

图 9-12 转换异常

在如上编码过程中，主要存在以下两个问题。

1）当将一个对象放入集合中时，集合不会记住此对象的类型；当再次从集合中取出此对象时，该对象的编译类型变成了 Object 类型，但其运行时类型仍然为其本身类型。

2）取出集合元素时需要人为地进行强制类型转换，得到具体的目标类型，且很容易出现 java.lang.ClassCastException 异常。

那么有没有办法可以使集合记住集合内元素各类型，且能够达到只要编译时不出现问题，运行时就不会出现 java.lang.ClassCastException 异常呢？答案就是使用泛型。

泛型，即参数化类型。参数化类型就是将类型由原来的具体的类型参数化，类似于方法中的变量参数，此时类型也定义成参数形式（可以称之为类型形参），然后在使用时传入具体的类型（类型实参）。下面对例 9-9 采用泛型重新编写。

```
1   public static void main(String[] args) {
2       ArrayList<String> list = new ArrayList<String>();
3       list.add("I");
4       list.add("love");
5       list.add("china");
6       list.add(100);
7       for (int i = 0; i < list.size(); i++) {
8           String name = list.get(i);
9           System.out.println("name:" + name);
10      }
11  }
12  }
```

采用泛型写法后，当再想加入一个 Integer 类型的对象时会出现编译错误，通过 ArrayList<String> 直接限定了 list 集合中只能含有 String 类型的元素，从而取出各个元素时无须进行强制类型转换，因为此时集合能够记住元素的类型信息，编译器已经能够确认它是 String 类型。

```
1   public static void main(String[] args) {
```

```
2          ArrayList<String> list = new ArrayList<String>();
3          list.add("I");
4          list.add("love");
5          list.add("china");
6          for(int i = 0; i < list.size(); i++) {
7              String name = list.get(i);
8              System.out.println("name:" + name);
9          }
10     }
11 }
```

结合上面的泛型定义，可知在 ArrayList<String> 中，String 是类型实参，即相应的 List 接口中肯定含有类型形参。

2. 拓展案例

使用 Scanner 从控制台读取一个字符串，统计字符串中每个字符出现的次数，要求使用学习过的知识完成以上要求。首先应把字符存起来才能进行统计，因为输入字符的个数固定，所以需要根据 Set、List、Map 集合的特性完成本题。要将字符和次数对应起来，可以用 Map 集合。参考程序如下：

```
1  public static void main(String[] args) {
2      Scanner sc=new Scanner(System.in);
3      String str = sc.next ();
4      System.out.println(" 原字符串 :"+str);
5      Map<Character,Integer> map = new HashMap<Character,Integer>();
6      char[] cs = str.toCharArray();
7      for (char c : cs) {
8          if(map.containsKey(c)){
9              Integer value = map.get(c);
10             value++;
11             map.put(c, value);
12         }else{
13             map.put(c, 1);
14         }
15     }
16     // 遍历 map
17     Set<Character> set = map.keySet();
18     for (Character c : set) {
19         System.out.println(c+" 出现了 "+map.get(c)+" 次 ");
20     }
21 }
```

1）for（char c:cs）：这是一个增强版的 for 循环，表示定义一个字符变量 c，在数组 cs 中进行遍历，让 c 等于 cs 中的每一个值。这种 for 循环的方法经常用于遍历数据和集合，可以简化传统的 for 语句。

2）将 Map 中的所有 key 值赋给一个 Set 集合，为什么不是一个 List 集合呢？读者可以考虑 List 和 Set 的区别。Set 具有唯一性，而 Map 中的 key 值是不重复的。

3）该题目还有其他做法，希望读者多加思考。

知识测试

一、判断题

1. Set 集合是通过键值对的方式来存储对象的。   （   ）

2. ArrayList 集合查询元素的速度较快，但增删改的速度较慢。   （   ）

3. Set 接口主要有两个实现类，分别是 HashSet 和 TreeSet。   （   ）

4. Map 接口中的每个元素都有一个键对象 key 和一个值对象 value。 （   ）

5. Lambda 表达式只能是一个语句块。   （   ）

6. ArrayList 集合可以保存具有映射关系的数据。   （   ）

7. HashMap 集合保存的数据都是有序的。   （   ）

8. ArrayList 集合保存的数据都是不可重复且无序的。   （   ）

9. Collection 类集合可以保存数目不确定的数据对象。   （   ）

10. Map 集合可以存放的是单列集合。   （   ）

二、选择题

1. 阅读下面的代码：

```java
import java.util.*;
public class TestListSet {
    public static void main(String args[]) {
        List list = new ArrayList();
        list.add("Hello");
        list.add("Learn");
        list.add("Hello");
        list.add("Welcome");
        Setset = new HashSet();
        set.addAll(list);
        System.out.println(set.size());
    }
}
```

上述程序经过运行后，结果为（   ）。

A. 编译不通过   B. 编译通过，运行时异常

C. 编译运行都正常，输出 3   D. 编译运行都正常，输出 4

2. 下列（   ）集合可以保存具有映射关系的数据（多选）。

A. ArrayList   B. TreeMap   C. HashMap   D. TreeSet

3. 下列关于 LinkedList 类的方法，不是从 List 接口中继承而来的是（   ）。

A. toArray()   B. pop()   C. remove()   D. isEmpty()

4. 以下属于 Map 接口集合常用方法的有（   ）（多选）。

A. boolean containsKey（Object key）

B. Collection values()

C. void forEach（BiConsumer action）

D. boolean replace（Object key，Object value）

5. 使用 Iterator 时，判断是否存在下一个元素可以使用（   ）方法。

A. next()   B. hash()   C. hasPrevious()   D. hasNext()

6. "ArrayList list=new ArrayList（20）;" 中的 list 扩充（　　）次。

A. 0　　　　　　　　　B. 1　　　　　　　　C. 2　　　　　　　　D. 3

7. ArrayList 类的底层数据结构是（　　）。

A. 数组结构　　　　　B. 链表结构　　　　　C. 哈希表结构　　　　D. 红黑树结构

8. 实现下列（　　）可以启用比较功能。

A. Runnable 接口　　　B. Iterator 接口　　　C. Serializable 接口　　D. Comparator 接口

9. 能以键值对的方式存储对象的接口是（　　）。

A. java.util.Collection　B. java.util.Map　　　C. java.util.HashMap　　D. java.util.Set

10. 下列（　　）不是 List 集合的遍历方式。

A. Iterator 迭代器实现　　　　　　　　　B. 增强 for 循环实现

C. get() 和 size() 方法结合实现　　　　　D. get() 和 length() 方法结合实现

三、填空题

1. Collection 接口的特点是_____。

2. List 接口的特点是元素_____（有 | 无）顺序，_____（可以 | 不可以）重复。

3. Set 接口的特点是元素_____（有 | 无）顺序，_____（可以 | 不可以）重复。

4. Map 接口的特点是元素是_____，其中_____可以重复，_____不可以重复。

5. Map 接口中的 put() 方法表示放入一个键值对，如果键已存在，则_____；如果键不存在，则_____。remove() 方法接收_____个参数，表示_____。get() 方法表示_____，get() 方法的参数表示_____，返回值表示_____。

6. 要想获得 Map 中所有的键，应该使用方法_____，该方法的返回值类型为_____。

7. 要想获得 Map 中所有的值，应该使用方法_____，该方法的返回值类型为_____。

8. 要想获得 Map 中所有的键值对的集合，应该使用方法_____，该方法返回一个_____类型组成的 Set。

9. _____是所有单列集合的父接口，它定义了一些通用方法。

10. ArrayList 内部封装了一个长度可变的_____。

四、简答题

1. 简述 Java 中的集合框架。

2. 简述 HashSet 和 TreeSet。

五、综合应用

据相关统计，2019 年世界上几个较大的经济体 GDP（国内生产总值）信息如表 9-4 所示。

表 9-4　较大经济体 GDP

国家	GDP/ 美元
中国	14.14 万亿
美国	21.43 万亿
日本	5.15 万亿
德国	3.86 万亿
法国	2.71 万亿

完成下列要求。

（1）使用一个 Map，以国家的名字作为键，以 GDP 值作为值，表示上述统计信息。

（2）增加英国 GDP 数据，2019 年英国 GDP 为 2.82 万亿美元。

（3）输出所有的国家及其 GDP 统计信息。

第 10 章

数 据 库

学习目标

1. 掌握：JDBC API 的使用。
2. 掌握：JDBC 技术访问数据库的方法。
3. 了解：JDBC 技术。

重点

掌握：建立数据库连接的方法。

难点

理解：JDBC 的工作原理。

　　数据库技术是计算机科学技术中发展较快的领域，也是应用较广的技术之一，它已成为计算机信息系统的核心技术和重要基础。Java 具有健壮性、易用性和支持从网络上自动下载等特性，因此是一门较好的数据库应用的编程语言。

10.1　概述

　　软件的开发经常需要访问数据库。数据库的标准是多样，ODBC（Open Database Connectivity，开放式数据库连接）是一个编程接口，它允许程序使用 SQL（Structural Query Language，结构化查询语言）访问 DBMS（Database Management System，数据库管理系统）中的数据。Sun 公司认为 ODBC 难以掌握，使用复杂且在安全性方面存在问题，因此 Java 语言使用 JDBC（Java DataBase Connectivity Java 数据库连接）技术进行数据库的访问。

　　JDBC 是 Java 同数据连接的一种标准，是一种用于执行 SQL 语句的 Java API，它由一组用 Java 编程语言编写的类和接口组成。驱动是接口的实现，没有驱动将无法完成数据库连接，从而不能操作数据库。每个数据库厂商都需要提供自己的驱动，用来连接自己公司的数据库，即驱动一般由数据库生成厂商提供。Java 应用程序通过 JDBC API 和 JDBC 驱动程序管理器进行通信，如 Java 应用程序可以通过 JDBC API 向 JDBC 驱动程序管理器发送一个 SQL 查询语句。JDBC 驱动程序管理器可以使用 JDBC 驱动程序和最终的数据库进行通信，如图 10-1 所示。有了 JDBC，无论访问什么类型的关系数据库，只用 JDBC API 写一个程序，就可以向相应的数据库发送 SQL 语句。使用 Java 编写应用程序不需要为不同的平台编写不同的应用程序，一次编程就可以在任何平台上运行。

也可以不使用 JDBC，但 Java 应用程序没有更好的可移植性。

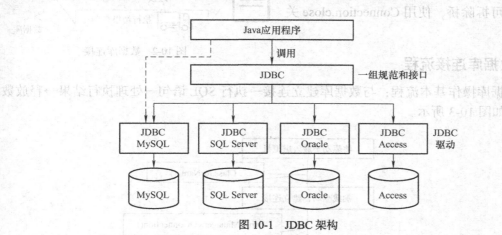

图 10-1　JDBC 架构

1. 数据库驱动程序

不同种类的数据库（MySQL、SQL Server、Oracle），其内部处理数据的方式是不一样的。JDBC 要求各个数据库厂商按照统一的规范来提供数据库驱动。JDBC 是应用程序与数据库之间的桥梁，而在程序中是由 JDBC 和具体的数据库驱动联系，所有用户就不必直接与底层的数据库交互，这使得代码性更强。

例如，如果需要访问 MySQL 数据库，那么应该下载并安装 MySQL 的 JDBC 驱动程序，此驱动程序可以在 MySQL 官方网站上下载。在 MySQL 官网下载板块选择 MySQL connector，选择 Java connector 进行下载，下载后的文件是一个 .jar 包。

2. DBMS

本章以 MySQL 数据库为例，读者可在 MySQL 官方网站下载 MySQL 数据库，在终端使用。与此同时，对于初学者，推荐使用图形界面插件 MySQL workbench，可以使用户获得一个图形用户界面，方便数据库的使用交互。JDBC API 对于基本的 SQL 抽象和概念是一种自然的 Java 接口，建立在 ODBC 上，保留了 ODBC 的基本设计特征，更加易于使用。

10.2　JDBC API

JDBC API 是通过 java.sql 包实现的，该包中比较重要的内容如下。

1）java.sql.DriverManager：用来装载驱动程序并为创建新数据库连接提供支持。

2）java.sql.Connection：完成对某一个指定数据的连接功能。

3）java.sql.Statement：在一个给定的连接中作为 SQL 执行声明的容器。

4）java.sql.ResultSet：用来控制对一个特定记录集数据的存取。

操作数据库时，可以把数据库（Database）看作一个仓库，把装载驱动 class.forName（"…"）当成寻找建桥材料，把数据库的连接（Connection）比作一条通往仓库的道路，把会话（Statement）看作跑在这条路上的一辆货车，把对数据库进行的不同的操作（SQL 语句）看作对这辆货车发出的不同的指令（UPDATE、DELETE、QUERY 等），把执行结果（ResultSet）看作

从数据库中返回的操作结果，该结果就类似于
从仓库拉回不同的货物，如图 10-2 所示。使用
完毕后，即可拆除桥，使用 Connection.close 关
闭语句。

图 10-2　数据库连接

10.2.1　数据库连接流程

Java 数据库操作基本流程：与数据库建立连接→执行 SQL 语句→处理执行结果→释放数据库连接，如图 10-3 所示。

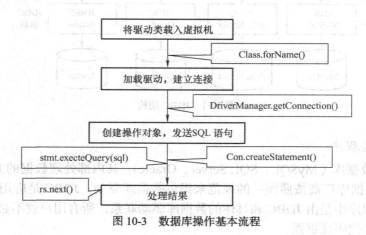

图 10-3　数据库操作基本流程

10.2.2　数据库连接代码

建立一个数据库连接分两步：载入驱动程序和建立连接。

1. 载入驱动程序

以 MySQL 为例，载入驱动程序的一般语法如下：

```
Class.forName ("驱动程序名称");
```

例如，如果使用 JDBC 桥接驱动程序，该驱动程序的名称为 com.mysql.cj.jdbc.Driver，使用下面的语句将载入该驱动程序：

```
Class.forName ("com.mysql.cj.jdbc.Driver");
```

注意：com.mysql.jdbc.Driver 是 mysql-connector-java 5 中的，com.mysql.cj.jdbc.Driver 属于 mysql-connector-java 6 及以上。

2. 建立连接

Connection 对象代表与数据库的连接。连接过程包括执行的 SQL 语句和在该连接上返回的结果。驱动程序管理器（DriverManager）负责管理驱动程序，作用于用户和驱动程序之间，在数据库和相应驱动程序之间建立连接。DriverManager.getConnection() 方法将建立与数据库的连接，其一般语法如下：

```
Connection con=DriverManager.getConnection (url, "用户名", "密码");
```

参数 url 由 3 部分组成，各部分用冒号分隔，如 jdbc：<子协议>：<子名称>。其中，

＜子协议＞是驱动程序名或数据库连接机制的名称，如 mysql；＜子名称＞是本地数据资源，如 //localhost3306。

不同的驱动程序，其所使用的驱动程序名称以及子协议名称不一样。例如：

```
Connection con=DriverManager.getConnection("jddc:mysql:
//localhost3306","admin","123");
```

3. 执行 SQL 语句

Statement 接口用于将 SQL 语句发送到数据库。

（1）创建 Statement 对象　建立了到特定数据库的连接后，即可向数据库发送 SQL 语句。Statement 对象用 Connection 的 CreateStatement() 方法创建，代码如下：

```
Statement student=con. CreateStatement();
```

（2）使用 Statement 对象执行语句　JDBC 提供了 3 种执行 SQL 语句的方法：executeQuery()、executeUpdate() 和 execute()。使用哪一个方法由 SQL 语句产生的内容决定。

1）executeQuery() 方法：用于执行产生单个结果集的语句，如 select。

2）executeUpdate() 方法：用于执行 INSERT、UPDATE、DELETE、SQL（数据定义）语句。ExecuteUpdate() 方法的返回值是一个整数，用于表示受影响的行数。当执行 SQL DLL 语句，如 creat table 时，由于其不操作行，因此返回值将总为 0。

3）execute() 方法：用于执行返回多个结果集、多个更新计数或两者组合的语句。

4. 数据结果集

ResultSet 接口用于获取执行 SQL 语句返回的结果，结果集是一个表，其包含符合 SQL 语句条件的所有行。其记录定义方法包括 first()、next()、previous()、last()、getXX()。

1）first()：使记录指针指向第一行。

2）next()：使记录指针下移一行。

3）previous()：使记录指针上移一行。

4）last()：使记录指针指向最后一行。

5）getXX()：用于获取结果集中指定列的值。

5. 闭数据库连接

对数据库操作完成后，应将与数据库的连接关闭。关闭连接使用的语句是 close()，其一般语法为"连接变量 .close()"。例如，要关闭前面建立的连接 con，可使用语句" con.close()"。

10.3 配置 JDBC 数据库数据源

10.3.1 安装 MySQL

MySQL 数据库管理系统由瑞典的 MySQLAB 公司开发，属于 Oracle 旗下产品，是开源的。MySQL 具有跨平台的特性，可在 Windows、UNIX、Linux 和 Mac OS 等平台上使用。基于 Windows 平台的 MySQL 安装文件有两种版本，一种是以 .msi 作为扩展名的二进制分发版，另一种是以 .zip 作为扩展名的压缩文件。其中，.msi 的安装文件提供了图形化安装向导，按照向导提示进行操作即可完成安装；.zip 的安装文件直接解压即可完成 MySQL 的安装。下面以 MySQL 5.5 为例，讲解 MySQL 二进制分发版在 Windows 平台的安装和配置。

1）在 http://dev.mysql.com/downloads/mysql/#downloads 网站下载，下载完毕后，双击安装文件进行安装。此时，会弹出 MySQL 安装向导界面如图 10-4 所示。

2）单击图 10-4 中的 Next 按钮，此时会进入图 10-5 所示的用户许可协议界面。

图 10-4 MySQL 安装向导界面图

图 10-5 用户许可协议界面

3）选中 I accept the terms in the License Agreement 复选框，单击 Next 按钮，进入选择安装类型界面，如图 10-6 所示。

在图 10-6 所示的界面中列出了 3 种安装类型，具体介绍如下。

① Typical（默认安装）：只安装 MySQL 服务器、MySQL 命令行客户端和命令行使用程序。

② Custom（定制安装）：选择想要安装的软件和安装路径。

③ Complete（完全安装）：安装软件包内的所有组件。

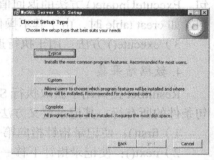
图 10-6 选择安装类型界面

4）单击 Next 按钮，进入图 10-7 所示的定制安装界面。默认情况下，MySQL 的安装目录是 C:\Program Files\MySQL\MySQL Server 5.5，这里使用默认的安装目录。如果想要更改 MySQL 的安装目录，可以单击右侧的 Browse 按钮。

5）单击 Next 按钮，进入准备安装界面，如图 10-8 所示。

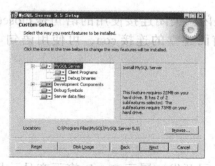
图 10-7 定制安装界面

图 10-8 准备安装界面

6）单击 Install 按钮，开始安装 MySQL，此时可以看到安装进度。当 MySQL 安装完成后就会显示 MySQL 简介，如图 10-9 所示。

7）单击 Next 按钮，进入下一个简介界面，如图 10-10 所示。

8）单击 Next 按钮，进入 MySQL 的安装完成界面，如图 10-11 所示。

图 10-9　MySQL 简介（一）

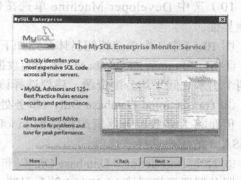
图 10-10　MySQL 简介（二）

至此，便完成了 MySQL 的安装。需要注意的是，图 10-11 中的 Launch the MySQL Instance Configuration Wizard 复选框用于开启 MySQL 配置向导，如果此时选中该复选框，单击 Finish 按钮，就会进入 MySQL 配置向导界面，开始配置 MySQL，如图 10-12 所示。

图 10-12 中有两种配置类型可以选择，具体介绍如下。

① Detailed Configuration（详细配置）：该单选按钮适合想要详细配置服务器的高级用户。

② Standard Configuration（标准配置）：该单选按钮适合想要快速启动 MySQL 而不必考虑服务器配置的用户。

图 10-11　安装完成界面

图 10-12　MySQL 配置向导界面

9）选中 Detailed Configuration 单选按钮，单击 Next 按钮，进入服务器类型界面，如图 10-13 所示。在该界面中可以选择 3 种服务器类型，选择哪种服务器类型将直接影响到 MySQL Configuration Wizard（配置向导）对内存、硬盘和过程或使用的决策，如图 10-13 所示。

图 10-13 中 3 个单选按钮的具体介绍如下。

① Developer Machine（开发者类型）：消耗的内存资源最少，主要适用于软件开发者，而且也是默认选项，建议一般用户选择该项。

② Server Machine（服务器类型）：占用的内存资源稍多，主要用作服务器的机器可以选择该项。

③ Dedicated MySQL Server Machine（专用 MySQL 服务器）：占用所有的可用资源，消耗内存最大，专门用作数据库服务器的机器可以选择该项。

10）选中 Developer Machine 单选按钮，单击 Next 按钮，进入图 10-14 所示的数据库用途界面。

图 10-14 中 3 个单选按钮具体介绍如下。

① Multifunctional Database（多功能数据库）：同时使用 InnoDB 和 MyISAM 储存引擎，并在两个引擎之间平均分配资源。建议选择该选项。

② Transactional Database Only（事务处理数据库）：同时使用 InnoDB 和 MyISAM 储存引擎，但是将大多数服务器资源指派给 InnoDB 储存引擎。建议主要使用 InnoDB，只偶尔使用 MyISAM 的用户选择该选项。

③ Non-Transactional Database Only（非事务处理数据库）：完全禁用 InnoDB 储存引擎，将所有服务器资源指派给 MyISAM 储存引擎。建议不使用 InnoDB 的用户选择该选项。

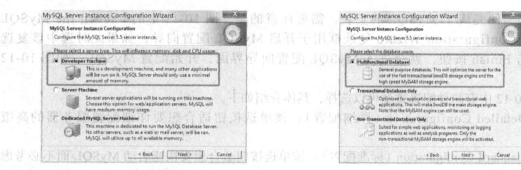

图 10-13　服务器类型　　　　　　　　　　　图 10-14　数据库用途界面

11）选中 Multifunctional Database 单选按钮，单击 Next 按钮，进入 InnoDB 表空间设置界面，如图 10-15 所示。

12）在图 10-15 中选择默认位置即可，单击 Next 按钮，进入设置服务器最大并发连接数量（同时访问 MySQL 的最大数量）界面，如图 10-16 所示。

图 10-16 中 3 个单选按钮的具体介绍如下。

① Decision Support（DSS）/OLAP（决策支持）：如果服务器不需要大量的并发连接，可选择该选项。假设最大连接数量为 100，则平均并发连接数量为 20。

② Online Transaction Processing（OLTP）（联机事务处理）：如果服务器需要大量的并发连接，则选择该选项，最大连接数量设置为 500。

③ Manual Setting（人工设置）：可手动设置服务器并发连接的最大数量，默认连接数量为 15。

13）选中 Manual Setting 单选按钮，并使用默认连接数量 15。单击 Next 按钮，进入设置网络界面，如图 10-17 所示。

从图 10-17 中可以看出，MySQL 默认情况启动 TCP/IP 网络，端口号为 3306。如果不想使用该端口号，也可以通过下拉列表框更改，但必须保证端口号没有被占用。

Add firewall exception for this port：用来在防火墙上注册该端口号，在这里选择该选项。

Enable Strict Mode：用来启动 MySQL 标准模式，这样 MySQL 就会对输入的数据进行严格的检查，不允许出现微小的语法错误。对于初学者来说不建议选择该选项，以免带来不必要的麻烦。

图 10-15　InnoDB 表空间设置界面　　　　　图 10-16　设置服务器最大并发连接数量

14）单击 Next 按钮，进入图 10-18 所示的设置默认字符集编码界面。

图 10-18 中 3 个单选按钮的具体介绍如下。

① Standard Character Set（标准字符集）：默认的字符集，支持英文和许多西欧语言，默认值为 Latin1。

② Best Support For Multilingualism（支持多种语言）：支持大部分语言的字符集，默认字符集为 UTF8。

③ Manual Selected Default Character Set/Collation（人工选择的默认字符集 / 校对规则）：主要用于手动设置字符集，通过下列菜单选择字符集编码，其中包含 GBK、GB2312、utf8 等。

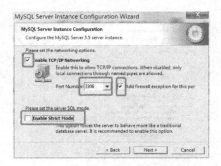

图 10-17　设置网络界面　　　　　　　图 10-18　设置默认字符集编码界面

15）选中 Manual Selected Default Character Set/Collation 单选按钮，将字符集编码设置为 utf8。单击 Next 按钮，进入设置 Windows 选项界面，这一步会将 MySQL 安装为 Windows 服务，并且可以设置服务名称，如图 10-19 所示。

图 10-19 中选项的具体介绍如下。

① Install As Windows Service：可以将 MySQL 安装为 Windows 服务。

② Service Name：可以选择服务名称，也可以自己输入。

③ Launch the MySQL Server automatically：可让 Windows 启动之后 MySQL 也自动启动。

④ Include Bin Directory in Windows PATH：可以将 MySQL 的 bin 目录添加到环境变量 PATH 中，这样在命令行窗口中就可以直接使用 bin 目录下的文件。

16）选择所有的选项，单击 Next 按钮，进入图 10-20 所示的安全设置界面。

图 10-20 中选项的具体介绍如下。

① Modify Security Setting：询问是否要修改 root 用户的密码（默认为空）。

② New root password 和 Confirm：输入新密码并且确认新密码。

③ Enable root access from remote machines：是否允许 root 用户在其他机器上登录。考虑安全性，不选择该项；考虑方便性，选择该项。

④ Create An Anonymous Account：新建一个匿名账户。创建匿名账户会降低服务器的安全，因此建议不要选择该项。

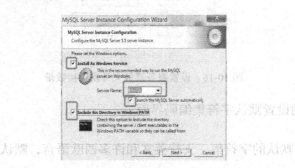

图 10-19　设置 Windows 选项界面

图 10-20　安全设置界面

17）单击 Next 按钮，进入图 10-21 所示的准备执行配置界面。

18）对上述设置确认无误后，就可以单击 Execute 按钮，让 MySQL 配置向导执行一系列任务进行配置。配置完成后，会显示相关的概要信息，如图 10-22 所示。

图 10-21　准备执行配置界面

图 10-22　配置完成

19）单击 Finish 按钮，完成 MySQL 的配置并退出 MySQL Configuration Wizard（配置向导）。

10.3.2　使用 MySQL

1. 启动 MySQL 服务

当 Windows 启动时，MySQL 服务也会随着启动，然而有时需要手动控制 MySQL 服务的启动与停止。手动控制 MySQL 服务的启动与停止有两种方式，即通过 Windows 服务管理器和通过 DOS 命令，这里介绍通过 DOS 命令启动 MySQL 服务，如图 10-23 所示，命令如下：

```
net start mysql
```

通过 DOS 命令行停止 MySQL 服务，如图 10-24 所示，命令如下：

```
net stop mysql
```

图 10-23 启动 MySQL 服务

图 10-24 停止 MySQL 服务

2. 登录 MySQL 数据库

MySQL 服务启动成功后，即可通过客户端登录 MySQL 数据库。Windows 操作系统下，登录 MySQL 数据库可以通过 DOS 命令完成，命令如下：

```
mysql-h hostname -u username -p
```

在上述命令中，mysql 为登录命令。–h 后面的参数是服务器的主机地址，由于客户端和服务器在同一台机器上，因此输入 localhost 或者 IP 地址 127.0.0.1 都可以；如果是本地登录，则可以省略该参数。–u 后面的参数是登录数据库的用户名，这里为 root。–p 后面是登录密码。接下来在命令行窗口中输入如下命令：

```
mysql-u root -p
```

此时，系统会提示输入密码 Enter password，只需输入配置好的密码 123456，验证成功后，即可登录到 MySQL 数据库，登录成功界面如图 10-25 所示。

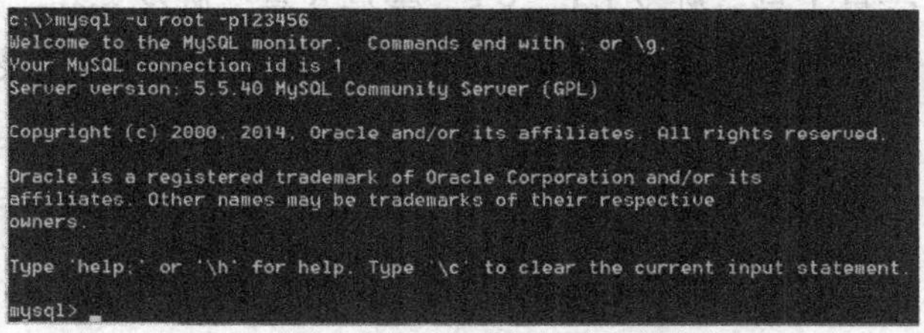

也可以直接在上述命令的 –p 参数后添加密码。如果 root 用户现在没有密码，希望将密码设置为 123，那么命令如下：

图 10-25 MySQL 数据库登录成功界面

```
mysqladmin -u root password 123
```

10.3.3 建立和查看数据库

本节以 Windows 操作系统和 MySQL 数据库管理系统为例，说明数据库的配置方法。

1. 创建数据库

在 MySQL 数据库中建立一个数据库，命令如下：

```
CREATE DATABASE 数据库名称;
CREATE DATABASE student;
```

2. 查看数据库

使用命令 Show databases 查看数据库，如图 10-26 所示。

```
Show databases;
```

3. 打开数据库

使用 use 命令打开数据库 student，student 为当前使用的默认数据库。

```
USE student;
```

4. 建立表的结构

为 student 数据库创建一个 tb_grade 表。表的结构由 3 个属性构成，分别是学生的学号、姓名和志愿者服务时长，命令如下：

```
CREATE TABLE tb_grade
(   id                 INT(11),
    name               VARCHAR(20),
    volunteerService   FLOAT
);
```

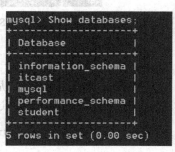

图 10-26 查看数据库

上述 SQL 代码指明了表名以及表中的字段名、类型、长度、约束，其中数据类型和长度可根据系统需要自行设计定制。本节数据库设计的案例表为 tb_grade，共 3 个属性，分别为学号 id，int 型，长度为 11，主键约束；姓名 name，可变字符型，长度为 20；志愿者服务时长 volunteerService，Float 类型。

5. 向表中插入记录

新建 SQL 执行命令框，输入创建表格的 SQL 代码，为 tb_grade 表插入 3 条记录，分别是学号 1 号、姓名 lidi、8.5；学号 2 号、姓名 maxi、4.5。

使用 INSERT 语句向 people 表中插入一条记录，SQL 语句如下：

```
INSERTINTOtb_grade(id,name,volunteerService) VALUES(1,'lidi',8.5);
INSERTINTOtb_grade(id,name,volunteerService) VALUES(2,'maxi',4.5);
```

SQL 代码与执行结果如图 10-27 所示。

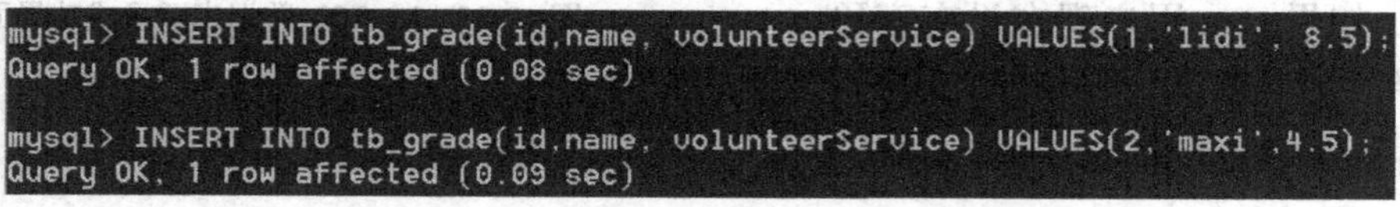

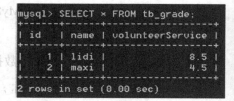

图 10-27 SQL 代码与执行结果

使用 SELECT 语句查看 tb_grade 表中的数据，查询结果如图 10-28 所示。

```
mysql> SELECT * FROM tb_grade;
```

6. 查看 MySQL 数据库物理文件存放位置

如图 10-29 所示，使用如下命令查看数据库物理文件存放位置：

```
show global variables like "%dat
adir%";
```

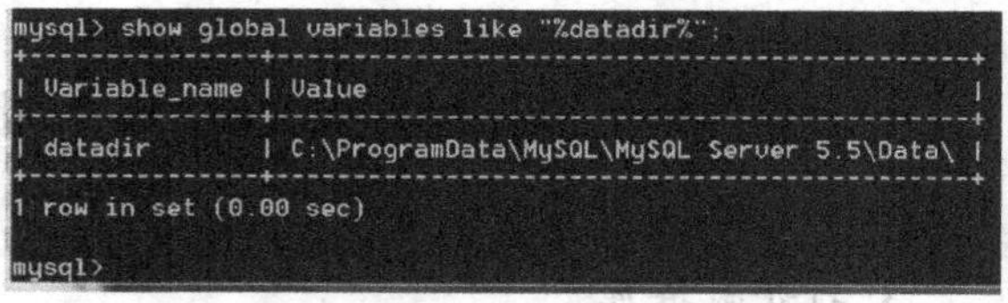

图 10-28 查询结果

图 10-29 数据库物理文件存放位置

10.4　项目案例——输出志愿者信息（数据库实例）

本项目使用 Eclipse IDE 进行开发。新建一个 project，在工程下新建一个 folder，命名为 lib。将下载好的 MySQL connector for java JAR 包复制至 lib 文件夹并将此 .jar 包加入构建路径，其操作方法为选中后右击，在弹出的快捷菜单中选择 add to build path 命令。

【例 10-1】源程序名为 ch10_1.java，利用 JDBC 驱动程序，访问 MySQL 数据库 test，显示表中所有学生的学号、姓名和专业，参看视频。

JDBC 编程大致按照图 10-30 所示 6 个步骤进行。

视频例 10-1

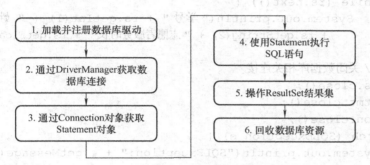

图 10-30　JDBC 编程步骤

首先导入数据库驱动，Java 连接 MySQL 需要驱动包，最新版下载地址为

http://dev.mysql.com/downloads/connector/j，解压后得到 jar 库文件，然后在对应的项目中导入该库文件，使用 eclipse IDE 进行开发。

第一种方法：新建一个 project，在工程下新建一个 folder 命名为 lib，将下载好的 MySQL connector for java JAR 包复制至 lib 文件夹并将此 JAR 包加入构建路径。操作方法为选中后右击，在弹出的快捷菜单中选择 add to build path 命令。

第二种方法：新建一个 project，右击项目 project，选择 build path 项，再选择 Configure Build Path 中的 java build path → libraries → Add External JARs，然后将解压出的 mysql-connector-java-8.0.13.jar 文件添加进去，（8.0 驱动程序与此一样）如图 10-31 所示。

图 10-31　导入数据库

```
1  import java.sql.*;
2  public class ch10_1 {
3     public static void main(String args[]) {
4        ResultSetrs = null;
5        Statement stmt = null;
6        Connection con = null;
7        try {
8           // 加载数据库驱动程序，注意 MySQL8.0 新版本驱动需要加上 cj
9           Class.forName("com.mysql.cj.jdbc.Driver");
10       } catch (ClassNotFoundExceptionce) {
11          System.out.println("SQLException:" + ce.getMessage());
12       }
```

```
13              try { // 与数据库建立连接，本地连接端口为 3306, 数据库名称为 student
14                  String url = "jdbc:mysql://localhost:3306/student?
                    serverTimezone = GMT%2B8&useSSL = false";
15                  String user = "root";
16                  String password = "root";
17                  con = DriverManager.getConnection(url, user, password);
18                  stmt = con.createStatement();      // 创建 Statement 对象
19                  // 发送 SQL 语言 select * from student, 生成学生记录
20                  rs = stmt.executeQuery("select * from tb_grade");
21                  while (rs.next()) {
22                      System.out.println("学号" + rs.getInt(1) + " 姓名"
23                          + rs.getString(2) + "志愿者服务时长" + rs.getFloat(3));
24                  }
25                  // 关闭数据库相关连接
26                  rs.close();
27                  stmt.close();
28                  con.close();
29              } catch (SQLException e) {
30                  System.out.println("SQLException:" + e.getMessage());
31              }
32          }
33      }
```

【运行结果】

运行结果如图 10-32 所示。

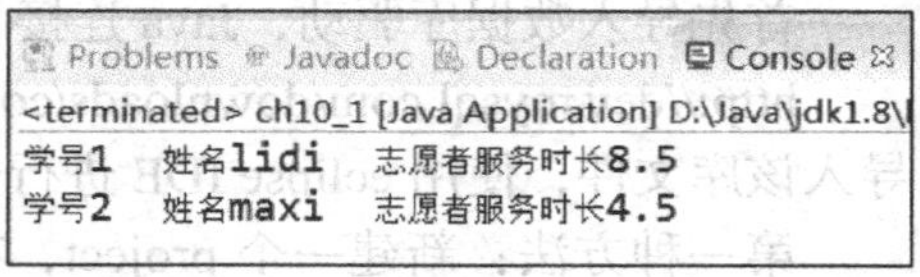

【程序分析】

运行该程序，利用 MySQL 设计的数据库建立一
数据表，表名为 tb_grade，数据项分别为学号 id，姓
名 name，志愿者服务时长 volunteerService。表中有两条记录，之后才能运行本程序。

图 10-32 例 10-1 运行结果

第 1 句：导入包 java.sql 中的相关类，这些类会在使用相关语句时报错并在 eclipse IDE 中
提示导入。

第 9 句：加载 JDBC 桥驱动程序。根据 MySQL 版本选择不同的语句，带 cj 的是 MySQL
驱动 6.0 以上的，不带 cj 的是 6.0 以下的。本例为 8.0 版本，直接写为 "Class.forName ("com.
mysql.cj.jdbc.Driver");"。注意，此处需要进行异常处理，若参数错误会抛出 class not found
异常。

第 16 句：密码 "root" 是安装 MySQL 最后一步时自行设定的。

第 17 句：与数据库 student 建立连接，连接时需要 3 个参数，这 3 个参数在第 14 ~ 16 句
被定义成 String 字符串。注意，第 17 句为 url 的多参数形式。

第 18 句：stmt 为 SQL 语句变量。

第 20 句：对表 student 中所有学生进行查询，结果存放在对象 rs 中。

第 21 句：while 循环对结果集中拿回的数据进行格式化处理，并输出。其中，因为学
号是 tb_grade 表中第 1 列并且是 int 类型，所以使用 getInt（1）；姓名是 tb_grade 表中第 2
列并且是 varchar 类型，所以使用 getString（2），依次类推。括号中的数字是属性在表中的
编号。

第 26 句：关闭结果集。注意关闭顺序，结果集最后产生，最先关闭；执行语句次之；最

后是数据库连接。

10.5　寻根求源

错误 1：找不到驱动程序类，加载驱动失败。

```
java.lang.ClassNotFoundException: com.mysql.jdbc.Driver
```

错误原因：Java 项目或者 Web 项目中没有 JDBC 驱动 .jar 包。

解决方案：下载 .jar 包（mysql-connector-java-5.1.7-bin.jar），并且导入项目。

错误 2：数据库连接失败。

错误原因：程序出错的原因大致分为以下几种。

1）Class.forName 后的参数书写错误，与版本不一致，可能会导致报错或警告。

2）URL 参数书写不规范或书写错误，会导致无法连接数据库或数据库拒绝访问。

3）password 参数在 MySQL 安装即将结束时用户可进行设置，如忘记密码则需重置密码。

4）操作结果集的 SQL 语句书写错误会导致结果与预期不符或报错。

5）服务器端没有开启。

10.6　拓展思维

通过原生 JDBC API 连接 MySQL 数据库，则有如下示例代码：

```
Class.forName("com.mysql.cj.jdbc.Driver");
Connection conn = DriverManager.getConnection("jdbc:mysql://<host>:<port
>/<database>");
```

从以上两行代码中难以看出桥接模式的结构。下面对源码进行分析，理解各个类和接口之间的关系。

Class.forName() 方法调用后，com.mysql.cj.jdbc.Driver 类被加载，com.mysql.cj.jdbc.Driver 类仅包含一段静态代码，其中最关键的是静态代码段中的 DriverManager.registerDriver（new Driver()）。执行 static { } 静态代码段，会在客户端调用 Class.forName() 方法加载 com.mysql.cj.jdbc.Driver 类的同时被执行，将 com.mysql.cj.jdbc.Driver 类实例注册到 DriverManager 中。然后，客户端会调用 DriverManager.getConnection() 方法获取一个 Connection 数据库连接实例，根据不同的数据库有不同的实现。

1. Driver 接口

Driver 接口由数据库厂家提供，作为 Java 开发人员，只需使用 Driver 接口即可。在编程中要连接数据库，必须先安装特定厂商的数据库驱动程序。不同的数据库有不同的装载方法，例如：

1）安装 MySQL 驱动：

```
Class.forName("com.mysql.jdbc.Driver");
```

2）安装 Oracle 驱动：

```
Class.forName("oracle.jdbc.driver.OracleDriver");
```

3）安装 SQLServer 驱动：

```
Class.forName("com.microsoft.sqlserver.jdbc.SQLServerDriver");
```

2. Connection 接口

Connection 与特定数据库的连接，就像在应用程序中与数据库之间架起一座桥，通过 DriverManager 类 的 getConnection() 方 法 可 获 取 Connection 实 例， 如 DriverManager.getConnection（url, user, password）方法建立在 JDBC URL 中定义的数据库 Connection 连接上。

1）连接 MySQL 数据库：

```
Connection conn =DriverManager.getConnection("jdbc:mysql://host:port/
database", "user", "password");
```

2）连接 Oracle 数据库：

```
Connection conn =DriverManager.getConnection("jdbc:oracle:thin:@
host:port:database", "user", "password");
```

3）连接 SQLServer 数据库：

```
Connection conn =DriverManager.getConnection("jdbc:microsoft:sqlserv
er://host:port; DatabaseName=database", "user", "password");
```

问题拓展：以例 10-1 为基础，尝试实现不同的数据库连接，同时补充完善实例，增加更多的功能，如增加学生记录、删改学生记录、查询学生记录等。

知识测试

一、判断题

1. JDBC 是 Java Data Base Connectivity 的简称，是 Java 同许多数据库之间连接的一种标准。
（　　）

2. DriverManager 类是 JDBC 的管理层，它提供了管理 JDBC 驱动程序所需要的基本服务。
（　　）

3. Statement 对象代表与数据库的连接。（　　）

4. ResultSet 接口用于获取执行 SQL 语句返回的结果。（　　）

5. ResultSet 里的数据一行一行排列，每行有多个字段，且有一个记录指针，指针所指的数据行称为当前数据行，只能操作当前数据行。如果想要取得某一条记录，可以使用 ResultSet 的 next() 方法；如果想要取得 ResultSet 里的所有记录，就应该使用 while 循环。
（　　）

6. 用户不必关闭 ResultSet，当它的 Statement 关闭、重新执行或用于从多结果序列中获取下一个结果时，该 ResultSet 将自动关闭。（　　）

7. 要 按 先 ResultSet 结果集， 后 Statement， 最后 Connection 的 顺 序 关闭资源， 因为 Statement 和 ResultSet 需要连接才可以使用，在使用结束之后有可能其他的 Statement 还需要连接，所以不能先关闭 Connection。（　　）

8. JDBC 访问数据库步骤：首先创建数据库连接 Connection，然后才能访问数据库。
（　　）

9. 如果 Connection 对象关闭，那么 ResultSet 也无法使用。（　　　）

10. 判断 ResultSet 是否存在查询结果集，可以调用它的 next() 方法。（　　　）

二、单项选择题

1.JDBC 的作用不包括（　　　）。

A. 与一个数据库建立连接　　　　　　　　B. 向数据库发送 SQL 语句

C.处理数据库返回的结果　　　　　　　　D. 创建数据库

2. JDBC 应用程序接口不包括（　　　）。

A. Driver　　　　　　　B. Connection　　　　　　C. Exception　　　　　　D. Statement

3. 有关 JDBC 的选项正确的是（　　　）。

A. JDBC 是一种通用的数据库连接技术，不仅可以应用在 Java 程序中，还可以用在 C++
等程序中

B. JDBC 技术是 Sun 公司设计出来专门用于连接 Oracle 数据库的技术，连接其他的数据
库只能采用微软的 ODBC 解决方案

C. 微软的 ODBC 和 Sun 公司的 JDBC 解决方案都能实现跨平台使用，只是 JDBC 的性
能要高于 ODBC

D. JDBC 只是一个抽象的调用规范，底层程序实际上要依赖于每种数据库的驱动文件

4. 以下选项中有关 Connection 的描述错误的是（　　　）。

A. Connection 是 Java 程序与数据库建立的连接对象，该对象只能用来连接数据库，不能
执行 SQL 语句

B. JDBC 的数据库事务控制要靠 Connection 对象完成

C. 只用 MySQL 和 Oracle 数据库的 JDBC 程序需要创建 Connection 对象，其他数据库
的 JDBC 程序不用创建 Connection 对象即可执行 CRUD 操作

D. Connection 对象使用完毕后要及时关闭，否则会对数据库造成负担

5. Java 通过（　　　）接口的方法提供事物处理。

A. ResultSet　　　　　　B. Connections　　　　　　C. Connection　　　　　　D. Statement

6. JDBC 是一套用于执行（　　　）的 Java API。

A. SQL 语句　　　　　　B. 数据库连接　　　　　　C. 数据库操作　　　　　　D. 数据库驱动

7. 当应用程序使用 JDBC 访问特定的数据库时，只需要通过不同的（　　　）与其对应的数
据库进行连接，即可对该数据库进行相应的操作。

A. Java API　　　　　　B. JDBC API　　　　　　C. 数据库驱动　　　　　　D. JDBC 驱动

8. JDBC API 主要位于（　　　）包中，该包定义了一系列访问数据库的接口和类。

A. java.sql　　　　　　B. java.util　　　　　　C. java.jdbc　　　　　　D. java.lang

9. Statement 接口中定义的 execute() 方法的返回类型代表的含义是（　　　）。

A. 结果集 ResultSet　　　　　　　　　　B. 受影响的记录数量

C. 有无 ResultSet 返回　　　　　　　　　D. 数据库的内容

10. Statement 接口中定义的 executeQuery() 方法的返回类型是（　　　）。

A. ResultSet　　　　　　B. int　　　　　　C. boolean　　　　　　D. float

三、简答题

1. 简述 JDBC 常用的 DriverManager 类的作用。

2. 简述在 Java 程序设计中通过 JDBC 使用数据库的应用程序，都需要哪几个步骤？

3. 简述 JDBC 的 Connection 接口的功能。

第11章

网络编程

学习目标

1. 掌握：Java 语言网络编程的原理与方法。

2. 理解：传输层两个协议的工作原理。

3. 了解：网络编程的原理与发展。

重点

掌握：Java 语言网络编程的基本过程。

难点

掌握：Java 语言网络编程的方法。

Java 语言的产生与计算机网络密不可分。Java 最初的目标就决定了 Java 必然支持 Internet 和 WWW 服务，因此 Java 在网络编程方面比其他的编程语言具有先天优势。事实也证明，使用 Java 进行网络编程非常容易，这也是 Java 风行世界的原因之一。

11.1　网络编程概述

网络编程的目的就是直接或间接地通过网络协议与其他计算机进行通信，确切地说是两台计算机上的应用程序之间进行通信。网络协议是指计算机网络中相互通信的对等计算机之间交换信息时所必须遵守的规则的集合，就像交通规则一样。目前应用最广泛的网络协议是 TCP/IP，TCP/IP 是互联网相关的各类协议族的总称，如 TCP（Transfer Control Protocol，传输控制协议）、UDP（User Datagram Protocol，用户数据报协议）、IP（Internet Protocol，互联网协议）、FTP（File Transfer Protocol，文件传输协议）、HTTP（Hyper Text Transfer Protocol，超文本传输协议）、ICMP（Internet Control Message Protocol，控制报文协议）、SMTP（Simple Mail Transfer Protocol，简单邮件传输协议）等都属于 TCP/IP 族内的协议。

11.1.1　IP 地址和端口号

由 IP 地址可以唯一地确定 Internet 上的一台主机，每个连接在 Internet 上的主机分配一个在全世界范围唯一的 32bit 地址。但一个通信实体可以有多个通信程序同时提供网络服务，此时还需要使用端口。端口是一个 16 位的整数，用于表示数据交给哪个通信程序处理。IP

是一个计算机节点的网络物理地址，端口是该计算机的逻辑通信接口，不同的应用程序用不同的端口。

端口号的范围为 0 ～ 65 535，其中 1 ～ 1 024 为系统保留的端口号。每一项标准的 Internet 服务都有自己独特的端口号，该端口在所有的计算机上均相同。例如，FTP 具有默认端口 21，HTTP 具有默认端口 80。

Java 的网络编程主要涉及的内容是 Socket（套接字）编程，简单地说，Socket 就是两台主机之间逻辑连接的端点。Socket 的结构是 IP 地址 + 端口号。

11.1.2 InetAddress

IP 地址是传输层协议 TCP、UDP 的基础。InetAddress 是 Java 对 IP 地址的封装，绝大多数的 Java 网络相关的类和它有关系，如 ServerSocket、Socket、URL、DataGramSocket、DatagramPacket 等。

Java 提供了 InetAddress 类来代表 IP 地址，由于 InetAddress 类没有构造函数，因此创建 InetAddress 类时不用构造函数（不用 new）。它的实例对象需要通过 getByName()、getLocalHost() 以及 getAllByName() 方法来建立。该类中的相关方法如下。

1）getHostName()：返回该地址的主机名。如果主机名为 null，那么当前地址指向当地机器的任一可得网络地址。其返回值类型为 string。

2）getAddress()：以网络地址顺序返回 IP 地址。返回值存在于 byte[] 型的字节数组中，其中最高序字节位于标值为 0 的元素中。

3）getHostAddress()：以 "%d%d%d%d" 的形式返回 IP 地址串。其返回值类型为 string。

4）hashCode()：返回该 InetAddress 对象的散列码。其返回值类型为 int。

5）equals（Object obj）：将当前对象与指定对象进行比较。其返回值为 true 表示相同，false 表示不相同。

6）toString()：将该 InetAddress 对象以字符串的形式表示出来。其返回值类型为 string 的实体对象。

7）getByName（string host）：该方法返回一个 InetAddress 对象，用来在给定主机名称的情况下确定主机的 IP 地址。

8）getAllByName（string host）：返回指定主机名的所有 InetAddress 对象，返回值存放于 InetAddress[] 数组中。参数 host 表示指定的主机。

9）getLocalHost()：返回当地主机的 InetAddress 对象。如果无法决定主机名，则会发生 unknowHostException 异常。

【例 11-1】源程序名为 ch11_1.java，获取本机的 IP 地址，参看视频。

```
1  import java.net.*;
2  public class ch11_1 {
3      public static void main(String args[]) {
4          try {
5              InetAddress otheraddr =
6                      InetAddress.getByName("www.hait.edu.cn");
7              InetAddress localaddr = InetAddress.getLocalHost();
                                                          // 获得 IP 地址
8              String wName = otheraddr.getHostName();// 获得主机名
```

视频例 11-1

```
9                      String IP Name = otheraddr.getHostAddress();  // 获得 IP
                                                                      // 地址
10                     System.out.println(" 网址名称 :" + wName);
11                     System.out.println(" 网址 IP:" + IPName);
12                     System.out.println(otheraddr);
13                     //System.out.println(" 本机 :" + localaddr);
14              } catch (UnknownHostException e) {
15                  e.printStackTrace();
16              }
17          }
18      }
```

图 11-1　例 11-1 运行结果

【运行结果】

运行结果如图 11-1 所示。

【程序分析】

第 7 句：通过创建 InetAddress 类的 getLocalHost()
方法达到获取主机 IP 的目的。

11.1.3　UDP 与 TCP

传输层以实现计算机系统端到端的通信为目的，该层提供了两种实现端到端通信的方法，即面向连接的方法和无连接的方法。这两种方法对应两个主要协议，一个是 TCP，另一个是 UDP。TCP 和 UDP 是 TCP/IP 中两个具有代表性的传输层协议。

TCP 是一种面向连接的保证可靠传输的协议。通过 TCP 实现的传输，得到的是一个顺序的无差错的数据流。发送方和接收方的成对的两个 Socket 之间必须建立连接，以便在 TCP 的基础上进行通信，当一个 Socket（通常都是 Server Socket）等待建立连接时，另一个 Socket 可以要求进行连接，一旦这两个 Socket 连接起来，它们就可以进行双向数据传输，双方都可以进行发送或接收操作。

UDP 是一种无连接的协议，每个数据报都是一个独立的信息，包括完整的源地址和目的地址。UDP 通过网络上任何可能的路径传往目的地，因此能否到达目的地、到达目的地的时间以及内容的正确性都是不能保证的，即 UDP 是不可靠的。

使用 UDP 时，每个数据报中都给出了完整的地址信息，因此无须建立发送方和接收方的连接。对于 TCP，由于它是一个面向连接的协议，在 Socket 之间进行数据传输之前必然要建立连接，因此在 TCP 中多了一个连接建立的时间。

使用 UDP 传输数据时是有大小限制的，每个被传输的数据报必须限定在 64KB 之内；而 TCP 没有这方面的限制，一旦连接建立，双方的 Socket 就可以按统一的格式传输大量的数据。UDP 是一个不可靠的协议，发送方发送的数据报并不一定以相同的次序到达接收方；而 TCP 是一个可靠的协议，它确保接收方完全正确地获取发送方发送的全部数据。

UDP 和 TCP 的简单对比如下。

1）TCP：可靠，传输大小无限制，但是需要连接建立时间，差错控制开销大。

2）UDP：不可靠，差错控制开销较小，传输大小限制在 64KB 以下，不需要建立连接，经济、速度快。

可靠的传输是要付出代价的，对数据内容正确性的检验必然占用计算机的处理时间和网络带宽，因此在多次少量的非紧要数据传输中 TCP 传输的效率不如 UDP 高。在许多应用中并不需要保证严格的传输可靠性，如视频会议系统并不要求音频视频数据绝对的正确，只要保证连贯性即可，这种情况下显然使用 UDP 更合理。

11.2　UDP 通信

在 Java 中，可操纵 UDP 使用 JDK 中 java.net 包下的 DatagramSocket 和 DatagramPacket 类。

DatagramSocket 类的作用是通信的数据管道，用来创建发送端和接收端对象。该类是遵循 UDP 实现的一个 Socket 类，可以绑定到一个具体的地址上：IP 地址 +Port（端口号）。如果没有指定 IP 地址，则绑定到本地主机的指定端口号，如果 IP 地址和 Port 都没有指定，则绑定到本地主机的任何可用的端口。

DatagramPacket 类的作用是封装 UDP 通信中数据。发送端的 DatagramPacket 在构造时就需要指定数据包的目标 IP 地址和 Port（端口号），而接收端的 DatagramPacket 不需要明确知道数据的来源，只需要接收到数据即可。

使用 DatagramSocket 发送数据报时，DatagramSocket 并不知道将该数据报发送到哪里，而是由 DatagramPacket 决定数据报的目的地。如图 11-2 所示，UDP 通信就像码头发货，DatagramSocket 是码头，DatagramPacket 是集装箱，码头并不知道每个集装箱的目的地，码头只是将这些集装箱发送出去，而集装箱本身包含该集装箱的目的地。

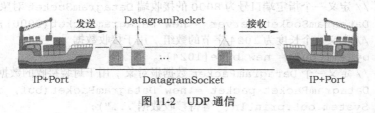

图 11-2　UDP 通信

DatagramSocket 用来发送包。如果接收数据，可以从 DatagramSocket 中接收一个 DatagramPack 对象，然后从该包中读取数据的内容。

11.2.1　UDP 通信简介

Java 使用 DatagramPacket 代表数据报，DatagramSocket 接收和发送的数据都是通过 DatagramPacket 对象完成的。

1. DatagramPacket

在创建发送端和接收端的 DatagramPacket 对象时使用的构造方法不同，接收端的构造方法只需要接收一个字节数组来存放接收到的数据即可；而发送端的构造方法不但要接收存放发送数据的字节数组，还需要指定发送端 IP 地址和端口号。

1）DatagramPacket（byte[] buf, int length）：构造 DatagramPacket，用来接收长度为 length 的数据包。其指定了封装数据的字节数组和数据大小，没有指定 IP 地址和端口号。很明显，这样的对象只能用于接收端，不能用于发送端。

2）DatagramPacket（byte[] buf, int length, InetAddress address, int port）：构造数据包，用来将长度为 length 的包发送到指定主机上的指定端口号。该对象通常用于发送端，因为在发送数据时必须指定接收端的 IP 地址和端口号，就好像发送货物的集装箱上必须标明接收人的地址一样。

2. DatagramSocket

在创建发送端和接收端的 DatagramSocket 对象时使用的构造方法也不同。

1）DatagramSocket()：构造数据报套接字，并将其绑定在本地主机上任何可用的端口。该构造方法用于创建发送端的 DatagramSocket 对象，在创建 DatagramSocket 对象时并没有指定端口号，此时系统会分配一个没有被其他网络程序所使用的端口号。

2）DatagramSocket（int prot）：创建数据报套接字，并将其绑定到本地主机上的指定端口。该构造方法既可用于创建接收端的 DatagramSocket 对象，又可以创建发送端的 DatagramSocket 对象，在创建接收端的 DatagramSocket 对象时必须指定一个端口号，这样就可以监听指定的端口。

DatagramSocket 类中的常用方法如下。

1）receive（DatagramPacket p）：从该 DatagramSocket 中接收数据报。

2）send（DatagramPacket p）：以该 DatagramSocket 对象向外发送数据报。

【例 11-2】UDP 通信程序的接收与发送示例。源文件 ch11_2Receive.java 为接收端程序，参看视频。

```
1  import java.net.*;// 接收端程序
2  public class ch11_2Receive{
3     public static void main(String[] args) throws Exception {
4         // 定义一个指定端口号为 8000 的接收端 DatagramSocket 对象
5         DatagramSocket server = new DatagramSocket(8000);
6         // 定义一个长度为 1024 字节的数组，用于接收数据
7         byte[] buf = new byte[1024];
8         // 定义一个 DatagramPacket 数据报对象，用于封装接收的数据
9         DatagramPacket packet = new DatagramPacket(buf, buf.length);
10        System.out.println(" 等待接收数据 ...");
11        server.receive(packet);
12        // 调用 DatagramPacket 的方法接收信息，并将其转换为字符串形式
13        String str = new String(packet.getData(),0,packet.
            getLength());
14        System.out.println(packet.getAddress()+ ":"
15                   + packet.getPort()+" 发送消息 :"+str);
16        server.close();
17     }
18  }
```

视频例 11-2

源文件 ch11_2Send.java 为发送端程序。

```
1  import java.net.*;
2  public class ch11_2Send{
3        public static void main(String[] args) throws Exception{
4            DatagramSocket socket = new DatagramSocket();
5            String str = "hello world";
6            DatagramPacket packet = new DatagramPacket(str.
            getBytes(),
7                        str.getBytes().length,
8            InetAddress.getByName("localhost"),8000);
9            System.out.print(" 发送信息 ......");
```

```
10              socket.send(packet);// 发送数据
11              socket.close();
12
13          }
14 }
```

【运行结果】

运行结果如图 11-3 所示。

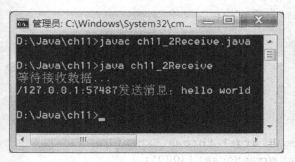
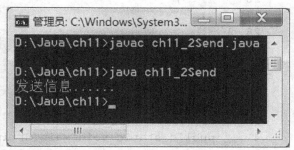

图 11-3　例 11-2 运行结果

【程序分析】

必须先运行接收端的程序，否则不能收到发出端的消息。接收端与发送端的端口一致。

11.2.2　UDP 网络程序

【例 11-3】UDP 案例——聊天程序，参看视频。

程序设计需求：编写一个聊天程序，可以接收数据和发送数据。发送和接收两个部分需要同时执行，因此需要用到多线程技术。定义一个 UDP 发送端，通过 UDP 传输方式将一段文字数据发送出去。

源文件 ch11_3Send.java 为发送端的程序。

视频例 11-3

```
1  import java.net.*;
2  import java.util.Scanner;
3  public class ch11_3Send {
4     public static void main(String[] args) throws Exception {
5        int i = 1;
6        DatagramSocket ds = new DatagramSocket();
7        Scanner sc = new Scanner(System.in);
8        while (true) {
9            System.out.println(i + "Send: 输入要发送的信息 ");
10           String str = sc.nextLine();
11           DatagramPacket dp = new DatagramPacket(str.getBytes(),
12               str.length(),InetAddress.getByName("127.0.0.1"),3000);
13           ds.send(dp);
14           i = i + 1;
15           System.out.println("UdpSend: 发送结束 ");
16           Thread.sleep(1000);
17           byte[] buf = new byte[1024];
```

```
18              DatagramPacket dp2 = new DatagramPacket(buf, 1024);
19              System.out.println("UdpSend:我在等待信息 ");
20              ds.receive(dp2);
21              System.out.println("UdpSend:我接收到信息 ");
22              String str2 = new String(dp2.getData(), 0, dp2.getLength())
23                      + " from " + dp2.getAddress().getHostAddress()
24                      + ":" + dp2.getPort();
25              System.out.println(str2);
26          }
27      }
28  }
```

源文件 ch11_3Receive.java 为接收端程序。

```
1   import java.net.*;
2   import java.util.Scanner;
3   public class ch11_3Receive {
4       public static void main(String[] args) throws Exception {
5           DatagramSocket ds = new DatagramSocket(3000);
6           byte[] buf = new byte[1024];
7           DatagramPacket dp = new DatagramPacket(buf, 1024);
8           while (true) {
9               System.out.println("UdpRecv:我在等待信息 ");
10              ds.receive(dp);
11              System.out.println("UdpRecv:我接收到信息 ");
12              String strRecv = new String(dp.getData(), 0,
                    dp.getLength())
13                      + " from " + dp.getAddress().getHostAddress()
14                      + ":" + dp.getPort();
15              System.out.println(strRecv);
16              Thread.sleep(1000);
17              System.out.println("UdpRecv:我要发送信息 ");
18              Scanner sc = new Scanner(System.in);
19              Stringstr = sc.nextLine();
20              DatagramPacket dp2 = new DatagramPacket(str.getBytes(),
21                      str.length(), InetAddress.getByName("127.0.0.1"),
22                      dp.getPort());
23              ds.send(dp2);
24              System.out.println("UdpRecv:我发送信息结束 ");
25          }
26      }
27  }
```

【运行结果 】
运行结果如图 11-4 所示。
【程序分析 】
两端都可以发送消息，运行不分先后。

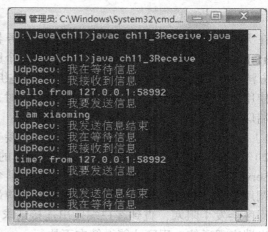

图 11-4 例 11-3 运行结果

11.3 TCP 通信

JDK 中提供了两个类用于实现 TCP 程序，一个是 ServerSocket 类，用于表示服务器（Server）端；一个是 Socket 类，用于表示客户（Client）端。通信时，首先创建代表服务器端的 ServerSocket 对象，该对象相当于开启一个服务，并等待客户端的连接；然后创建代表客户端的 Socket 对象并向服务器端发出连接请求，服务器端响应请求，两者建立连接开始通信。网络上的两个程序通过一个双向的通信连接实现数据交换，该双向链路的端口称为一个 Socket。服务器端和客户端都有各自的 Socket。

Server 端首先在某个端口创建一个监听 Client 端请求的监听服务并处于监听状态，当 Client 端向 Server 端的这个端口提出连接请求时，Server 端和 Client 端就建立了一个连接和一条传输数据的通道，通信结束时，该连接通道将被拆除。具体来说，所有的 Client 端程序都必须遵守图 11-5 所示的基本步骤。

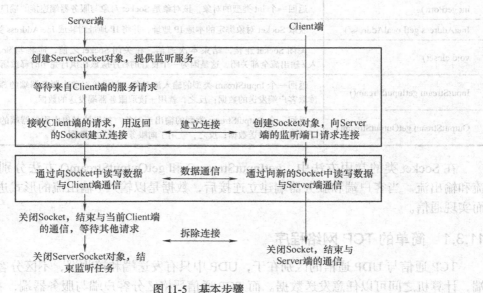

图 11-5 基本步骤

1. ServerSocket

在开发 TCP 程序时，首先需要创建服务器端程序。JDK 的 java.net 包中提供了一个 ServerSocket 类，该类的实例对象可以实现一个服务器端的程序。ServerSocket 类提供了多种构造方法，如 ServerSocket（int port），用于创建绑定到特定端口的服务器 Socket。

使用该构造方法在创建 ServerSocket 对象时，将其绑定到一个指定的端口号上（参数 port 就是端口号）。ServerSocket 的常用方法如下。

1）accept()：侦听并接收到此 Socket 的连接。

2）getInetAddress()：返回此服务器 Socket 的本地地址。

ServerSocket 对象负责监听某台计算机的某个端口号，在创建 ServerSocket 对象后，需要继续调用该对象的 accept() 方法，接收来自客户端的请求。当执行了 accept() 方法之后，服务器端程序会发生阻塞，直到客户端发出连接请求，accept() 方法才会返回一个 Scoket 对象用于和客户端实现通信，程序才能继续向下执行。

2. Socket

ServerSocket 对象可以实现服务器端程序，但只实现服务器端程序还不能完成通信，此时还需要一个客户端程序与之交互，为此 JDK 提供了 Socket 类，用于实现 TCP 客户端程序。

1）Socket（String host, int port）：创建一个流套接字并将其连接到指定主机上的指定端口号。使用该构造方法在创建 Socket 对象时，会根据参数连接在指定地址和端口上运行的服务器程序，其中参数 host 接收的是一个字符串类型的 IP 地址。

2）Socket（InetAddress address, int port）：创建一个流套接字并将其连接到指定 IP 地址的指定端口号。该方法在使用上与第一个构造方法类似，其中参数 address 用于接收一个 InetAddress 类型的对象，该对象用于封装一个 IP 地址。

Socket 类的其他方法如表 11-1 所示。

表 11-1　Socket 类的其他方法

方法名称	方法说明
int getPort()	返回一个 int 类型的对象，该对象是 Socket 对象与服务器端连接的端口号
InetAddress getLocalAddress()	获取 Socket 对象绑定的本地 IP 地址，并将 IP 地址封装成 InetAddress 类型的对象返回
void close()	关闭 Socket 连接，结束本次通信。在关闭 Socket 之前，应将与 Socket 相关的所有输入 / 输出流全部关闭，这是因为一个良好的程序应该在执行完毕时释放所有的资源
InputStream getInputStream()	返回一个 InputStream 类型的输入流对象。如果该对象由服务器端的 Socket 返回，就用于读取客户端发送的数据；反之，就用于读取服务器端发送的数据
OutputStream getOutputStream()	返回一个 OutputStream 类型的输出流对象。如果该对象由服务器端的 Socket 返回，就用于向客户端发送数据；反之，就用于向服务器端发送数据

在 Socket 类的常用方法中，getInputStream() 和 getOutputStream() 方法分别用于获取输入流和输出流。当客户端和服务器端建立连接后，数据是以输入 / 输出流的形式进行交互的，从而实现通信。

11.3.1　简单的 TCP 网络程序

TCP 通信与 UDP 通信的区别在于，UDP 中只有发送端和接收端，不区分客户端与服务器端，计算机之间可以任意发送数据。而 TCP 通信严格区分客户端与服务器端，在通信时：

1）服务器端程序需要事先启动，等待客户端的连接。

2）只有客户端主动连接服务器端才能成功通信，服务器端不可以主动连接客户端。

【例 11-4】源程序名为 ch11_4Client.java，为客户端与服务器的通信示例，参看视频。

程序分析：从标准输入（键盘）获取客户的输入，发送给服务器端，并将服务器端返回的信息显示到标准输出（屏幕）上。

1）源文件 ch11_4Client.java 为客户端程序。

视频例 11-4

```
1   import java.io.*;
2   import java.net.*;
3   public class ch11_4Client{
4       public static void main(String args[]) {
5           try{
6               Socket socket=new Socket("127.0.0.1",4700);
7               System.out.println(" 输入你要说的话，如果要退出输入 bye");
8               // 由系统标准输入设备构造 BufferedReader 对象
9               BufferedReader sin=new
10                  BufferedReader(new InputStreamReader(System.in));
11              // 由 Socket 对象得到输出流，并构造 PrintWriter 对象
12              PrintWriter os=new PrintWriter(socket.getOutputStream());
13              BufferedReader is=new BufferedReader(new
14                  InputStreamReader(socket.getInputStream()));
15              String readline;
16              readline=sin.readLine();     // 从系统标准输入读入一字符串
17              while(!readline.equals("bye")){
18                  // 将从系统标准输入读入的字符串输出到服务器端
19                  os.println(readline);
20                  os.flush();             // 刷新输出流，使服务器端马上收到该字符串
21                  System.out.println("Client:"+readline);
22                  // 从服务器端读入一字符串，并输出到显示器上
23                  System.out.println("Server:"+is.readLine());
24                  readline=sin.readLine();        // 从系统标准输入读入一字符串
25              } // 循环结束
26              os.close();                     // 关闭 Socket 输出流
27              is.close();                     // 关闭 Socket 输入流
28              socket.close();                 // 关闭 Socket
29          }catch(Exception e) {
30              System.out.println("Error"+e);// 出错，则输出出错信息
31          }
32      }
33  }
```

2）源文件 ch11_4Server.java 为服务器端程序。

```
1   import java.io.*;
2   import java.net.*;
3   public class ch11_4Server {
4       public static void main(String args[]) {
5           try {
```

```
6            ServerSocket server = new ServerSocket(4700);
7            Socket socket = server.accept();
8            System.out.println(" 准备好了 . 退出输入 bye");
9            String line;
10           // 由 Socket 对象得到输入流，构造相应的 BufferedReader 对象
11           BufferedReader is = new BufferedReader(new
12               InputStreamReader(socket.getInputStream()));
13           // 由 Socket 对象得到输出流，并构造 PrintWriter 对象
14           PrintWriter os = new PrintWriter(socket.getOutputStream());
15           // 由系统标准输入设备构造 BufferedReader 对象
16           BufferedReader sin = new BufferedReader(new
17               InputStreamReader(System.in));
18           // 在标准输出上输出从客户端读入的字符串
19           System.out.println("Client:" + is.readLine());
20           line = sin.readLine();              // 从标准输入读入一字符串
21           while (!line.equals("bye")) {       // 字符串为 "bye"，则停止循环
22               os.println(line);               // 向客户端输出该字符串
23               os.flush(); // 刷新输出流，使客户端马上收到该字符串
24               System.out.println("Server:" + line);
25               // 从客户端读入字符串，并输出到标准输出上
26               System.out.println("Client:" + is.readLine());
27               line = sin.readLine();          // 从系统标准输入读入一字符串
28           }
29           os.close();                         // 关闭 Socket 输出流
30           is.close();                         // 关闭 Socket 输入流
31           socket.close();                     // 关闭 Socket
32           server.close();                     // 关闭 ServerSocket
33       } catch (Exception e) {
34           System.out.println("Error:" + e);// 出错，输出出错信息
35       }
36   }
37 }
```

【运行结果】

运行结果如图 11-6 所示。

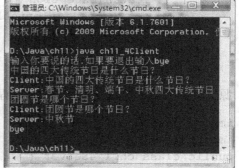

图 11-6　例 11-4 运行结果

【程序分析】

本程序由两部分组成，一是服务器端程序，二是客户端程序。编译服务器端和客户端程序时可以不分先后顺序，但在运行服务器端和客户端程序时应首先启动服务器端，然后启动客户端。在客户端输入字符后，在服务器端可以显示；在服务器端输入信息后，在客户端也可以显示。结束通信时，先在客户端输入"bye"，再在服务器端输入"bye"。要注意，在同一台计算机上演示本程序时，应先打开一个 DOS 窗口，运行服务器端程序，不要关闭；再另外打开一个 DOS 窗口，运行客户端程序。这时屏幕会出现运行结果所示的窗体，运行时按照提示输入内容即可。

客户端程序：

第 6 句：向本机的 4700 端口发出客户请求。

第 8～14 句：由 Socket 对象得到输入流，并构造相应的 BufferedReader 对象。

第 17 句：若从标准输入读入的字符串为"bye"，则停止循环。

服务器端程序：

第 6 句：创建一个 ServerSocket，在端口 4700 监听客户请求。

第 7 句：使用 accept() 阻塞等待客户请求，有客户请求到来则产生一个 Socket 对象，并继续执行。

以上程序是服务器的典型工作模式，只不过在这里服务器只能接收一个请求，接收完成后服务器即退出。实际应用中，服务器总是不停地循环接收，一旦有客户请求，服务器总是会创建一个服务线程来服务新来的客户，而自己继续监听。程序中 accept() 是一个阻塞函数，即该方法被调用后将等待客户的请求，直到有一个客户启动并请求连接到相同的端口，然后accept() 返回一个对应于客户的 Socket。这时，客户方和服务方都建立了用于通信的 Socket，接下来就是由各个 Socket 分别打开各自的输入 / 输出流。

11.3.2　多线程的 TCP 网络程序

在例 11-4 中分别实现了服务器端程序和客户端程序，当一个客户端程序请求服务器时，服务器端就会结束阻塞状态完成程序的运行。实际上很多服务器端程序都允许被多个应用程序访问，因此服务器端是多线程的。多个客户端用户访问同一个服务器时，如图 11-7 所示，服务器端为每个客户端创建一个对应的 Socket 的对象，使服务器端与客户端的两个 Socket 建立专线进行通信。

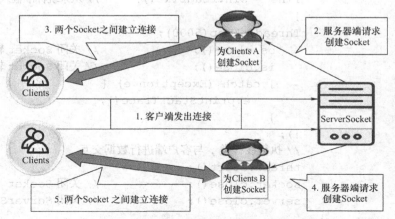

图 11-7　多个客户端用户访问同一个服务器

【例 11-5】采用多线程实现服务器端程序。本例只对例 11-4 的服务器端程序进行改造，客户端代码不变，仍运行例 11-4 中客户端的代码，参看视频。

源文件 ch11_5ThreadTcp.java 为服务器端程序。

视频例 11-5

```java
1  import java.io.*;
2  import java.net.*;
3  public class ch11_5ThreadTcp {
4  public static void main(String args[]) throws Exception {
5      try {
6          ServerSocket server = new ServerSocket(4700);
7          while (true) {
8              Socket socket = server.accept();
9              System.out.println("准备好了.退出输入bye");
10             Thread thread = new Thread(() -> {
11                 try {
12                 String line;
13                 // 由Socket对象得到输入流，构造相应的BufferedReader对象
14                 BufferedReader is = new BufferedReader(new
15                         InputStreamReader(socket.getInputStream()));
16                 // 由Socket对象得到输出流，并构造PrintWriter对象
17                 PrintWriter os = new PrintWriter(socket.
                    getOutputStream());
18                 // 由系统标准输入设备构造BufferedReader对象
19                 BufferedReader sin = new BufferedReader(new
20                         InputStreamReader(System.in));
21                 // 在标准输出上输出从客户端读入的字符串
22                 System.out.println("Client:" + is.readLine());
23                 line = sin.readLine();          // 从标准输入读入一字符串
24                 while (!line.equals("bye")) {   // 如字符串为"bye"，则停止 //
                                                      循环
25                     os.println(line);           // 向客户端输出该字符串
26                     os.flush();          // 刷新输出流，使客户端马上收到该字符串
27                     System.out.println("Server:" + line);
28                     System.out.println("Client:" + is.readLine());
29                     line = sin.readLine();      // 从系统标准输入读入一字符串
30                 }
31                 Thread.sleep(5000);
32                 os.close();                 // 关闭Socket输出流
33                 is.close();                 // 关闭Socket输入流
34                 } catch (Exception e) {
35                     e.printStackTrace();
36                 }
37             });
38             // 执行线程类，与客户端进行数据交互
39             thread.start();
40             socket.close();                 // 关闭Socket
41             server.close();                 // 关闭ServerSocket
42         }
```

```
43              } catch (Exception e) {
44                  System.out.println("Error:" + e); // 出错，输出出错信息
45              }
46          }
47      }
```

【运行结果】

运行结果如图 11-8 所示。

【程序分析】

第 8 句：在 while 循环中，accept() 多次接收客户端发送的请求。

第 10 句：定义线程。

第 39 句：启动线程。每一个线程都会与一个客户端建立一对一连接。

为验证服务器端程序是否实现了多线程，首先运行服务器端程序（例 11-5），之后连续运行两个客户端程序（例 11-4）来启动服务器端，建立连接进行数据交互。

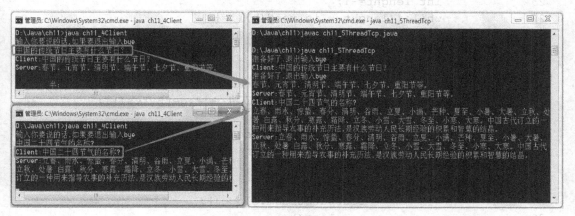

图 11-8　例 11-5 运行结果

11.4　项目案例——上传文件

【例 11-6】读取本地文件，上传到服务器，读取服务器回写的数据，参看视频。

项目分析：先设计服务器端程序，再设计客户端程序。

1. 源文件 ch11_6Serve.java 为服务器端程序

视频例 11-6

```
1   import java.io.File;
2   import java.io.FileOutputStream;
3   import java.io.IOException;
4   import java.io.InputStream;
5   import java.io.OutputStream;
6   import java.net.InetAddress;
7   import java.net.ServerSocket;
8   import java.net.Socket;
9   public class ch11_6Server{
10      public static void main(String[] args) {
11          ServerSocket socket = null;
```

```
12          Socket client=null;;
13          InputStream in = null;
14          FileOutputStream fOutputStream = null;
15          OutputStream out = null;
16          try {
17              socket = new ServerSocket(8899); // 创建服务器，等待客户端连接
18              client = socket.accept();              // 获取客户端连接
19              InetAddress clientInetAddress = client.getInetAddress();
                                                       // 客户端信息
20              System.out.println(clientInetAddress.getHostAddress()+"
                已连接.");
21              in = client.getInputStream();          // 获取 Socket 输入流
22              //=========== 将输入流写入文件
23              fOutputStream = new FileOutputStream(new File("t.jpg"));
24              byte[] b = new byte[1024];
25              int lenght=-1;
26              while((lenght = in.read(b))!=-1){
27                      fOutputStream.write(b, 0, lenght);
28              }
29              // 向客户端反馈信息
30              out = client.getOutputStream();
31                  out.write("图片上传成功 ok!".getBytes());
32          } catch (IOException e) {
33                  e.printStackTrace();
34          }finally{
35                  try {
36                      out.close();
37                      fOutputStream.close();
38                      in.close();
39                      client.close();
40                      socket.close();
41                  } catch (Exception e2) {
42                          e2.printStackTrace();
43                  }
44          }
45      }
46 }
```

2. 源文件 ch11_6Client.java 为客户端程序

```
1 import java.io.File;
2 import java.io.FileInputStream;
3 import java.io.InputStream;
4 import java.io.OutputStream;
5 import java.net.Socket;
6 public class ch11_6Client{
7     public static void main(String[] args) {
8         Socket socket = null;
```

```
9        OutputStream out = null;
10       FileInputStream fInputStream = null;
11       InputStream in = null;
12       try {
13           socket = new Socket("localhost", 8899); // 创建Socket, 连接服
                                                        // 务器
14           out = socket.getOutputStream();  // 获得 Socket 中的输出流
15                                             // 获取本地文件，并且传给服务器
16       fInputStream = new FileInputStream(new File("D:/Java/ch11/
           tian.jpg"));
17           byte[] b=new byte[1024];
18       int length=-1;
19       while((length = fInputStream.read(b))!=-1){
20               out.write(b, 0, length);        // 写给服务器
21       }
22       socket.shutdownOutput();                // 客户端传送完毕后，关闭传送流
23                       // 获取 Socket 中的输入流，读取服务器发送过来的消息
24       in = socket.getInputStream();
25       byte[] b1=new byte[1024];
26       int len = in.read(b1);
27       System.out.println(new String(b1,0,len));
28   } catch (Exception e) {
29               e.printStackTrace();
30   }finally{
31               try {
32                   in.close();
33                   out.close();
34                   fInputStream.close();
35                   socket.close();
36               } catch (Exception e2) {
37                   e2.printStackTrace();
38               }
39           }
40   }
41 }
```

【运行结果】

运行结果如图 11-9 所示。

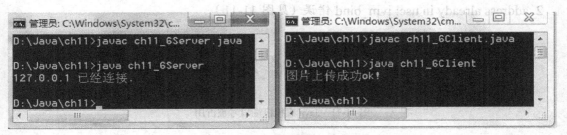

图 11-9 例 11-6 运行结果

【程序分析】

服务器端程序：

第 17 句：创建服务器，等待客户端连接。

第 18 句：获取客户端连接。

第 19 句：客户端信息。

第 20 句：获取客户端的 IP 地址，通过该地址访问他人的计算机。

第 23 句：接收图片，另存为 t.jpg。

客户端程序：

第 13 句：创建 Socket，连接服务器。

第 16 句：获取本地文件，并且传给服务器。

11.5 寻根求源

1. Connection refused 错误（见图 11-10）

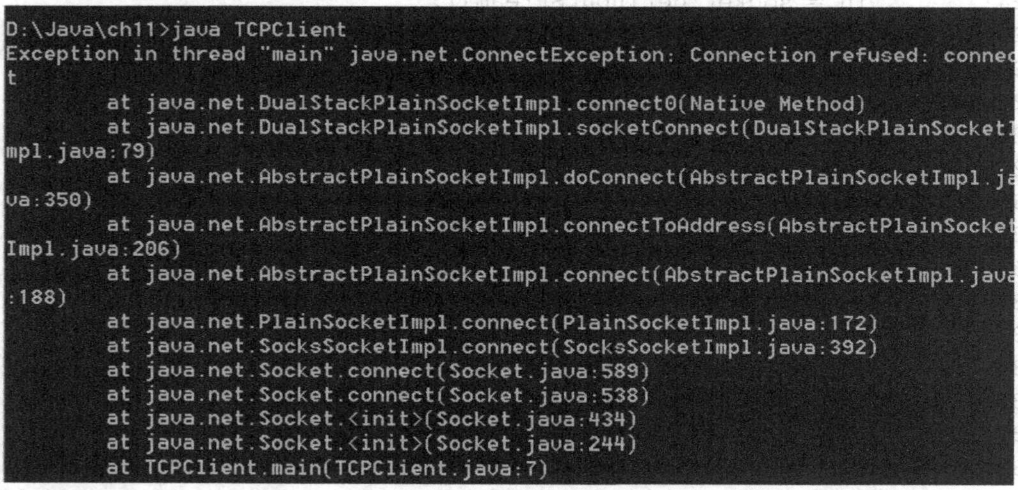

```
D:\Java\ch11>java TCPClient
Exception in thread "main" java.net.ConnectException: Connection refused: connec
t
        at java.net.DualStackPlainSocketImpl.connect0(Native Method)
        at java.net.DualStackPlainSocketImpl.socketConnect(DualStackPlainSocketI
mpl.java:79)
        at java.net.AbstractPlainSocketImpl.doConnect(AbstractPlainSocketImpl.ja
va:350)
        at java.net.AbstractPlainSocketImpl.connectToAddress(AbstractPlainSocket
Impl.java:206)
        at java.net.AbstractPlainSocketImpl.connect(AbstractPlainSocketImpl.java
:188)
        at java.net.PlainSocketImpl.connect(PlainSocketImpl.java:172)
        at java.net.SocksSocketImpl.connect(SocksSocketImpl.java:392)
        at java.net.Socket.connect(Socket.java:589)
        at java.net.Socket.connect(Socket.java:538)
        at java.net.Socket.<init>(Socket.java:434)
        at java.net.Socket.<init>(Socket.java:244)
        at TCPClient.main(TCPClient.java:7)
```

图 11-10 连接被拒绝异常

分析原因：①服务器未开启，客户端与服务器的设置端口不一致；②服务器在客户端连接之前不能关闭。

解决方法：先运行服务器，或修改客户端与服务器的端口一致。

2. address already in use: jvm_bind 错误（见图 11-11）

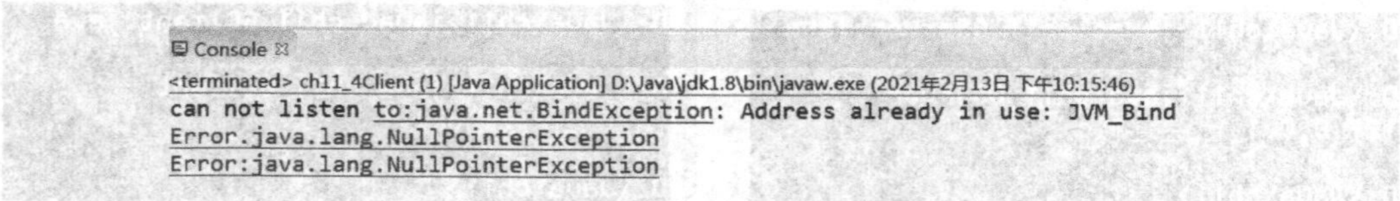

```
Console ⊠
<terminated> ch11_4Client (1) [Java Application] D:\Java\jdk1.8\bin\javaw.exe (2021年2月13日 下午10:15:46)
can not listen to:java.net.BindException: Address already in use: JVM_Bind
Error.java.lang.NullPointerException
Error:java.lang.NullPointerException
```

图 11-11 Java 虚拟机端口号被占用

分析原因：Java 虚拟机端口号已经被占用。

解决方法：在任务栏的空白处右击，在弹出的快捷菜单中选择【任务管理器】命令，打开

【Windows 任务管理器】窗口，选择 Java（TM）Platform SE binary 进程（见图 11-12），右击，在弹出的快捷菜单中选择【结束任务】命令，即可关闭该进程。

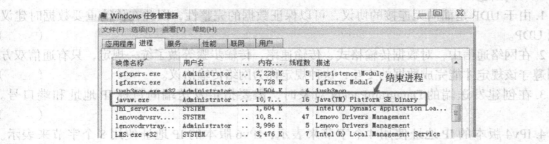

图 11-12　结束进程

3. 文件上传位置错误（见图 11-13）

图 11-13　文件上传位置错误

分析原因：图片的位置错误。

解决方法：改为 D:/java/ch11/tian.jpg 或 D:\\java\\ch11\\tian.jpg。

11.6　拓展思维

参看例 11-5 程序，发挥自己的想象力，设计完成带有界面的 TCP Socket 的聊天小程序，运行界面参考图 11-14。字体、按钮功能都可自己设计，作品要有个性化。

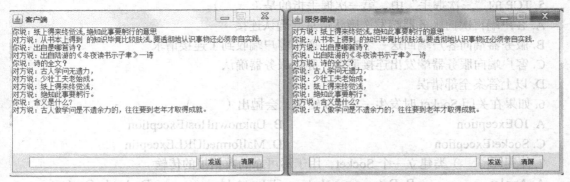

图 11-14　运行界面

知识测试

一、判断题

1. 由于 UDP 是面向无连接的协议，可以保证数据的完整性，因此在传输重要数据时建议使用 UDP。 （   ）

2. 在网络通信中，对数据传输格式、传输速率、传输步骤等做了统一规定，只有通信双方共同遵守该规定才能完成数据的交互，这种规定称为网络传输协议。 （   ）

3. 在创建发送端的 DatagramPacket 对象时，需要指定发送端的目标 IP 地址和端口号。 （   ）

4. IPv4 版本的 IP 地址使用 4 个字节来表示，IPv6 版本的 IP 地址使用 8 个字节来表示。 （   ）

5. 使用 TCP 通信时，通信两端以 I/O 的方式进行数据交互。 （   ）

6. 已建立的 URL 对象不能被改变。 （   ）

7. UDP 是面向连接的协议。 （   ）

8. 数据报传输是可靠的，包按顺序先后到达。 （   ）

9. 构成 WWW 基础的关键协议是 TCP/IP。 （   ）

10. 所有的文件输入 / 输出流都继承自 InputStream 类 /OutputStream 类。 （   ）

二、单项选择题

1. 使用 UDP 通信时，需要使用（   ）类把要发送的数据打包。

A. Socket　　　　　　B. DatagramSocket　　C. DatagramPacket　　D. ServerSocket

2. 以下说法正确的是（   ）。

A. TCP 连接中必须要明确客户端与服务器端

B. TCP 是面向无连接的通信协议，它提供了两台计算机之间可靠无差错的数据传输

C. UDP 是面向连接的协议，可以保证数据的完整性

D. TCP消耗资源小，通信效率高，通常被用于音频、视频和普通数据的传输

3. 进行 UDP 通信时，在接收端若要获得发送端的 IP 地址，可以使用 DatagramPacket 的（   ）方法。

A. getAddress()　　　B. getPort()　　　　　C. getName()　　　　D. getData()

4. 在程序运行时，DatagramSocket 的（   ）方法会发生阻塞。

A. send()　　　　　　B. receive()　　　　　C. close()　　　　　D. connect()

5. TCP 的"三次握手"中，第一次握手指的是（   ）。

A. 客户端再次向服务器端发送确认信息，确认连接

B. 服务器端向客户端回送一个响应，通知客户端收到了连接请求

C. 客户端向服务器端发出连接请求，等待服务器确认

D. 以上答案全部错误

6. 如果在关闭 Socket 时发生一个 I/O 错误，会抛出（   ）。

A. IOException　　　　　　　　　　　B. UnknownHostException

C. SocketException　　　　　　　　　D. MalformedURLExceptin

7. 使用（   ）类建立一个 Socket，用于不可靠的数据报的传输。

A. Applet　　　　　　B. Datagramsocket　　C. InetAddress　　　D. AppletContext

8. （   ）类的对象中包含 Internet 地址。

A. Applet　　　　　　　B. Datagramsocket　　C. InetAddress　　　　　D. AppletContext

9. InetAddress 类的 getLocalHost() 方法返回一个（　　　　）对象，包含运行该程序的计算机的主机名。

A. Applet　　　　　　　B. Datagramsocket　　C. InetAddress　　　　　D. AppletContext

三、填空题

1. TCP 的特点是_____，即在传输数据前先在_____和_____建立逻辑连接。

2. 在计算机中，端口号用_____字节，即 16 位的二进制数表示，它的取值范围是_____。

3. 在 JDK 中，IP 地址用_____类来表示，该类提供了许多和 IP 地址相关的操作。

4. 使用 UDP 开发网络程序时，需要使用两个类，分别是_____和_____。

5. 网络通信协议的三要素是_____、_____、_____。

6. IP 地址被分为 5 类，分别是_____、_____、_____、_____、_____。

7. _____对象管理基于流的连接。

8. receive（DatagramPacket p）表示从该 DatagramSocket 中_____数据报。

9. _____表示该 DatagramSocket 对象向外发送数据报。

四、简答题

1. 简述网络通信协议。

2. 简述 TCP 和 UDP 的区别。

3. 简述 Socket 类和 ServerSocket 类的作用。

五、综合应用

1. 使用 UDP 编写一个网络程序，设置接收端程序监听端口为 8001，发送端发送的数据是"hello world"，要求如下。

（1）使用 new DatagramSocket（8001）构造方法创建接收端的 DatagramSocket 对象，调用 receive() 方法接收数据。

（2）发送端和接收端使用 DatagramPacket 封装数据，在创建发送端的 DatagramPacket 对象时需要指定目标 IP 地址和端口号，端口号要和接收端监听的端口号一致。

（3）发送端使用 send() 方法发送数据。

（4）使用 close() 方法释放 Socket 资源。

2. 使用 TCP 编写一个网络程序，设置服务器程序监听端口为 8002，当与客户端建立连接后，向客户端发送"hello world"，客户端负责将信息输出，要求如下：

（1）使用 ServerSocket 创建服务器端对象，监听 8002 端口，调用 accept() 方法等待客户端连接，当与客户端连接后，调用 Socket 的 getOutputStream() 方法获得输出流对象，输出"hello world"。

（2）使用 Socket 创建客户端对象，指定服务器的 IP 地址和监听端口号，与服务器端建立连接后，调用 Socket 的 getInputStream() 方法获得输入流对象，读取数据，并输出。

（3）在服务器端和客户端都调用 close() 方法释放 Socket 资源。

第12章

多 媒 体

学习目标：

1. 掌握：图像的显示、处理方法。
2. 掌握：简单的动画处理和制作。
3. 熟悉：多媒体程序声音的播放。

重点：

1. 掌握：图像、声音等多媒体应用程序的开发方法。
2. 掌握：动画的制作。

难点：

掌握：根据实际需要实现动画和多媒体的设计。

Java 提供了丰富的文本、图形、图像、声音和动画等多媒体类库，使 Java 应用程序更加生动和有趣，特别在 Java Applet 中加入了多媒体，使网页的内容绚丽多彩，引人注目。Java 的 AWT 包提供了类和方法，包含图形和图像有关的功能。文本、图形等内容在第 6 章已经介绍，本章重点介绍图像、声音、动画等其他多媒体。

12.1 图像显示

Applet 可以进行声音的播放和图像的使用。

Java 2 支持 Applet 的声音格式为 .au、.aif、.midi、.wav、.rfm。

Java 2 支持 Applet 的图像格式为 .jpg、.gif、.png。

由于 Applet 是网络应用程序，因此声音和图像都需要进行网络访问，可以使用 java.net 包中的类来实现。Applet 中分两步显示已经存在的图像文件。

1. 装载图像文件

Applet 主要在网络上运行，因此需要将网络上的图像文件用 URL 形式描述，语法如下：

```
URL picture= new URL ("http:// www.jzu.cn/java/javaApplet/hello.gif");
```

2. 在 Applet 中载入图像对象

在 Applet 中载入图像对象有以下两个方法。

1）public Image getImage（URL url）　Applet 类的此方法返回能被绘制到屏幕上的 Image 对象。作为参数传递的 url 必须指定绝对 URL。

2）public Image getImage（URL url，String name）　Applet 类的此方法用于在屏幕上绘制存放于指定目录的 Image 对象。其中，url 参数是指定目录，name 参数是绘制的 Image 对象名。其返回值是 Image 类对象，即图像。

不管图像存在与否，getImage() 方法总是立刻返回。当此 Applet 试图在屏幕上绘制图像时，数据将被加载，绘制图像的图形将逐渐绘制到屏幕上。例如：

```
Image img1 = getImage (picture) ;
Image img2 = getImage (getCodeBase(), "hello.gif");
```

3. 显示图像文件

图像显示是用 Graphics 类的 drawImage() 方法来实现的，语法如下：

```
public abstract boolean drawImage (Image img, int x, int y, ImageObserver
observer);
```

Graphics 类的此方法绘制指定图像中当前可用的图像。图像的左上角位于该图像上下文坐标空间的坐标点（x，y）处。图像中的透明像素不影响该处已存在的像素。如果图像已经完全载入，并且其像素不再发生改变，则 drawImage() 返回 true；否则 drawImage() 返回 false。如果 img 为 null，则此方法不执行任何动作。

【例 12-1】源程序名为 ImageShow.java，为显示图像示例，参看视频。

```
1  import java.awt.*;
2  import javax.swing.*;
3  public class ch12_1 {
4  public static void main(String[] args) {
5      ImageFrame frame = new ImageFrame();
6      frame.setDefaultCloseOperation(JFrame.EXIT_ON_CLOSE);
7      frame.setVisible(true);
8      }
9  }
10 class ImageFrame extends JFrame {
11 public ImageFrame() {
12     setTitle("ImageShow");
13     setSize(WIDTH, HEIGHT);
14     ImagePanel panel = new ImagePanel();
15     Container contentPane = getContentPane();
16     contentPane.add(panel);
17 }
18 public static final int WIDTH = 300;
19 public static final int HEIGHT = 200;
20 }
21 class ImagePanel extends JPanel {
22 public ImagePanel() {
23     image = Toolkit.getDefaultToolkit().getImage("111.png");
```

视频例 12-1

```
24          MediaTracker tracker = new MediaTracker(this);
                                   // 创建多种媒体对象状态跟踪的实用工具对象
25      tracker.addImage(image, 1);
26      try {
27          tracker.waitForID(1);
28      } catch (InterruptedException exception) {
29      }
30  }
31  public void paintComponent(Graphics g) {
32      super.paintComponent(g);
33      int imageWidth = image.getWidth(this);
34      int imageHeight = image.getHeight(this);
35      int FrameWidth = getWidth();
36      int FrameHeight = getHeight();
37      int x = (FrameWidth - imageWidth) / 2;
38      int y = (FrameHeight - imageHeight) / 2;
39      g.drawImage(image, x, y, null); // 显示 image
40  }
41  private Image image;
42  }
```

【运行结果】

运行结果如图 12-1 所示。

【程序分析】

第 23 句：得到文件名为 111.jpg 的 image 图像文件。

第 24 句：从本地加载一幅图像。

第 31 ～ 40 句：实现在窗口的中间显示图像。

第 41 句：显示图像。

图 12-1 例 12-1 运行结果

12.2 声音

声音的播放首先要保证有适当的硬件支持。播放声音的方式有两种，即通过 Applet 的 play() 方法和通过 AudioClip 类的方法。AudioClip 对象是 java.applet. AudioClip 类的一个实例，通过 AudioClip 类的方法也可以在 Applet 中播放声音。

1. 通过 Applet 的 play() 方法播放声音

1）public void play（URL url，String name） Applet 类的此方法用于播放在指定 URL 存放的音频剪辑。如果未找到音频剪辑，则不播放任何内容。

2）public void play（URL url） Applet 类的此方法用于播放在指定的绝对 URL 处的音频剪辑。如果未找到音频剪辑，则不播放任何内容。例如：

play（getDocumentBase()，"aa.au"）；

将播放存放在与 HTML 文件相同目录的 aa.au。

【例 12-2】源程序名为 ch12_2.java，实现声音的播放，参看视频。

视频例 12-2

```
1   import java.awt.*;
2   import java.applet.Applet;
3   public class ch12_2extends Applet{
4       public void paint(Graphics g1) {
5           g1.drawString("正在播放声音", 100, 50);
6           play(getDocumentBase(),"aa.au");
7       }
8   }
```

建立 HTML 文件 Playsound1.html：

```
1   <HTML>
2   <BODY>
3       <APPLET CODE="ch12_2.class" width=400 height=150>
4   </APPLET>
5   </BODY>
6   </HTML>
```

【运行结果】

运行结果如图 12-2 所示。

图 12-2　例 12-2 运行结果

【程序分析】

第 6 句：使用 play() 方法播放存放在与 HTML 文件相同目录的 aa.au。

2. 使用 AudioClip 类的方法播放声音

java.applet.AudioClip 是一个接口类，用于播放音频剪辑。多个 AudioClip 项能够同时播放，得到的声音混合在一起可产生合成声音。

Applet 主要在网络上运行，因此需要获得网络上的声音文件，获得方法如下：

```
public AudioClip getAudioClip(URL url,String name);
```

Applet 类的此方法用于在 Applet 中取回存放于指定目录中的声音对象。其中，url 指定音频剪辑的绝对 URL，name 相对于 url 的 AudioClip 对象。其返回值是由参数 url 和 name 指定的 AudioClip 对象。

例如，以下代码可以获得 AudioClip 类的一个对象 sound1：

```
AudioClipsound1
sound1 = getAudioClip(getDocumentBase(),"aa.au");
```

将播放文件 aa.au 存放在与 HTML 文件相同的目录。

AudioClip 类进行播放的方法有 play()、loop() 和 stop()。

1）void play() 方法：开始播放此音频剪辑。每次调用此方法时，音频剪辑都从头开始重新播放。

2）void loop() 方法：以循环方式开始播放此音频剪辑。

3）void stop() 方法：停止播放此音频剪辑。

【例 12-3】源程序名为 ch12_3.java，播放音频，参看视频。

```
1   import java.awt.*;
```

```
2   import java.applet.*;
3   public class ch12_3 extends Applet{
4       public void paint(Graphics g){
5           AudioClip  audioClip=getAudioClip(getCodeBase(),"
            aa.au");
6           // 创建 AudioClip 对象并用 getAudioClip() 方法将其初始化
7           g.drawString(" 自动播放声音 !",50,50);
8           audioClip.loop();// 使用 AudioClip 类的 loop() 方法循环播放
9       }
10  }
```

建立 HTML 文件 ch12_3.html：

```
1   <HTML>
2   <BODY>
3       <APPLET CODE="ch12_3.class" width=400 height=150>
4   </APPLET>
5   </BODY>
6   </HTML>
```

图 12-3 例 12-3 运行结果

【运行结果】

运行结果如图 12-3 所示。

【程序分析】

第 5 句：创建 AudioClip 对象并用 getAudioClip() 方法将其初始化。

第 8 句：使用 AudioClip 类的 loop() 方法循环播放。

12.3 动画的生成

银幕上的动态画面是由一组差异很小的电影胶片投影画面快速切换形成的，同样计算机上的动画（Animation）也是这样做出来的。首先要有一组连续动作的图片，然后只需要快速地用这一组图片顺序刷新显示器上的画面，即可看到一张张静态的画面变成一段动画片段。

动画的本质是运动的图形，它通过以高速、连续不断的显示相关画面的方式，利用人眼的"视觉暂留"效应使观察者在感观上获得动感。动画的一个关键因素就是动画的速度（帧速度）足够快，这样才能使分散的、有着一定先后序列的静态图形合并成为一个连续的运动图画，从而产生动画。

要在计算机上实现动画，必须不停地更新动画帧。为了能够不断地更新动画帧，需创建一个线程来循环实现动画，该循环要跟踪当前帧并响应周期性的屏幕更新要求。在 Java 中，不管是 Applet 程序还是 Application 程序，实现动画效果的关键就是使用线程，因为只有这样才可以不断地进行图像之间的切换，从而达到动画的目的。在第一次 paint() 方法内可以显示动画开始前的提示信息。然后重写 start() 方法来启动线程，最后在 run() 方法内进行动态调用 repaint() 方法。

【例 12-4】源程序名为 ch12_4.java，显示动画，参看视频。

```
1   import java.awt.*;
```

視频例 12-4

```
2   import java.applet.*;
3   public class ch12_4 extends Applet implements Runnable{
4       Thread runner;
5       int xpos;                    // 圆水平运动，所以只有 x 坐标发生变化
6       boolean painted=false;
7       public void init() {
8           xpos=0;
9       }
10      public void start() {
11          if(runner==null) {
12              runner=new Thread(this);
13              runner.start();
14          }
15      }
16      public void run() {
17          while(true) {            // 循环绘制圆
18              for(xpos=0;xpos<310;xpos+=3) {// 移动速度
19                  repaint();
20                  try {
21                      Thread.sleep(100);
22                  }catch(InterruptedException e) {
23                  }
24                  if(painted)painted=false;
25              }
26          }
27      }
28      public void stop() {
29          if(runner!=null)
30              runner=null;
31      }
32      public void paint(Graphics g) {
33          g.setColor(Color.yellow);
34          g.fillRect(0, 0, getSize().width, getSize().height);
                                            // 绘制填充一个矩形
35          g.setColor(Color.red);
36          g.fillOval(xpos, 20+xpos, 90, 90);          // 绘制填充一个圆
37          painted=true;
38      }
39  }
```

建立 HTML 文件 testAnimation.html：

```
1   <HTML>
2   <BODY>
3       <hr>
4       <APPLET CODE=" ch12_4.class" width=200 height=150>
5       </APPLET>
6   </BODY>
7   </HTML>
```

【运行结果】

运行结果如图 12-4 所示。

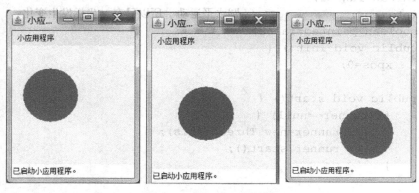

图 12-4　例 12-4 运行结果

【程序分析】

运行结果中出现了强烈的图像闪烁现象，如果图像的像素点更多一些，这种抖动效果会更加明显。

12.4　项目案例——花开中国

【例 12-5】源程序名为 ch12_5.java，底面是背景，在背景上加上花朵，参看视频。

项目分析：首先选定背景图片，其次利用函数循环生成花朵。程序中类的方法如图 12-5 所示。

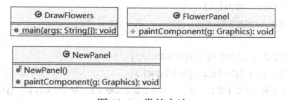

图 12-5　类的方法

视频例 12-5

```
1    import java.awt.*;
2    import javax.swing.*;
3    public class ch12_5{
4    public static void main(String[] args) {
5            SwingUtilities.invokeLater(() -> {
6                JLayeredPane layeredPane = new JLayeredPane();
7                JFrame f = new JFrame("Draw");
8                NewPanel p = new NewPanel();
9                p.setBounds(0, 0, 680, 520);    // 绘制背景大小
10               layeredPane.add(p, new Integer(0));
11               for (int k = 0; k < 4; k++) {
12                   for (int i = 0; i < 6; i++) {
13                       JPanel j = new FlowerPanel();
```

```
14                           j.setOpaque(false);
15                           j.setBounds(10 + i * 100, 10 + k * 100, 100, 100);
                                                            // 花的起始位置
16                           layeredPane.add(j, new Integer(100));
17                       }
18                   }
19               f.setSize(700, 600);          // 屏幕大小
20               f.setLocationRelativeTo(null);
21               f.setDefaultCloseOperation(JFrame.EXIT_ON_CLOSE);
22               f.setContentPane(layeredPane);
23               f.setVisible(true);
24           });
25       }
26   }
27   class FlowerPanel extends JPanel {
28       protected void paintComponent(Graphics g) {
29           super.paintComponent(g);
30           double x0 = getSize().width / 2;
31           double y0 = getSize().height / 2;
32           double h = Math.max(x0, y0)-20;        // 取 x0、y0 中最大的数值
33           g.setColor(Color.blue);
34           for (double th = 0; th < 10; th += 0.003) {
35               double r = Math.sin(2* th) * h;   // 控制花瓣数
36               double x = r * Math.cos(th)+ x0;  // 花的形状
37               double y = r * Math.sin(th) + y0;
38               g.drawOval((int) x - 1, (int) y - 1, 3, 3);
39           }
40           g.setColor(Color.yellow);
41           for (double th = 0; th < 10; th += 0.003) {
42               double r = Math.cos(16 * th) * h;
43               double x = 0.5 * r * Math.cos(th) + x0;
44               double y = 0.5 * r * Math.sin(th) + y0;
45               g.drawOval((int) x - 1, (int) y - 1, 3, 3);
46           }
47           g.setColor(Color.red);
48           for (double th = 0; th < 10; th += 0.003) {
49               double r = Math.cos(16 * th) * h;
50               double x = 0.3 * r * Math.cos(th) + x0;
51               double y = 0.3 * r * Math.sin(th) + y0;
52               g.drawOval((int) x - 1, (int) y - 1, 3, 3);
53           }
54       }
55   }
56   class NewPanel extends JPanel {
57       public NewPanel() {
58           setLayout(null);
59           setPreferredSize(new Dimension(10, 10));
60       }
```

```
61      public void paintComponent(Graphics g) {
62          int x = 0, y = 0;
63          ImageIcon icon = new ImageIcon("111.png"); //111.png 在 项 目 的
                                                          // 根目录下
64          // 图片自动缩放
65          g.drawImage(icon.getImage(), x, y, getSize().width,
                getSize().height, this);
66
67      }
68  }
```

【运行结果】

运行结果如图 12-6 所示。

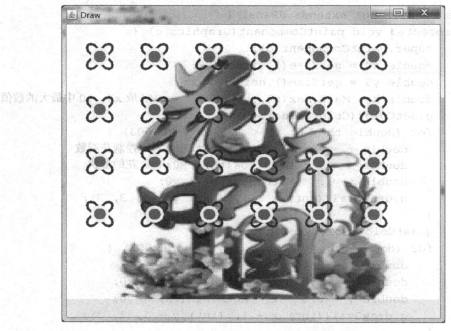

图 12-6   例 12-5 运行结果

12.5   寻根求源

例 12-5 中背景图片不能显示。

分析原因：

`image = Toolkit.getDefaultToolkit().getImage("111.png");`

解决问题：将相对路径改成绝对路径，即

`image = Toolkit.getDefaultToolkit().getImage("D:\\eclipse\\ch12\\`
`src\\111.png");`

12.6 拓展思维

1. 多媒体

多媒体（Multimedia）是多种媒体的综合，一般包括文本、声音和图像等多种媒体形式。在计算机系统中，多媒体指组合两种或两种以上媒体的一种人机交互式信息交流和传播。使用的媒体包括文字、图片、照片、声音、动画和影片，以及程式所提供的互动功能。

JMF（Java Media Framework，Java 媒体框架）实际上是 Java 的一个类包。JMF 提供了先进的媒体处理能力，从而扩展了 Java 平台的功能。Java Media 系列软件包括 Java 3D、Java 2D、Java Sound 和 Java Advanced Imaging 等 API。采用各种 Java Media API，软件开发商人员就能容易、快速地为他们已有的各种应用程序和客户端 Java 小程序增添丰富的媒体功能，如流式视频、3D 图像和影像处理等。

2. 融媒体

融媒体是充分利用媒介载体，把广播、电视、报纸等既有共同点，又存在互补性的不同媒体，在人力、内容、宣传等方面进行全面整合，实现"资源通融、内容兼融、宣传互融、利益共融"的新型媒体。

3. 自媒体

自媒体（We Media）是指普通大众通过网络等途径向外发布他们本身的事实和新闻的传播方式。自媒体是私人化、平民化、普泛化、自主化的传播者，以现代化、电子化的手段，向不特定的大多数或者特定的单个人传递规范性及非规范性信息的新媒体的总称。

4. 全媒体

全媒体（Omnimedia）的概念并没有在学术界被正式提出，它来自传媒界的应用层面。媒体形式的不断出现和变化，媒体内容、渠道、功能层面的融合，使得人们在使用媒体的概念时需要意义涵盖更广阔的词语，至此，"全媒体"的概念开始广泛使用。

全媒体指媒介信息传播采用文字、声音、影像、动画、网页等多种媒体表现手段（多媒体），利用广播、电视、音像、电影、报纸、杂志、网站等不同媒介形态（业务融合），通过融合的广电网络、电信网络以及互联网络进行传播（三网融合），最终实现用户以电视、计算机、手机等多种终端均可完成信息的融合接收（三屏合一），实现任何人、任何时间、任何地点、以任何终端获得任何想要的信息（5W）。

知识测试

一、判断题

1. Java 目前支持两种图片格式，这两种类型的文件名分别以 .jpg 和 .gif 结束。　　（　　）
2. 显示一幅 .jpg 图像就像是逐渐淡入淡出一样。　　（　　）
3. Java 的多媒体功能包括图形、图像、动画、声音和视频。　　（　　）
4. 在 Applet 中，通过 getImage() 方法实现对图像的载入。　　（　　）
5. 要显示图像，可调用 Graphics 类的 drawImage() 方法。　　（　　）
6. Java 声音 API 支持 3 种音频文件格式：.aiff、.au 和 .wav。　　（　　）
7. 服务器端程序经常需用线程来处理多个客户。　　（　　）

8. 播放 MP3 文件可以使用 JMF，还可以使用第三方库。 （ ）

9. 绘制字符串时，使用 Graphics 类的 print() 方法。 （ ）

10. 重构 Applet 的 updata() 方法调用不清除 Applet paint() 方法将显著地减少动画闪烁。
（ ）

二、单项选择题

1. Applet 类的（ ）方法将图像装入 Applet。

A. getDocumentBase   B. drawImage   C. update   D. getImage

2. Graphics 类的（ ）方法在 Applet 上显示图像。

A. getDocumentBase()   B. drawImage()

C. update()   D. getImage()

3. 图像可以登记成（ ）对象，使程序能够确定图像是否完全装入。

A. Image   B. MediaTracker   C. Graphics   D. Component

4. （ ）是一个含有热区的图像，用户可以单击热区完成各种任务。

A. 图形   B. 图像映像   C. 隔行扫描   D. .jif 图像

5. Java Applet 默认不支持的声音文件是（ ）。

A. .rmf   B. .aiff   C. .wav   D. .midi

6. 根据多媒体的特性判断以下（ ）属于多媒体的范畴。

（1）交互式视频游戏；（2）有声图书；（3）彩色画报；（4）立体声音乐

A. （1）   B. （1）（2）   C. （1）（2）（3）   D. 全部

7. 多媒体技术的主要特性有（ ）。

A. 多样性、集成性、可扩充性   B. 集成性、交互性、可扩充性

C. 多样性、集成性、交互性   D. 多样性、交互性、可扩充性

8. 下列（ ）不是控制声音的播放的方法。

A. play() 播放声音   B. loop() 循环播放   C. stop() 停止播放   D. start() 开始播放

9. 在对图形、图像进行操作都定义在 Graphics 类中，在 java 源文件中下列（ ）选项
是正确的。

A. import java.awt.*   B. import java.*

C. import java.applet.*   D. import java.awt.Graphics

10. 在 Java 的 Graphics 类中提供画线功能的（ ）方法。

A. drawLine（int x1，int y1，int x2，int y2）B. drawOval（int x1，int y1，int x2，int y2）

C. fillOval（int x1，int y1，int x2，int y2） D. drawRect（int x1，int y1，int x2，int y2）

三、综合应用

画五星红旗。

第 13 章

实　验

实验 1　熟悉 Java 编程环境和 Java 程序结构

1. 实验目的

1）掌握下载 JDK 软件包的方法。

2）熟悉 JDK 开发环境，掌握设置 Java 程序运行环境的方法。

3）掌握 Java Application 和 Applet 的程序结构及开发过程。

2. 实验内容

1）下载、安装并设置 JDK 软件包。

2）在 JDK 环境下编写简单的 Java Application 程序和 Applet 程序。

3. 实验要求

1）自己动手下载、安装并设置 JDK 软件包。

2）编写一个简单 Java Application 的程序和 Applet 程序。

3）输出一条简单的问候信息。

4）编写实验报告，要求对程序结构做出详细的解释。

4. 实验步骤

（1）下载与安装 JDK

1）机器要求。

硬件要求：CPU PII 以上，64MB 内存，100MB 硬盘空间。

软件要求：Windows 98/Me/XP/NT/2000，IE 5.0 以上。

2）下载 JDK。为了建立基于 JDK 的 Java 运行环境，需要先下载 JDK 软件包。JDK 包含一整套开发工具，其中对编程最有用的是 Java 编译器、Applet 查看器和 Java 解释器。

3）安装 JDK。运行下载的 JDK 软件安装包，在安装过程中可以设置安装路径及选择组件，可更改安装路径为 D:\jdk1.8.0（这里选择 D 盘），默认的组件选择是全部安装。

（2）JDK 开发环境

1）JDK 1.8 开发环境安装在 D:\JDK1.8.0\ 目录下。

2）设置环境变量 PATH 和 CLASSPATH（如果在 autoexec.bat 中没有进行设置）。进入 MS-DOS 命令模式，进行如下设置：

```
SET PATH=C:\JDK1.8.0\BIN;%PATH%;
SET CLASSPATH=.;%CLASSPATH%;
```

（3）开发 Java Application 程序

1）打开记事本。

2）输入如下程序：

```
import java.io.*;
public class Hello{
    public static void main(String args[]){
        System.out.println("Hello Java!");
    }
}
```

3）检查无误后（注意字母大小写）保存文件，可将文件保存在 D:\Java\ 目录中，注意文件名为 Hello.java。

4）进入 MS-DOS 命令模式，设定当前目录为 D:\Java\，运行 Java 编译器：

```
D:\Java>javac Hello.java
```

5）如果输出错误信息，则根据错误信息提示的错误所在行返回记事本进行修改。常见错误如类名与文件名不一致、当前目录中没有所需源程序、标点符号全角等。

如果没有输出任何信息或者出现 deprecation 警告，则认为编译成功，此时会在当前目录中生成 Hello.class 文件。

6）利用 Java 解释器运行该 Java Application 程序，并查看运行结果：

```
D:\ Java>java Hello
```

（4）开发 Java Appllet 程序

1）打开记事本。

2）输入如下程序：

```
import java.awt.*;
public class Hello1 extends java.applet.Applet{
public void paint(Graphics g){
        g.drawstring("Hello java! ",50,50);
    }
}
```

3）进行编译。

4）编写 HTML 文件 Hello1.html：

```
<HTML>
    <APPLET CODE="Hello1.class" WIDTH=200 HEIGHT=100>
    </APPLET>
</HTML>
```

5）运行 Applet 小程序，查看结果：

```
D:\Java>appletviewer Hello1.html
```

5. 问题讨论

1）Java Applet 程序的运行和 Java Application 的运行有什么不同？

2）Java Applet 程序的生命周期中的方法有哪些？

实验 2 Java 基本语法

1. 实验目的

1）掌握标识符的定义规则。

2）掌握表达式的组成。

3）掌握各种数据类型及其使用方法。

4）理解定义变量的作用，掌握定义变量的方法。

5）掌握各种运算符的使用及其优先级控制。

6）掌握 if、switch 语句的使用。

7）掌握使用 while、for 语句实现循环。

8）理解 continue 语句和 break 语句的区别。

9）了解一维数组的概念、定义和使用。

10）了解二维数组的概念、定义和使用。

2. 实验内容

1）编写 Java 程序，输出 1800 ～ 2006 年的所有闰年。

2）输入学生的学习成绩等级，给出相应的成绩范围。程序要点：设 A 级为 85 分以上（包括 85 分），B 级为 70 分以上（包括 70 分），C 级为 60 分以上（包括 60 分），D 级为 60 分以下。

3）编程实现求 Fibonacci 数列的前 10 个数字。Fibonacci 数列的定义如下：

$F_1=1$

$F_2=1$

…

$F_n=F_{n-1}+F_{n-2}$（$n \geq 3$）

4）编程采用冒泡法实现对数组元素由小到大排序。

3. 实验要求

1）正确使用 Java 语言的控制结构。

2）从屏幕输出 1800 ～ 2006 年的所有闰年。

3）输入一个学生的成绩，可以判断他所在等级。

4）从屏幕上输出 Fibonacci 数列的前 10 个数字。

5）实现数组元素从小到大排序。

6）编写实验报告。

4. 实验步骤

1）进入 Java 编程环境。

2）新建一个 Java 文件，命名为 runYear.java。

3）定义主方法，查找 1800 ～ 2006 年的闰年，并输出。

4）编译运行程序，观察输出结果是否正确。

5）按照上面的步骤分别新建 stuGrade.java、shulie.java、paixu.java 文件，分别定义主方法，编译并运行程序，观察输出结果。

5. 问题讨论

1）使用 if 语句和 switch 语句都可以实现多分支，它们之间的区别是什么？

2）使用 while、do-while 和 for 语句实现循环的区别是什么？

实验 3　面向对象基础

1. 实验目的

熟悉 Java 类的结构，掌握类的定义、方法和属性的定义以及对象的实现，掌握类的继承。

2. 实验内容

1）定义一个"人"类，其数据成员包括性别 sex 及出生日期 date，方法成员包括获取人的性别和出生日期及构造方法。要求构造方法可以设置性别和出生日期的初始值。

2）定义人的子类——学生类，使它除具有人的所有属性外，还具有姓名 name、学号 stuno、入学成绩 grade、籍贯 native 等属性，定义获取这些属性值的方法以及设置属性值的构造函数。

3）编写完整的程序，实现上述两个类的对象，并且分别调用各种方法，对比这些方法的执行结果，完成一个具有班级学生信息存取功能的程序，并据此写出详细的实验报告。

3. 实验要求

1）实现两个类的继承关系。

2）用多种方法实现两个类的对象。

3）程序应包括各个被调用方法的运行结果的显示。

4）编写实验报告。

4. 实验步骤

1）进入 Java 编程环境。

2）新建一个 Java 文件，命名为 People. java。

3）定义父类 people，按实验内容 1）定义它的属性和方法。

4）定义子类 student，按实验内容 2）定义它的属性和方法。

5）定义主类和主方法，构建上述两个类的对象 peopleObject 和 studentObject，并通过这两个对象调用它们的属性和方法，输出方法运行结果。

5. 问题讨论

1）构造方法的特点是什么？

2）什么是类的继承与多态？

3）子类重新定义与父类方法的方法头完全相同的方法，这种情况称为什么？

4）同名的不同方法共存的情况称为什么？

实验 4　异常处理

1. 实验目的

掌握异常的概念以及如何定义、抛出、捕捉和处理异常。

2. 实验内容

1）调试并运行一段 Java 程序，在被调用方法中抛出一个异常对象，并将异常交给调用它的方法来处理。

2）调试并运行一段 Java 程序，创建一个自定义异常类，并在一个方法中抛出自定义异常对象，在该方法的 catch 处理程序中捕获它并重新抛出，让调用它的方法来处理。

3. 实验要求

1）首先分析程序功能，再通过上机运行验证自己的分析，从而掌握系统异常处理机制和创建自定义异常的方法。

2）对程序进行详细的解释分析。

3）编写实验报告。

4. 实验步骤

1）进入 Java 编程环境。

2）新建一个 Java 文件，命名为 ExceptionTest. java。

3）输入以下程序代码，理解异常的抛出、捕捉与处理。

```java
import java.io.*;
public class ExceptionTest{
    public static void main(String args[]){
        for(inti = 0; i< 4;i++){
            int k;
             try {
               switch( i ) {
                              case 0:        //除数为零
                                    int zero = 0;
                                    k = 911 / zero;
                                    break;
                              case 1:        //空指针
                                    int b[ ] = null;
                                    k = b[0];
                                    break;
                              case 2:        //数组越界
                                    int c[ ] = new int[2];
                                    k = c[9];
                                    break;
                              case 3:        //字符串索引越界异常
                                    char ch = "abc".charAt(99);
                                    break;

                   }
              }catch(Exception e) {
```

```
                        System.out.println("\nTestcase #" + i + "\n");
                        System.out.println(e);
                    }
                }
            }
}
```

4）运行 ExceptionTest. java，检查和调试程序。

5）按照上面的步骤创建文件 TryTest.java，输入以下代码编译并运行，理解异常类的常用方法的使用。

```java
import java.io.*;
public class TryTest{
    public TryTest(){
        try{
            int a[] = new int[2];
            a[4] = 3;
            System.out.println("After handling exception return here?");
        }catch(IndexOutOfBoundsException e){
            System.err.println("exception msg:" + e.getMessage());
            System.err.println("exception string:" + e.toString());
            e.printStackTrace();
        }finally{
            System.out.println("--------------------");
            System.out.println("finally");
        }
        System.out.println("No exception?");
    }
    public static void main(String args[]){
        new TryTest();
    }
}
```

5. 问题讨论

1）异常是如何抛出、捕捉和处理的？

2）finally 程序块的作用是什么？

实验 5　常用类

1. 实验目的

1）熟悉 Java 中 String、StringBuffer、Math、包装器、Scanner、Date 等类的使用方法。

2）能使用常用类解决一般性的应用问题。

3）掌握 JavaSE API 文档的使用方法。

2. 实验内容

1）练习使用 Math 类的常用方法。

2）应用 String 类编程练习。

3）编写程序，应用 Random 类生成随机数。

4）练习使用 Date 类的常用方法。

5）查阅 Java API 在线参考文档，下载 Java API 离线文档。

3. 实验要求

1）在安排教师监考时，需要从一组教师中随机选取 n 个教师参加监考。要求实现一个类 RandomTeacher 的静态方法 public static String[] getRandomTeachers（String[] teachers，int n），能够从 teachers 中随机选择 n 个教师（名字）并返回。

2）假设某餐馆中每桌顾客点菜记录的格式为"北京烤鸭：189 西芹百合：15 清蒸鲈鱼：80"（每道菜的价格与下一道菜的名字之间有一个空格）。编写一个类的方法，能够接收键盘输入的符合上述格式的点菜内容字符串，输出点菜记录中每种菜的价格及总价格。

3）编写实验报告。

4. 实验步骤

1）使用 Random 类，从一组教师中随机选取 n 个教师参加监考，并从 teachers 中随机选择 n 个教师（名字）并返回。

```java
import java.util.Random;
public class RandomTeacher {
    public static String[] getRandomTeachers(String[] teachers,int n){
        Random r = new Random();
        String[]ans=new String[n];
        int []vis=new int[n+1];
        int p=0;
        intnn=n;
        while(true){
            if(nn==0)break;
            intnum=r.nextInt(n)+1;
            while(vis[num]==1){
                num=r.nextInt(n)+1;
            }
            ans[p++]=teachers[num];
            vis[num]=1;
            nn--;
        }
        return ans;


    }
}

import java.util.Scanner;
public class Main{
    public static void main(String[] args) {
        Scanner sc = new Scanner(System.in);
        String[] teachers=new String[5];
```

```
for(inti=0;i<5;++i){
    teachers[i]=""+i;
}
String[]ans=RandomTeacher.getRandomTeachers(teachers,3);
for(inti=0;i<3;++i){
    System.out.println(ans[i]);
}
sc.close();
}
}
```

2）使用 Scanner 类，能够接收键盘输入的符合上述格式的点菜内容字符串，输出点菜记录中每种菜的价格及总价格。

```
importjava.util.Scanner;
public class Main{
    public static void main(String[] args) {
        Scanner sc = new Scanner(System.in);
        String s=sc.nextLine();
        String[]ss=s.split(" ");
        double cost=0;
        for(inti=0;i<ss.length;++i){
            String []sss=ss[i].split(":");
            System.out.println(sss[0]+" "+sss[1]);
            cost+=Double.parseDouble(sss[1]);
        }
        System.out.println(cost);
        sc.close();
    }
}
```

5. 问题讨论

1）java 包装类的作用是什么？

2）如果要生成一个指定区间在 [MIN，MAX）的随机数，如何实现？

实验 6　图形用户界面

1. 实验目的

1）掌握 Java 图形组件的使用方法。

2）掌握 Java 布局管理器的使用方法。

3）掌握 Java 事件处理机制。

2. 实验内容

用图形界面工具，结合事件处理机制，编写 Java Application 程序，实现一个可视化的计算器。

3. 实验要求

1）采用一种布局管理器和一种合适的事件处理器。

2）使用标签、按钮、文本框绘制一个计算器（见图 13-1）。

3）编写实验报告。

4. 实验步骤

1）新建一个 Java 文件，命名为 Computer. java。

2）运用一种或多种布局管理器，绘制一个简单的计算器。

3）为按键添加事件处理，完成相应鼠标点击按键动作，并在显示区域同步显示当前输入或运算结果。

4）编译运行程序，检查计算器的正确性。

5）编写实验报告。

5. 问题讨论

1）Java 的布局管理器如何使用？

2）Java 的事件处理机制如何实现？

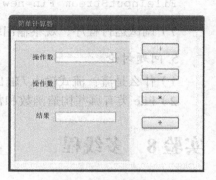

图 13-1 计算器

实验 7 输入 / 输出

1. 实验目的

掌握输入 / 输出的处理，以及字符流的处理。

2. 实验内容

1）接收键盘输入的字符串，用 FileInputStream 类将字符串写入文件。

2）用 FileOutputStream 类读出文件，并在屏幕上显示文件内容。

3. 实验要求

1）通过实验掌握文件输入 / 输出流的使用方法。

2）程序必须能够从键盘接收字符串并保存在文件中。

3）程序必须能够读出文件内容并显示在屏幕上。

4）编写实验报告。

4. 实验步骤

1）进入 Java 编程环境。

2）新建一个 Java 文件，命名为 file.java。

3）编写主方法 main()，其能实现接收键盘输入功能、文件操作功能和文件内容输出功能。

4）创建文件对象：

```
File myfile=new File("fileDir","filename.dat");
```

5）创建文件输出流对象：

```
FileOutputStreamFout=new FileOutputStream(myfile);
```

6）创建文件输入流对象：

```
FileInputStream Fin=new FileInputStream(myfile);
```

7）调试运行程序，观察输出结果。

5. 问题讨论

1）什么是流？流式输入 / 输出有什么特点？

2）File 类有哪些构造函数和常用方法？

实验 8   多线程

1. 实验目的

1）理解线程的概念和线程的生命周期。

2）掌握多线程的编程方法：继承 Thread 类与使用 Runnable 接口。

3）理解线程的同步。

2. 实验内容

1）调试并运行一段 Java 程序，用 Thread 类和 Runnable 接口实现多线程。

2）编写程序实现线程同步。假设一个银行的 ATM 机允许用户存款，也允许用户取款。现在一个账户上有存款 200 元，用户 A 和用户 B 都拥有在该账户上存款和取款的权利。用户 A 将存入 100 元，而用户 B 将取出 50 元，那么最后账户的存款应是 250 元。

3. 实验要求

1）首先分析程序功能，再通过上机运行验证自己的分析，从而掌握通过 Thread 类建立多线程的方法。

2）通过将扩展 Thread 类建立多线程的方法改为利用 Runnable 接口的方法，掌握通过 Runnable 接口建立多线程的方法。

3）将用户 A 的存款操作和用户 B 的取款操作用线程实现。

4）编写实验报告。

4. 实验步骤

1）进入 Java 编程环境。

2）新建一个 Java 文件，命名为 MyThread. java。

3）输入以下程序代码，理解用 Thread 类实现线程的创建。

```
class MyThread extends Thread{
    public MyThread(String str){
        super(str);
    }
    public void run(){
    for (inti = 0; i< 10; i++){
        System.out.println(i + " " + getName());
        try {
```

```
            sleep((int)(Math.random() * 1000));
        }catch (InterruptedException e) {}
    }
    System.out.println("DONE! " + getName());
    }
}
public class MyThread{
    public static void main (String[] args){
        new MyThread("Go to Beijing??").start();
        new MyThread("Stay here!!").start();
    }
}
```

4）运行 ExceptionTest. java，检查和调试程序。

5）按照上述步骤将以上程序利用 Runnable 接口改写，并上机检验。

6）按照上述步骤，编写实现线程同步的程序 tongbu.java 并上机检验。

5. 问题讨论

1）简述并区分程序、进程和线程 3 个概念。

2）线程的同步是如何实现的？

实验 9　集合

1. 实验目的

1）了解 Java 集合的定义和分类。

2）了解泛型的概念及其使用方法。

3）理解 Java 集合的特点、接口与类之间的关系。

4）掌握 List、Map 等接口及其实现类的使用方法。

2. 实验内容

（1）List 集合的基本使用

1）创建一个只能容纳 String 对象名为 names 的 ArrayList 集合。

2）按顺序向集合中添加 5 个对象："张三""李四""王五""周六""钱七"。

3）对集合进行遍历，输出集合中的每个元素。

4）首先输出集合的长度，删除集合中的第 3 个元素，并输出删除元素的内容；然后显示目前集合中第 3 个元素的内容，并再次输出集合的长度。

（2）Map 集合的基本使用

1）创建一个只能容纳 String 对象的 students 的 HashMap 集合。

2）向集合中添加 5 个键值对：id->"1"、name->" 张三 "、sex->" 男 "、age->"20"、hobby->"Java 编程 "。

3）首先输出集合的长度，删除集合中的键为 age 的元素，输出删除元素的内容，并再次输出集合的长度。

3. 实验要求

1）分析程序功能，通过上机验证分析结果，掌握 List 接口和 Map 接口的使用方法。
2）通过分析程序功能，掌握泛型的使用方法。
3）编写实验报告。

4. 实验步骤

1）进入 Java 编程环境。
2）新建 Java 文件，命名为 ListStudent。输入以下程序代码，掌握 List 集合的基本使用方法：

```java
import java.util.ArrayList;
import java.util.List;
public class ListStudent{
    public static void main (String[] args){
        List<String> names=new ArrayList <String>();
        System.out.println(" 下面是集合的所有元素 :");
        names.add(" 张三 ");
        names.add(" 李四 ");
        names.add(" 王五 ");
        names.add(" 周六 ");
        names.add(" 钱七 ");
        for (int i=0;i<names.size();i++){
            System.out.println(" 位置 :"+i+" 的元素内容为 :"+names.get(i));
        }
        System.out.println(" 目前的集合大小为 :"+names.size());
        System.out.println(" 删除的第 3 个元素内容为 :"+names.get(2));
        names.remove(2);
        System.out.println(" 删 除 操 作 后 , 集合的第 3 个元素内容为 :"+names.
        get(2));
        System.out.println(" 删除操作后 , 集合的大小为 "+names.size());
    }
}
```

3）新建 Java 文件，命名为 MapStudent。输入以下程序代码，掌握 Map 集合的基本使用方法：

```java
import java.util.HashMap;
import java.util.Iterator;
import java.util.Map;
public class MapStudent{
    public static void main (String[] args){
        Map<String,String> student=new HashMap<String,String>();
        System.out.println(" 下面是集合的所有元素 :");
        student.put("id","1");
        student.put("name"," 张三 ");
        student.put("sex"," 男 ");
        student.put("age","20");
        student.put("hobby","Java 编程 ");
```

```
        System.out.println(" 目前集合的长度为 :"+student.size());
        System.out.println(" 删除的键 age 的内容为 :"+student.get("age"));
        students.remove("age");
        System.out.println(" 删除操作后，集合的长度为 "+student.size());
    }
}
```

4）按照上述步骤，编写程序并上机检验。

5. 问题讨论

1）分析 List 接口和 Map 接口使用上的区别。

2）泛型有哪些作用？

3）如何实现在指定的位置增加元素？如在第 2 位置接入一个元素 "赵六"。

实验 10　数据库

1. 实验目的

1）学会编写加载数据库驱动和连接数据库的 Java 程序。

2）应用 Java.sql 包中的类和接口编写操作数据库的应用程序。

2. 实验内容

建立一个数据库，在此基础上通过编程实现以下功能。

1）在数据库中建立一个表，表名为学生，其结构为学号、姓名、性别、年龄、成绩、籍贯。

2）在表中输入多条记录。

3）将每条记录按照年龄由大到小的顺序显示在屏幕上。删除年龄超过 30 岁的学生记录。

3. 实验要求

1）使用的数据库系统不受限制。

2）使用的 JDBC 不受限制，可以使用 JSDK 中提供的 JDBC-ODBC 桥，也可以使用其他数据库专用的 JDBC。

3）在每项操作前后分别输出相应信息，以验证操作正确完成。

4）编写实验报告。

4. 实验步骤

1）进入 Java 编程环境。

2）新建一个 Java 文件，命名为 stuSystem. java。

3）实现上述功能。

4）运行 stuSystem. java，检查和调试程序。

5. 问题讨论

1）简述编写加载数据库驱动和连接数据库的 Java 程序的方法。

2）简述应用 Java.sql 包中的类和接口编写操作数据库的应用程序的方法。

实验 11 网络编程

1. 实验目的
1）掌握 InetAddress 类的使用。
2）掌握 URL 类的使用：URL 的概念和编程。
3）掌握 TCP 与 UDP 编程：Socket 与 Datagram 的概念和编程方法。

2. 实验要求
1）掌握获取 URL 信息的方法。
2）掌握利用 URL 类获取网络资源的方法。
3）掌握流式 Socket 实现的方法。
4）掌握数据报 Socket 实现的方法。

3. 实验内容和实验步骤
1）练习 URL 资源的访问方法，运行并理解以下程序。
① 阅读下列程序，分析并上机检验其功能，掌握获取 URL 信息的方法。

```java
import java.net.*;
import java.io.*;
public class URLTest {
    public static void main(String[] args){
            URL url=null;
            InputStream is;
            try{
                url=new URL("http://localhost/index.html");
                is=url.openStream();
                int c;
                try{
                while((c=is.read())!=-1)
                        System.out.print((char)c);
                }catch(IOException e){
}finally{
                        is.close();
}
            }catch(MalformedURLException e){
  e.printStackTrace();
}catch(IOException e){
    e.printStackTrace();
}

    System.out.println("文件名:"+url.getFile());
    System.out.println("主机名:"+url.getHost());
    System.out.println("端口号:"+url.getPort());
    System.out.println("协议名:"+url.getProtocol());
    }

}
```

② 阅读下列程序，分析并上机检验其功能，掌握利用 URL 类获取网络资源的方法。

```
import java.net.*;
import java.io.*;
public class URLReader{
    public static void main(String[] agrs) throws Exception{
        URL web = new URL("http://166.111.7.250:2222/");
        BufferedReader in =new BufferedReader(new
        InputStreamReader(web.openStream()));
        String inputLine;
        while  ((inputLine =in.readLine())!=null)System.out.
         println(inputLine);
        in.close;();
    }
}
```

2）分别用流式 Socket 和数据报 Socket 编写简单的 Client/Server 程序，满足如下要求。

① 服务器能够处理多个客户端的连接请求，并向每个请求成功的客户端发送一句话。

② 客户端能够读取服务器端一个文本文件的信息，并显示到屏幕上。

③ 本程序中使用的端口号应大于 1024。

4. 问题讨论

1）一个 URL 地址由哪几部分组成？

2）简述流式 Socket 的通信机制，它的最大特点是什么？

实验 12 多媒体

1. 实验目的

1）掌握基本图形的绘制方法。

2）掌握在容器中输入图像、播放音乐的方法。

3）理解计算机动画的原理。

4）能够使用 Applet 实现动画。

2. 实验内容

1）编写一段 Java Applet 程序，实现基本图形的绘制。

2）编写一段 Java Applet 程序，在浏览器中显示一幅图片。

3）编写一段 Java Applet 程序，在浏览器中实现声音的播放。

4）编写一段 Java Applet 程序，在浏览器中实现一个简单动画。

3. 实验要求

1）必须编写成 Java Applet 程序。

2）至少实现 3 种图形的绘制，并可以显示不同的颜色。

3）在浏览器中显示图像。

4）在浏览器中实现简单的动画。

5）编写实验报告。

4. 实验步骤

1）进入 Java 编程环境。

2）新建一个 Java 文件，命名为 drawing.java。

3）编写 paint() 方法，使用 Graphics 类绘制图形。

4）运行 drawing.java，检查和调试程序。

5）按照上面的步骤编写程序 Picture. java，可输入以下程序代码，通过 getImage() 方法实现对图像的载入，编译此程序并运行查看结果。

```java
package firstapplet;
import java.awt.*;
import java.applet.*;
public class Picture extends Applet {
    Image mycar;
    public Picture(){
    }
    // 初始化小程序
    public void init() {
        setBackground(Color.red );
        mycar =getImage(getCodeBase(),"  car.jpg");
    }
    // 画出图像
    public void paint(Graphics screen){
        screen.drawImage(mycar,10,10,this);
    }}
```

6）按照上述步骤编写程序 Void.java，输入以下程序代码，使用 AudioClip 对象的 play() 方法将音频播放一次，使用 loop() 方法循环播放音乐，stop() 方法停止声音的播放，编译此程序并运行查看结果。

```java
package firstapplet;
import java.awt.*;
import java.applet.*;
public class C12_2 extends Applet {
    AudioClipaudioClip;
    public void init() {
        audioClip=getAudioClip(getCodeBase(),"backSound.au");
        audioClip.play();                    // 只播放一遍
        audioClip.loop();                    // 循环播放
    }
    public void stop(){
        audioClip.stop();
    }
    public void paint(Graphics screen){
        screen.setColor(Color.green );
        screen.fillRect(0,0,200,100);
        screen.setColor(Color.red );
```

```
    screen.drawString("Playing sounds...",40,50);
  }}
```

7）按照上述步骤，仿造本章实例编写程序，实现一个简单的动画。

5. 问题讨论

1）在浏览器中如何显示图像和播放声音？

2）简述实现动画的方法。

参 考 文 献

[1] 陈国君 . Java 程序设计基础 [M]. 6 版 . 北京：清华大学出版社，2019.

[2] 辛运帏，饶一梅 . Java 程序设计 [M]. 4 版 . 北京：清华大学出版社，2017.

[3] 明日科技 . Java 从入门到精通 [M]. 5 版 . 北京：清华大学出版社，2019.

[4] 郎波 . Java 语言程序设计 [M]. 3 版 . 北京：清华大学出版社，2016.

[5] 陈国君，陈磊 . Java 程序设计基础实验指导与习题解答 [M]. 6 版 . 北京：清华大学出版社，2019.

[6] 欧楠，黄海芳 . Java 程序设计基础 [M]. 北京：人民邮电出版社，2017.

[7] 宋晏，杨国兴，孙伟，等 . Java 程序设计及应用开发 [M]. 北京：机械工业出版社，2016.

[8] 黑马程序员 . Java 基础案例教程 [M]. 北京：人民邮电出版社，2017.

[9] 叶核亚 . Java 程序设计实用教程 [M]. 5 版 . 北京：电子工业出版社，2019.

[10] 霍斯特曼 . Java 核心技术 卷 I 基础知识（原书第 11 版）[M]. 林琪，苏钰涵，等译 . 北京：机械工业出版社，2019.

[11] 黑马程序员 . Java 基础入门 [M]. 2 版 . 北京：清华大学出版社，2018.